普通高等教育机械类特色专业规划教材

机械 CAD 应用技术

主　编　陶元芳
参　编　张亮有　卫良保　何　燕
　　　　刘永峰　李宏娟
主　审　迟永滨

机 械 工 业 出 版 社

本书从机械 CAD 技术概述、CAD 系统的组成出发，整理了最常用的商品化 CAD 软件 AutoCAD 基础知识、SolidWorks 基础知识，讨论了几项开发专业机械 CAD 软件的关键技术，如参数绘图技术、变量化三维建模技术、参数化计算书技术、数据库访问技术，最后归结到专业机械 CAD 软件开发技术，并给出一些资料性附录。

本书可以作为“计算机绘图”、“CAD 技术”、“计算机辅助设计”等课程的教材，供机械设计制造及其自动化专业各方向的本科生使用，也可以供机械设计及理论或车辆工程专业的硕士研究生使用，还可以供机械类企业从事设计工作和信息化工作的人员参考。

图书在版编目（CIP）数据

机械 CAD 应用技术/陶元芳主编. —北京：机械工业出版社，2012.5（2017.10 重印）

普通高等教育机械类特色专业规划教材

ISBN 978-7-111-37297-4

Ⅰ.①机… Ⅱ.①陶… Ⅲ.①机械设计：计算机辅助设计－AutoCAD 软件－高等学校－教材 Ⅳ.①TH122

中国版本图书馆 CIP 数据核字（2012）第 014152 号

机械工业出版社（北京市百万庄大街 22 号 邮政编码 100037）
策划编辑：刘小慧 责任编辑：刘小慧 范成欣 任正一
版式设计：霍永明 责任校对：张晓蓉
封面设计：张 静 责任印制：杨 曦
北京宝昌彩色印刷有限公司印刷
2017 年 10 月第 1 版第 2 次印刷
184mm×260mm · 15.75 印张 · 385 千字
标准书号：ISBN 978-7-111-37297-4
定价：29.80 元

凡购本书，如有缺页、倒页、脱页，由本社发行部调换

电话服务	网络服务
服务咨询热线：010-88379833	机 工 官 网：www.cmpbook.com
读者购书热线：010-88379649	机 工 官 博：weibo.com/cmp1952
	教育服务网：www.cmpedu.com
封面无防伪标均为盗版	金 书 网：www.golden-book.com

普通高等教育机械类特色专业规划教材

编写委员会

序

一、编写背景和依据

随着国民经济的高速发展，面向21世纪社会发展的需求，面对激烈的市场竞争，高等教育应适时转变观念和理念，不断进行教学改革和创新，以期更好地适应我国高等教育跨越式的发展需要，满足我国高校从精英教育向大众化教育的重大转型中社会对高校应用型人才培养的差异性要求，探索和建立适应我国高等教育应用型人才培养体系和工程教育体系。“高等工科教育回归工程”、“应用型本科教育”、“强化能力导向原则”等基于社会需求及人才培养和教学改革的教育理念是《高等教育法》提出的“高等教育教学改革务必根据不同类型、不同层次高等学校自身实际”要求、《高等学校本科教学质量与教学改革工程项目管理暂行办法》（简称“质量工程”）所坚持的“分类指导、注重特色”原则的创新成果和实践载体。

高等教育可分为教学型、教学研究型、研究型，要求高校按照“质量工程”对人才培养目标进行合理定位，对教学过程进行科学创新，发挥自身优势，形成各自特色，从而满足社会多样化的人才需求。人才培养目标的差异化，直接要求教学内容、教材建设具有针对性。《高等教育法》第34条明确规定：“高等学校根据教学需要，自主制定教学计划、选编教材、组织实施教学活动。”教育部在2007年提出本科教育、教学“质量工程”，鼓励和支持高等学校在教学理念等方面进行创新，形成有利于多样化人才成长的培养体系，满足国家对社会紧缺的创新型和应用型人才的需要。

“百年大计，教育为本；教育大计，教师为本；教师大计，教学为本；教学大计；教材为本；教材大计，适用为本。”针对人才培养目标的差异化和教学内容、教材建设的同质化的矛盾，国内具有机械行业特色专业的相关高校与机械工业出版社共同协商，专题研讨，成立机械类特色专业系列教材编写委员会，以“打造特色精品教材，促进专业教育发展”的理念规划出版的“普通高等教育机械类特色专业规划教材”，是对“质量工程”中所要求的“重点规划、建设多种基础课程和专业课程教材，促进高等学校教学内容更新、教材建设工作”的落实。

在教材选题设计思路上贯彻教育部关于培养适应地方、区域经济和社会发展需要的“本科应用型高级专门人才”的指示精神，突出了教材建设与办学定位、教学目标的一致性与适应性。教材立足的培养目标是加强工程意识的培养，加强理论与实践的结合，加强实践教学和工程训练，面向培养生产第一线从事设计、制造、运行、研究和管理实际工作、解决具体问题、保障工作有效运行的高等应用型人才。

在教材编写中既严格遵照学科体系的知识构成和教材编写的一般规律，又针对应用型本科人才培养目标及与之相适应的教学特点，精心设计写作体例，科学安排知识内容，注重解决现行教材存在的问题：如教材缺乏连续性修订，库存早已用完殆尽；现行国家标准已经与国际接轨，但现行教材中相关内容仍显陈旧过时；不能满足企业和研究院所本专业工程技术人员对特色专业教材的日益增加的需求。充分体现“基本理论够用，专业理论雄厚，注重实践环节，培养工程能力”的内涵和尺度的把握。

二、机械类特色专业（方向）

面向机械工业和重型机械行业的本科特色优势专业（方向）包括但不限于起重输送机械、工程机械、矿山机械、港口装卸机械，物流工程（装备与技术），特种设备安全工程。

研究生特色优势学科包括但不限于机械设计及理论、车辆工程、机械制造及其自动化、机械电子工程。

工程硕士领域包括但不限于机械工程、车辆工程。

三、机械类特色专业教材规划

由于起重输送机械和工程机械方面的教材专业性强，用量少，出版难，距前一版出版时间大多数已超过十年，涉及相关标准和技术已经更新，旧版教材已经全部用完，许多企业与研究院所作为继续教育和新大学生的技术培训或设计参考，现急需出版新教材和修订版。根据市场调研和急需程度，机械类特色专业规划教材编写委员会提出第一批特色专业教材出版规划如下：

序　号	教材名称	适用专业（方向）	字数/万
1	机械装备金属结构设计	起重输送机械，工程机械，矿山机械，机械CAD，物流工程，特种设备安全工程	50
2	叉车构造与设计	起重输送机械，机械CAD，物流工程	30
3	连续输送机械	起重输送机械，机械CAD，矿山机械，港口装卸机械	45
4	起重机械	起重输送机械，机械CAD，港口装卸机械	40
5	铲土运输机械设计	工程机械，矿山机械	40
6	矿井提升机械	起重输送机械，矿山机械	30
7	液压挖掘机	工程机械，矿山机械	40
8	工程机械设计基础	工程机械，起重机械，矿山机械，机械CAD	40
9	现代施工工程机械	机械设计制造及自动化，土木建筑工程，交通运输工程，水利水电工程，采矿工程，农业工程	50
10	特种设备安全技术	起重机械，工程机械，特种设备安全工程	30
11	机械装备金属结构课程设计	起重输送机械，工程机械，矿山机械，机械CAD，物流工程，特种设备安全工程，港口装卸机械	30
12	起重机械课程设计	起重机械，工程机械，矿山机械，港口装卸机械	30
13	输送搬运机械课程设计	起重输送机械，机械CAD，物流工程，特种设备安全工程	30
14	机械CAD课程设计	起重输送机械，机械CAD，物流工程，特种设备安全工程	30

（续）

序　号	教材名称	适用专业（方向）	字数/万
15	机械装备金属结构习题集	起重输送机械，工程机械，矿山机械，机械CAD，物流工程，特种设备安全工程	10
16	起重机械习题集	起重机械，矿山机械，物流工程，港口装卸机械	10
17	机械工程软件技术基础	机械设计制造及自动化专业各方向	30
18	机械CAD应用技术	机械设计制造及自动化专业各方向	30
19	散体力学及工程应用	输送机械，工程机械，物流工程，矿山机械，港口装卸机械	30
20	机械类特色专业实验教学指导书	起重输送机械，工程机械，矿山机械，机械CAD，物流工程，特种设备安全工程	20

希望本特色专业规划教材的出版，能够满足各相关学校特色专业的教学以及相关行业工程技术人员的需要。对教材编写过程中，各相关学校、行业的专家学者的鼎力支持和热忱帮助表示衷心的感谢。

由于编者的水平所限，本特色专业规划教材将会存在某些不足和缺陷，真诚欢迎领域专家学者和广大读者批评指正。

机械类特色专业规划教材编写委员会

徐格宁

前 言

学习和推广机械 CAD（计算机辅助设计）技术是利用信息技术改造传统的机械行业，使其重新焕发青春活力的重要手段。采用 CAD 技术可以大大加快设计进度，提高设计质量，适应市场竞争的需要。

学习 CAD，首先需要明确什么是 CAD。CAD（Computer Aided Design）是计算机辅助设计，不是 Computer Aided Drawing，至少 CAD 不应该仅仅是计算机辅助绘图，更重要的是设计；不仅是校核，还要优化；不仅是交互式绘图，而是要参数绘图，否则只是高级电子绘图桌；不仅是二维绘图，还要三维建模；不仅要模型和图样，还要设计计算书，这才是比较完整的 CAD。

其次要明确图形支撑软件的概念。研究 CAD 技术，尤其是机械 CAD 技术，不提倡从计算机图形学开始，那样做无异于盖楼房从取土烧砖开始。应该充分利用商品化的图形支撑软件，如 AutoCAD、SolidWorks 等，避免低水平的重复开发，脱离开图形显示、存储格式、绘图打印等底层的工作，集中精力解决设计问题，开发专业机械 CAD 软件。

然后要了解专业机械 CAD 软件。开发专业机械 CAD 软件和对商品化的图形支撑软件进行二次开发有相似的地方，都需要用到二次开发的接口，但还是有以下不同之处：

1）独立界面。专业机械 CAD 软件是一个或一组独立的可执行文件，具有自身独立的软件界面，这一点不同于二次开发。对于商品化图形支撑软件的二次开发通常是增加几条新的命令，增加一列新的菜单，增加一些线型、图案、图块、图库等，或调用一个或一组动态链接库。总之，二次开发的成果是附属于原商品化图形支撑软件的，或者是被其调用的，没有自己独立的界面，处于从属地位。

2）自主软件。专业机械 CAD 软件是一种自主开发的软件系统，具有自主知识产权，当然也不排斥商品化图形支撑软件的知识产权。二者之间的关系是以我为主，为我所用，通过自己开发的软件来调用图形支撑软件的某些功能。

3）设计为主。专业机械 CAD 软件是以设计为主的软件，虽然参数绘图或三维建模往往也是其主要功能之一。设计至少需要验算，验算整机性能，验算机械结构或零部件的强度、刚度、稳定性等；最好还能优化，取得最优的性能或最轻的自重；以及自动生成设计计算书。上述设计工作绝非是一般商品化图形支撑软件所能完成的。

4）针对特定专业机械。与商品化的图形支撑软件不同，专业机械 CAD 软件是针对特定专业机械的，这样才能提高软件的针对性，提高运行的自动化程度，方便特定用户群的使用，同时也降低了开发难度。所以，专业机械 CAD 软件通常不是由计算机公司开发的，而是由从事专业机械设计的工程技术人员自行开发的，开发人员包括企业的工程师、科研院所的科研人员和高等院校的教师。

因此，对商品化图形支撑软件的交互式操作是基础，对商品化图形支撑软件进行二次开发是途径，而自主开发专业机械 CAD 软件是学习机械 CAD 技术的最终目标。

专业机械 CAD 软件的开发方式（系统模式）有以下几种：

1）纯交互式。这其实无异于自己开发一个商品化图形支撑软件，确实有人开发过，如 KMCAD（开目 CAD）、CADTOOL（凯图 CAD）、CAXA（电子图板）、高华 CAD、香格里拉机械 CAD 等。我们并不提倡大家都来进行这种开发，现在制造一台机器的零部件都讲究全球采购，开发一个软件系统也没有必要事必躬亲，用户只需要选择一个合适的、现成的商品化图形支撑软件就可以了。

2）检索式。把现有的系列产品图样数字化之后保存在磁盘里，形成一个电子图库。开发一套保存图样名称和图号的数据库系统及其检索程序，使用时在检索界面上点取所需要的图样，通过图形支撑软件输出图样即可。这种检索式的 CAD 系统模式适合于轴承、螺栓等标准件和已经标准化、系列化的机械产品，不适合于新产品开发，因为电子图库中只有已存入的现有图样。这种系统还可以作为图样等技术资料的管理系统，即所谓的 PDM（Product Data Management，产品数据管理）系统。

3）非标设计式。设计非标产品，如单件小批生产的重型机械产品，或某些产品中经常需要改变的部件，是最适合于采用 CAD 进行计算机辅助设计的。这就需要开发针对特定机械或部件的专业机械 CAD 软件。非标设计通常首先根据用户输入的设计参数进行优化设计，然后根据优化出来的尺寸参数进行参数绘图或三维建模，最后输出设计计算书。开发专业机械的非标设计 CAD 软件是机械 CAD 技术的用武之地。

学习机械 CAD 技术还应该了解 CAD 的适用性。相对于办公自动化（Office Automation，OA）中的文字处理而言，设计自动化要难得多，因此在目前的信息化技术水平下，并不是所有机械产品都适合使用 CAD 技术。因此，我们在推进企业信息化，推广 CAD 技术时，对于产品和设计过程应有所选择。目前，CAD 技术还只能适用于验算、优化设计、简单图形处理等方面的工作，而对于结构非常紧凑、装配关系复杂、容易发生几何干涉的机器，让计算机来设计则不大容易实现。起重机械，无论是桥式还是门式，其金属结构部分装配关系简单，产品的结构相对固定，而尺寸随着起重量、跨度、起升高度而变化，非常适合于采用 CAD 技术。

本书从机械 CAD 技术概述、CAD 系统的组成出发，整理了最常用的商品化 CAD 软件 AutoCAD 基础知识、SolidWorks 基础知识，讨论了几项开发专业机械 CAD 软件的关键技术，如参数绘图技术、变量化三维建模技术、参数化计算书技术、数据库访问技术，最后归结到专业机械 CAD 软件开发技术，并给出一些资料性附录。

本书可以作为“计算机绘图”、“CAD 技术”、“计算机辅助设计”等课程的教材，供机械设计制造及其自动化专业各方向的本科生使用，也可以供机械设计及理论或车辆工程专业的硕士研究生使用，还可以供机械类企业从事设计工作和信息化工作的人员参考。

本书由太原科技大学的张亮有教授编写第 1 章机械 CAD 技术概述和附录，陶元芳教授编写第 2 章 CAD 系统的组成、第 6 章变量化三维建模技术、第 7 章参数化计算书技术和第 9 章专业机械 CAD 软件开发技术并担任主编，卫良保教授编写第 8 章数据库访问技术，李宏娟老师编写第 5 章参数绘图技术；由北京建筑工程学院的刘永峰副教授编写第 3 章 AutoCAD 基础知识，青岛科技大学的何燕教授编写第 4 章 SolidWorks 基础知识；由华南理工大学的迟永滨教授担任主审。太原科技大学的硕士研究生张长利、苗苗、吴韶建、郝君起、苏文瑾做了许多录入、校对、算例、编程的工作，在此一并表示感谢。

由于编者水平有限，书中不足之处在所难免，敬请广大师生和读者批评指正。

编　者

目　　录

第 1 章

机械 CAD 技术概述

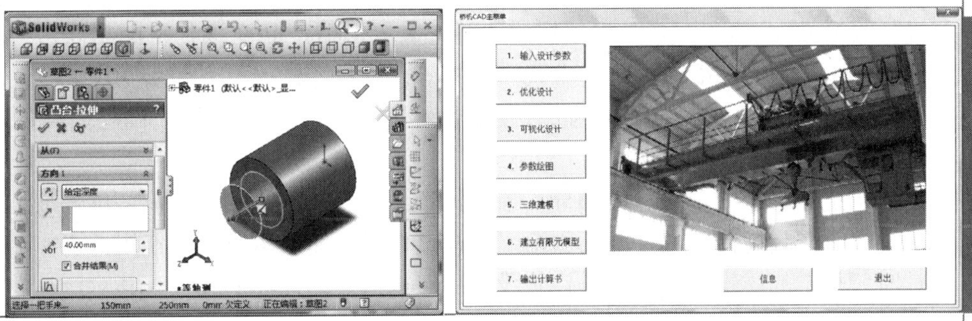

1.1 机械设计概述

1. 设计

设计是一项综合性的智力活动；设计是一种构造上的创新；设计是通过调整尺寸参数来满足性能与强度要求并兼顾经济性的过程；设计是性能、经济性之间的一种折中与妥协；设计是在满足众多尺寸约束、装配关系的前提下对美观、实用的一种追求。设计不是解方程，一般不采用反解强度不等式的方式来确定尺寸参数，因为需要确定的尺寸参数远多于强度关系式；设计不是简单的验算，因为还要追求经济性、美观；设计不仅仅是绘图，绘图需要知道尺寸，而尺寸需要经过计算才能得到；设计也不仅仅是计算，因为设计既不是解方程，也不仅仅是验算，许多尺寸关系必须在绘图的过程中确定，而且图样是设计的表达形式——“工程师的语言”。

机械设计（Machine Design）是指根据使用要求确定机械产品应该具备的功能，构想其工作原理、运动方式、力和能量的传递方式、结构等，确定零件的材料和形状尺寸等，在分析计算的基础上转化为具体的描述（如图样和设计文档等），以此作为制造依据的工作过程。

机械设计是机械工程的重要组成部分，是机械产品生命期的第一个环节，也是最重要的环节，是决定机械产品性能的最主要的因素。制造过程对产品质量所起的作用，本质上就在于实现设计时所规定的质量。因此，设计阶段是决定机械产品好坏的关键，其对产品性能的影响通常占 80% 左右。

设计过程是一个创造性的工作过程，同时也是一个尽可能多地利用已有的成功经验的工作。要很好地把继承与创新结合起来，充分利用各种现代设计手段与方法，才能设计出满足使用要求的高质量的产品。根据人们长期的设计经验，机械设计可分为三个阶段：概念设计、初步设计和详细设计（见表 1-1）。

表 1-1　机械设计过程

设计阶段	工作步骤	设计目标
概念设计	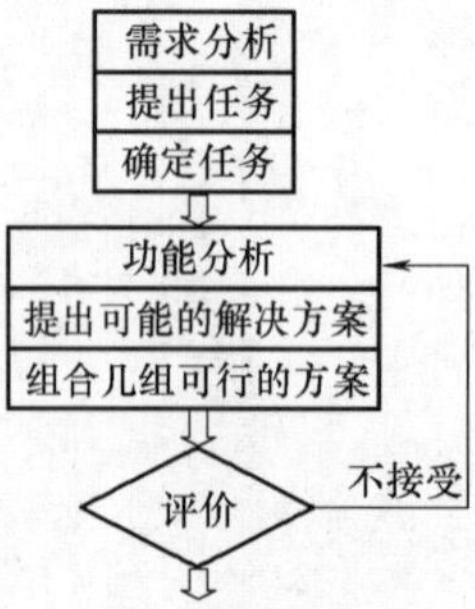 需求分析 提出任务 确定任务 ↓ 功能分析 提出可能的解决方案 组合几组可行的方案 ↓ 评价（不接受→返回功能分析） ↓	设计任务书 原理性设计方案（原理图或机构运动简图）

（续）

设计阶段	工作步骤	设计目标
初步设计	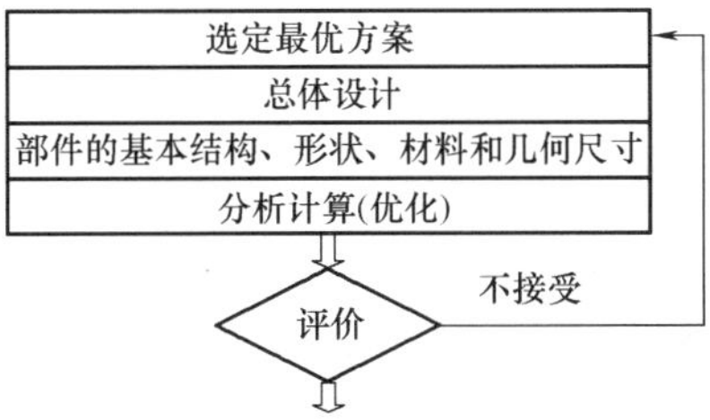 选定最优方案 → 总体设计 → 部件的基本结构、形状、材料和几何尺寸 → 分析计算(优化) → 评价（不接受：返回选定最优方案）	总装配草图、部件装配草图、零件草图
详细设计	 确定结构形状尺寸 → 零件设计 → 部件设计 → 总体设计 → 制造加工	设计图样、技术文档（设计计算说明书、使用说明书、标准件明细表、其他技术文件等）

（1）概念设计

通过调查研究、收集资料、仔细分析用户需求，提出明确的设计任务，形成设计任务书。在此基础上确定产品功能，进而构思方案，提出原埋性设计方案，进行分析论证，最后获得一组可行的原理性方案。

设计任务书大体上包括机器的功能，经济性及环保性的估计，制造要求方面的大致估计，基本使用要求，以及完成设计任务的预计期限等。此时，对这些要求及条件一般也只能给出一个合理的范围，而不是准确的数字。例如，可以用必须达到的要求、最低要求、希望达到的要求等方式予以确定。

产品的功能分析就是要对设计任务书提出的机器功能中必须达到的要求、最低要求及希望达到的要求进行综合分析，即这些功能能否实现，多项功能间有无矛盾，相互间能否替代等。最后确定出功能参数，作为进一步设计的依据。在这一步骤中，要恰当处理需要与可能、理想与现实、发展目标与当前目标等之间可能产生的矛盾问题。

确定出功能参数后，即可提出可能的解决办法，亦即提出可能采用的方案。寻求方案时，可按原动部分、传动部分及执行部分分别进行讨论。较为常用的办法是先从执行部分开始讨论。可以根据不同的工作原理，拟订多种不同的执行机构的具体方案，也可以根据同一工作原理，选择不同的结构方案。原动部分和传动部分也有多种方案。

（2）初步设计

从前一阶段的一组可行性原理方案中选择最优方案，绘制总体布置草图，确定各部件的基本结构、形状、材料和几何尺寸，建立相应的数学模型，进行主要参数的分析计算与优化。

首先要绘制总装配草图及部件装配草图，通过草图设计确定出各部件及其零件的外形及基本尺寸，包括各部件之间的连接，零、部件的外形及基本尺寸。

为了确定主要零件的基本尺寸，必须做以下几项工作：

1）机器的运动学设计。根据确定的结构方案，确定原动件的参数（功率、转速、线速度等)，然后做运动学计算，从而确定各运动构件的运动参数（转速、速度、加速度等)。

2）机器的动力学计算。结合各部分的结构及运动参数，计算各主要零件所受载荷的大小及特性。此时求出的载荷，由于零件尚未设计出来，因而只是作用于零件上的公称（或名义）载荷。

3）零件的工作能力设计。已知主要零件所受的公称载荷的大小和特性，即可做零、部件的初步设计。设计所依据的工作能力准则，须参照零、部件的一般失效情况、工作特性、环境条件等合理地加以拟定，一般有强度、刚度、振动稳定性、寿命等准则。通过计算或类比，即可决定零、部件的基本尺寸。

4）部件装配草图及总装配草图的设计。根据已定出的主要零、部件的基本尺寸，设计出部件装配草图及总装配草图。草图上需对所有零件的外形及尺寸进行结构化设计。在此步骤中，需要很好地协调各零件的结构及尺寸，全面地考虑所设计的零、部件的结构工艺性，使全部零件有最合理的构形。

（3）详细设计

确定设计对象的细部结构，最后绘制零件的工作图、部件装配图和总装配图，并编写技术文件。

此阶段要进行主要零件的校核。有一些零件，在上述初步设计第 3）步中由于具体的结构未定，难于进行详细的工作能力计算，所以只能做初步计算及设计。在绘出部件装配草图及总装配草图以后，所有零件的结构及尺寸均为已知，相互连接的零件之间的关系也为已知。只有在这时，才可以较为精确地定出作用在零件上的载荷，决定影响零件工作能力的各个细节因素。只有在此条件下，才有可能并且必须对一些重要的零件或者外形及受力情况复杂的零件进行精确的校核计算。根据校核的结果，反复地修改零件的结构及尺寸，直到满意为止。

技术文档的种类较多，常用的有机器的设计计算说明书、使用说明书、标准件明细表等。编制设计计算说明书时，应包括方案选择及技术设计的全部结论性的内容；编制供用户使用的机器使用说明书时，应向用户介绍机器的性能参数范围、使用操作方法、日常保养及简单的维修方法、备用件的目录等；其他技术文件，如检验合格单、外购件明细表、验收条件等，视需要与否另行编制。

而所谓的 CAD（计算机辅助设计），在目前的水平下上述的设计工作尚不能完全由计算机来完成，只能由计算机对设计的某个环节进行辅助。下面从计算和绘图两个方面进行讨论。

2. 计算在设计中的作用

虽然设计往往以图样作为产品外在的表现形式，好像设计就是绘图，但绘图必须以计算为基础。首先，设计的目的是要达到用户对于产品的性能要求，与产品性能相关的尺寸参数必须事先经过计算，确保产品性能达到要求。其次，重要的尺寸参数必须事先经过验算，确保产品的强度、刚度、稳定性合格才行。即使是绘图当中的某些环节，如尺寸链中各个环节尺寸的分配，公差精度的选择与分配，齿轮传动中心距的调整等也离不开查表和计算，所以图上设计往往有“画一画、算一算，算一算、再画一画”之说。所以，绘图前的估算和绘图后的验算，是设计过程当中不可缺少的重要环节。

仅就绘图而言，由计算机来完成原来的手工绘图工作，首先需要把实物模型数字化，通过一系列的式子来表达实物模型上复杂的几何尺寸关系，这也是离不开计算的。

计算的过程和结果构成了产品的设计计算书，这是产品设计的重要依据。因此，产品的技术资料除了图样之外，还有设计计算书和生产工艺等资料。

3. 绘图在设计中的作用

绘图在设计过程中同样具有不可替代的作用。图样是设计的表达，图形具有数据和语言都无法替代的直观性。虽然现在有数控机床，可以通过编程，由数控指令完成零件的加工，但是图样仍然作为重要的设计资料存在于工业生产过程中。所谓按图施工，说明图样是制造、装配和检验的依据。

除了二维的工程图样之外，现在三维模型也越来越多地作为设计的表达方式。与二维图样相比，三维模型更加直观，可以用来检验几何干涉，进行有限元应力分析，进行计算机仿真动态分析。三维模型相当于产品在计算机当中的虚拟实现，也有装配等工序，有点虚拟制造的味道。理论上有了三维模型就可以投影出二维图样，但实际上二维图样并不是简单的投影，如其中有起重机主梁板厚的夸大画法，有变速器的阶梯剖面展开，有尺寸标注基准等。因此，二维图样实际上是设计意图的表达，而不是单纯的几何投影视图。目前，二维图样和三维模型在设计领域中同时存在，互为补充。

4. 创新设计问题

机械设计可分为三类：新型设计、继承设计和变型设计。新型设计是指应用成熟的科学技术或经实验证明是可行的新技术，设计以前没有的新型机械；继承设计是指根据使用经验和技术发展对已有机械进行设计更新，以提高其性能、降低其制造成本或减少其运行费用；变型设计是指为适应新的需要对已有的机械作部分修改或增删而发展出不同于标准产品的变型产品。

通常，进行机械产品设计往往是继承设计或变型设计，所以在产品的设计过程中觉得只有初步设计和详细设计两个阶段，即方案设计阶段和技术设计阶段，其实概念设计由前人已经完成。

创新设计是通过改变产品的结构来重新设计产品，而不是仅仅通过改变产品的尺寸来满足用户要求或改进产品。它是一项创造性的高级智力活动，目前还属于人类的专利。现在的计算机“智力”水平还不够高，对于创新设计，除了在信息检索、三维仿真等方面起一些辅助作用外，基本插不上手。而所谓CAD，通常是指参数设计，并不涉及产品结构的改变。本书的讨论也仅限于参数设计的范畴，不涉及通过改变结构来进行的创新设计。

5. 设计目标与约束

用户对于产品的要求、产品的经济性，以及产品为了抵抗载荷其自身所必须具有的强度、刚度、稳定性构成了设计的目标与约束。设计就是通过计算和绘图，逐渐满足或协调这些目标与约束的过程。

产品的性能，如速度、尺寸、容量、载重量等越大越好，可以作为设计的目标。产品的重量、体积、成本越低越好，也可以作为设计的目标。可见，目标可以不止一个。当然，也可以只设定一个目标，而把其他目标作为约束。例如，要求自重最轻，而容量满足用户的要求。

产品抵抗外力不被破坏，不产生过大的变形，保持自身形状的能力称为强度、刚度和稳定性。这些当然是机械产品设计的约束，其他诸如满足标准化、系列化的要求，满足尺寸方面的限制，满足工艺方面的限制等也构成设计的约束，还有一些由目标所转化成的约束。可见，一个产品设计的约束往往有很多。

用户对于产品的某些要求是隐性的，或者不很容易用数值来表达，如要求产品的外形美观，使用方便等。因此，最好在设计过程中能够看到产品的形状，这些需要通过三维建模、虚拟制造、可视化设计等手段来实现。

6. 传统设计方法与过程

（1）参考现有结构

有些产品属于仿制，参考现有产品的结构和尺寸，甚至直接测绘，这是最简单的设计方法。当然仿制也不排除根据本厂的材料、工艺作一些局部的改动。另外，即使是仿制也要进行详细的验算，既然生产，就要对产品负责，要制出详细的产品图样和设计计算书。

（2）改进设计

有些产品设计属于对现有产品的改进，更改某些尺寸参数或局部结构，以期改进产品的使用性能或力学性能。因此，这种新产品的大部分尺寸参数是不变的。

改进后的产品当然也需要制出详细的产品图样和设计计算书。

（3）试凑法设计

有些产品设计属于扩大产品系列范围，如设计更大规格的产品。这时需要应用相似性理论，放大相应的参数，设计出更大尺寸、更大吨位、更大容量、更高性能的产品。

设计那些规格或尺寸改动较大的新产品，在计算机优化设计普及之前通常采用试凑法设计。虽然设计目标和约束形成一些不等式方程，但由于联立解这些方程非常困难甚至不可能，通常采用直接确定设计参数然后校核验算的方式进行设计。直接确定设计参数依赖于经验，是否能够通过验算带有一定的偶然性，因此往往需要反复试凑。经过多次反复后有可能得到目标和约束都比较理想的设计参数。选取设计参数时还需要考虑标准值或系列值，因此翻看设计手册中的公式，从表格中查取数据，从曲线上量取数据，是设计中的常事。

（4）总体设计、部件设计与零件设计

总体设计的工作是根据产品设计任务书中的总体性能要求和总体控制尺寸，完成总体计算，确定（分配）各部件的性能要求和部件控制尺寸，提出部件设计任务，并根据部件设计的结果，协调各部件性能指标与总体性能之间的关系，调整总体尺寸链，绘制产品总装配图，在图中标注总体尺寸、配合尺寸和重要尺寸，列出部件和直属零件的明细。

部件设计的工作是满足总体设计对该部件的性能要求与尺寸限制，完成部件及所属零件的性能和约束验算，绘制部件装配图，在图中标注总体尺寸、重要尺寸、配合尺寸，列出零件明细。

零件设计的任务是，从部件装配图中量取零件尺寸，绘制零件图并调整零件尺寸，使之与部件总体尺寸链协调，标注零件的所有尺寸、公差、几何公差、表面粗糙度、加工技术要求等，俗称“拆零件图”。设计过程往往需要反复，局部的修改会影响整体的布局。

（5）整理设计计算书

无论是参考现有结构改进设计，还是试凑法设计，设计完成后都需要整理设计计算书，设计者要对所做的设计负责。对于试凑法设计，在设计当中不论进行过多少次试凑，探索的过程均不必反映在设计计算书当中，只针对最后的设计参数对各项性能和约束进行验算即可。

设计完成后，机械产品在生命周期中转入制造加工、样机测试、批量生产、销售、使用等后续环节。而生命期的后续各环节将返回大量信息，需对产品进行不断修改。可见，机械设计是一个“设计—评价—再设计”反复进行、不断改进和优化的过程。人工设计时，设计工作量大，计算复杂繁琐（甚至难于计算），设计周期长，设计质量在很大程度上取决于设计者的水平和经验。因此，在一定程度上实现设计自动化，缩短设计周期，提高设计质量，降低设计成本，就成为机械设计发展的迫切要求，正是在这样的背景下产生了计算机辅助设计。

1.2　机械 CAD 方法概述

1. CAD 概述

计算机辅助设计（Computer Aided Design，CAD）是利用计算机软硬件资源辅助设计人员进行产品或工程设计、修改及输出的工作。

CAD 是多学科综合性应用技术。初期的 CAD 主要是解决计算机绘图问题，现在的 CAD 已扩展到设计的各个阶段、各种内容，涉及众多基础技术：

1）图形处理技术，如计算机图形学、二维交互图形技术、三维几何造型技术、其他图形输入/输出技术等。

2）工程分析技术，如有限元分析、优化设计、物理特性计算（面积、体积、惯性矩、转动惯量、重心等）、机构运动模拟仿真及各行业中的工程分析等。

3）数据管理与数据交换技术，如数据库管理技术，不同 CAD 系统软件间的数据交换技术和接口技术等。

4）文档处理技术，如文档制作、编辑、文字表格处理等。

5）软件设计技术，如计算机语言、软件工程规范、界面设计等。

CAD 是现代设计方法，是现代设计方法中智能论方法的一种。智能论方法中还有 CAE（计算机辅助工程）、并行工程、虚拟设计、人工智能等。而在 CAD 中又用到许多其他设计方法，如有限元分析、优化设计、可靠性设计、反求工程设计、人工智能等。现代设计方法相互渗透、相互融合。

CAD 是一种工具。CAD 中设计者与计算机密切合作，在决定设计策略、信息处理、修改设计及分析计算方面充分发挥各自的特长。计算机擅长于信息存储、检索、分析计算、图形与文字处理以及其他重复的枯燥无味的工作。但计算机离不开设计者的设计策略、逻辑控制、信息组织、经验和创造性。只有两者有机结合，才能提高设计质量、缩短设计周期、降低设计费用。

CAD 是计算机辅助设计，但有人把计算机辅助绘图（Computer Aided Drawing）也叫做 CAD。如前所述，计算和绘图是设计过程当中不可缺少的组成部分。只有绘图没有计算的“CAD”，至少不是完整的 CAD。

即使只谈绘图，也要看是交互式绘图，还是参数绘图。交互式绘图是把计算机当做电子绘图桌来使用，相比之下参数绘图的技术水平和自动化程度更高一些。

从传统设计的过程来看，完全由计算机来自动地完成整个设计过程有点勉为其难。因此，计算机目前还只能辅助人来进行设计，而不是代替人来进行设计。从这个角度来看，计算机可以通过编程辅助设计人员进行验算，可以通过交互式或参数式绘图软件辅助设计人员进行绘图，可以通过检索数据库来辅助设计人员查表，还可以通过优化程序辅助设计人员实现参数设计，或通过文本编辑软件辅助设计人员编排设计计算书。

综上所述，广义的CAD是指采用计算机及其软件辅助设计人员进行计算、绘图、检索、优化、文本编辑当中任何一项或几项工作的过程。而狭义的CAD则应该是一个至少包括优化设计、参数绘图，最好还包括生成计算书的一个比较完整的过程。

2. 现代设计理论与方法

采用计算机通过编程来辅助设计人员计算，可以简单地重复手工验算的过程，也可以采用现代设计理论与方法来进行设计。

现代设计方法是现代广义设计和分析科学方法学的简称。现代设计方法实质上是科学方法论在设计中的应用。冠以“现代”二字是为了强调以引起重视，其实有些方法，如优化，并非是现代的。由于计算机的发展，使许多现代设计方法直到“现代”才得到广泛的应用。

现代设计理论与方法包括以下内容：

1）信息论方法，如信息分析法，技术预测法等。它们是现代设计方法的前提。

2）系统论方法，如系统分析法，人机工程等。

3）控制论方法，如动态分析法等。

4）优化论方法，如优化设计等，其是现代设计法的目标。

5）对应论方法，如相似设计等。

6）智能论方法，如计算机辅助设计、计算机辅助计算等。

7）寿命论方法，如可靠性和价值工程等。

8）离散论方法，如有限元及边界元方法等。

9）模糊论方法，如模糊评价和决策等。

10）突变论方法，如创造性设计等，其是现代设计法的基础。

11）艺术论方法，如艺术造型等。

工程设计中较为成熟并得到广泛应用的现代设计方法有优化设计，可靠性设计，有限元分析，动态分析，计算机辅助设计本身——模拟、仿真与可视化设计等。这些理论与方法一般需要借助于计算机的高速运算、反复迭代、数据或图形处理的能力，才能得以实现。

3. 优化设计

优化设计是一种参数设计，只改变产品的尺寸参数，不改变产品的结构。与传统手工设计方法当中的试凑法相对应，采用计算机编程来实现优化设计，其实也是一种试凑法。

（1）优化设计的三要素

1）优化变量。优化设计通常用于确定参数。所谓优化变量也就是在设计过程中需要确定的一组尺寸参数。

2）目标函数也就是设计目标，如性能最高、重量最轻、能耗最低等，可以是单个目标，也可以是多个目标。优化目标是优化变量的函数。所谓优化就是改变优化变量使目标函数达到最优的过程。

3）约束条件。如前所述，强度、刚度、稳定性等构成了机械优化设计天然的约束条件，还有一些标准化、系列化、通用化及使用环境带来的尺寸约束，以及由目标转化而来的约束。约束多是机械优化设计的一个特点。一般这些约束也是优化变量的函数。约束优化问题就是改变优化变量，在满足众多约束条件函数的前提下使目标函数达到最优的过程。

（2）优化理论与方法

虽然说优化设计是一种基于计算机高速运算的试凑法，但我们仍然希望运算量小一些，速度快一些，这就需要在编程时运用优化理论与方法。优化的基本原理是目标函数的极值理论，具体方法有网格法、坐标轮换法、共轭方向法、复合型法、惩罚函数法等。

（3）优化在CAD中的应用

优化有很深奥的理论，可能产生很优秀的设计方案，但其实优化在CAD中仅仅是用来代替设计的一种手段而已。人类具有设计天才，可以积累设计经验，计算机却没有这方面的能力，只好用优化来进行设计。所以，不要把优化看得太神秘，优化只是借助于计算机的快速运算能力，用试凑法来解决参数设计问题的一种权宜之计；也不要过分追求优化理论与方法，能用、好用就行，速度稍慢一些也无妨；更不要过分地追求最优解，在许多情况下较优解，甚至可行解即可满足要求。

4. 可靠性设计

传统设计以验算为判断依据，验算的结果为合格或不合格。可靠性设计则考虑到载荷的不确定性和材料的不均匀性，给出不失效的概率。可靠性设计还可以根据零件的可靠性，以及由零件组成系统的结构，如并联系统或串联系统，估算整个系统的可靠性。可靠性设计依赖于载荷谱的大量统计和基础零、部件强度的大量实验数据。齿轮传动的齿根弯曲疲劳强度计算和齿面接触疲劳强度计算，轴的脉动载荷疲劳强度计算和交变载荷疲劳强度计算，轴承的寿命计算，机械故障率分析中的浴盆曲线，起重机金属结构的极限应力法设计等是可靠性设计的一些局部应用实例。

5. 有限元分析

传统的材料力学依据一些公理、直观浅显的假设，如力分布的圣维南原理，扭转和弯曲变形时横截面仍为平面的假设等，推导出一些常用的公式。这些公式在总体上是正确的，也是一般工程设计的依据。但对于局部应力、应力集中等情况却无能为力。

弹性力学则依据应力场的微分方程，试图给出应力分布的精确解。这些方程除了一些特殊情况（如在无限大的平板上开一个小孔）之外，一般很难求解。

自从有限元算法问世以来，情况有了很大的改观。有限元采用类似于弹性力学的方法，建立单元体的力学平衡方程式，根据假设的单元体变形模式——形函数，建立整个弹性体庞大的柔度矩阵，然后求解该线性方程组，得出各单元的变形情况，进而求出应力情况。有限元算法类似于微分方程的数值解法，依靠计算机求解巨大的线性方程组，得到变形和应力的近似分布。单元划分得越细则精度越高，但求解时占用的内存空间越大，占用的计算机时间越长。

现在有限元应力分析通常采用商品化软件，先建立受力结构的三维模型，选择单元类型进行自动单元划分，定义约束，施加载荷，进行变形分析和受力分析，生成应力云图，输出关键点的应力或应力分布图。

在设计当中有限元应力分析通常作为一种验算手段，这是因为有限元计算需要较多的准备工作，较长的运算时间，其中有许多手工交互式的操作，不易通过程序来控制，不易作为实时优化迭代过程中的约束条件。

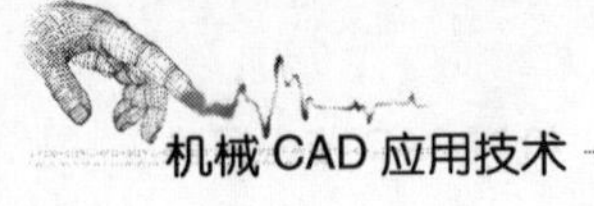

6. 计算机仿真

（1）微分方程的数值解

描述某些物理过程的微分方程组可能很难求解，甚至就连是否存在显式的解都很难证明，而利用计算机快速运算的能力可以求这些微分方程组的数值解。也就是从初始状态开始，给时间一个增量 Δt，由于 Δt 非常小，略去高阶无穷小量，可以比较容易地计算出其他物理量相应的变化。再给时间一个增量 Δt，再计算其他物理量相应的变化，如此不断循环，即可求出从初始状态出发到达某个时间 t 时整个系统的状态。例如，长距离带式输送机的起动过程是一个过渡过程，在这个过程中物料的运行速度、带张力的变化、驱动系统的转矩等参数的变化就可以建立微分方程，通过数值积分，用计算机来仿真求解。

（2）计算机仿真试验

工程试验和检测对于证明和完善设计理论，验证计算结果是很重要的手段。但是试验的费用比较高，周期比较长，受某些客观条件的限制，真实的试验往往数量少，工况也不一定典型。而计算机仿真试验则不受什么限制，用于模拟一些大型结构、特殊结构和特殊工况、危险工况、某种概率分布下多次试验的效果等是很有优势的。其实，所谓有限元应力分析就是一种计算机仿真试验和测试。其他诸如数字化样机等技术也是利用计算机仿真技术实现的。

（3）可视化设计

设计是一种综合性的智力活动，有些内容不能简单地通过数值来表达，需要通过结构、形状来表达，由富有经验的设计师决策。这就需要计算机按比例地把设计当中的产品图样甚至三维模型显示出来，供设计者查看，还要设置一种交互手段，让设计师能够实时地调整产品的尺寸参数，同时看到调整变化的结果，也就是提供一种塑造产品的手段。类似于文本编辑中的“所见即所得”。

可视化设计具有图形化、简单、直观、能够直接实时地看到设计效果、可信度高的优点，非常适合于进行机构的设计和大型结构的设计。利用三维模型来验证产品的外形及静态与动态的几何干涉和装配关系也是一种可视化设计。其他诸如性能指标的动态显示，部件参数的选配等也属于可视化设计的范畴。可视化设计的最高境界是虚拟设计与虚拟制造。

7. 其他

从广义的角度来讲，CAD 是对机械设计各个方面的辅助，所以像数据库系统（Data Base System，DBS）——数据管理或辅助查询，文本处理——自动或交互式辅助生成设计计算书，网络检索与发布——远程或网络设计等，都属于 CAD 的范畴。而其他一些系统，如产品数据管理（Products Data Management，PDM），计算机辅助工艺规程设计（Computer Aided Process Planning，CAPP），计算机辅助制造（Computer Aided Manufacture，CAM）；计算机集成制造系统（Computer Integrated Manufacturing System，CIMS），企业资源管理（Enterprise Resources Planning，ERP）等也与 CAD 有关。

采用 CAD 技术，利用可视化设计或三维数字化仿真还将有利于进行人机工程学设计和绿色设计。

1.3 机械CAD技术发展概况

1. CAD技术发展简史

（1）图形显示

1950年，MIT（麻省理工学院）在旋风I号计算机上采用了阴极射线管（CRT）做成图形终端，并能被动地显示图形。20世纪50年代后期开始计算机图形学研究，1959年12月在MIT召开的一次计划会议上明确提出了CAD概念。

（2）图形设计及修改

1962年，美国学者I. E. Sutherland发表了《人机对话图形通信系统》一文，研究出名为Sketchpad的系统，首次实现了交互图形系统，该系统能在屏幕上进行图形设计与修改，实现了人机交互的设计方法。从此，掀起了大规模研究计算机图形学的热潮，出现CAD这一术语。

随着在计算机屏幕上绘图成为可行，CAD技术也开始发展起来，并开始逐渐形成CAD产业。人们希望借助此项技术来摆脱繁琐、费时、绘制精度低的传统手工绘图。当时，CAD技术的出发点是用传统的三视图方法来表达零件，以图样为媒介进行技术交流。因此，在CAD技术发展初期，CAD的含义仅仅是图板的替代品，即计算机辅助绘图，而非今天我们经常讨论的计算机辅助设计。CAD技术以二维绘图为主要目标一直持续到20世纪70年代末期，以后作为CAD技术的一个分支而相对单独、平稳地发展。直到今天，二维绘图仍然占有相当大的比例。早期应用较为广泛的计算机绘图软件是由美国洛克希德（Lockheed）公司开发的CADAM软件。1964年，美国通用汽车公司和IBM公司成功开发了用于汽车前玻璃线性设计的DAC—I系统。1965年，美国洛克希德飞机公司推出CADAM系统，贝尔电话公司推出GRAPHIC—I系统等。CAD在世界范围内得到迅速发展，CAD技术逐渐进入产品和工程设计领域。现在二维绘图市场上占有优势地位的是AutoCAD、MicroStation等产品。

（3）曲面造型

20世纪60年代出现的三维CAD系统只是极为简单的线框式系统，只能表达基本的几何信息，不能有效地表达几何数据间的拓扑关系。进入20世纪70年代，正值飞机和汽车工业的蓬勃发展时期，而当时只能采用多断面视图、特征纬线的方式来近似地表达所设计的自由曲面。既慢又繁琐的制作过程大大拖延了产品的研发时间，要求更新设计手段的呼声越来越高。此时法国人提出了贝赛尔（Bezier）算法，使得人们在用计算机处理曲线及曲面问题时变得可以操作，同时也使得法国达索飞机制造公司的开发者们能在二维绘图系统CADAM的基础上，开发出以表面模型为特点的自由曲面建模方法，推出了三维曲面造型系统CATIA。它的出现，标志着CAD技术从单纯模仿工程图样三视图模式中解放出来，首次实现以计算机完整描述产品零件的主要信息。这为人类带来了第一次CAD技术革命，改变了以往只能借助油泥模型（油泥模型是传统汽车车身设计中用油泥雕塑的车身模型。它主要用来表达汽车造型的实际效果，供设计人员和决策者审定）来近似准确表达曲面的工作方式。

此时的CAD技术价格极其昂贵，而且软件商品化程度很低，开发者本身就是CAD用户，彼此之间技术保密。只有少数几家受到国家财政支持的军火商，在20世纪70年代冷战时期才有条件独立开发或依托某厂商发展CAD系统。但是，CAD技术也吸引了一些民用主干工业，如汽车业的巨头也开始摸索开发一些曲面系统为自己服务。曲面造型系统带来的技术革新，使汽车开发手段比旧的模式有了质的飞跃，汽车工业开始大量采用CAD技术。

（4）实体造型

20世纪70年代末到80年代初，工业界认识到CAD新技术对生产的巨大促进作用，同时计算机技术有了大跨步进展，CAE（计算机辅助工程）、CAM（计算机辅助制造）技术也开始有了较大发展。在软件方面做到了将设计与制造的各种单个软件集成起来，使之不仅能绘制工程图形，而且能进行三维造型、自由曲面设计、有限元分析、机构及机器人分析与仿真、注塑模设计等各种工程应用。最为突出的是实体造型（Solid Modeling）理论与系统的发展与应用。

美国SDRC（Structural Dynamic Research Corp）公司在当时“星球大战计划”的背景下，由美国宇航局支持及合作，开发出了许多专用分析模块，用以降低巨大的太空实验费用，同时，在CAD技术方面也进行了许多开拓；UG则着重在曲面技术的基础上发展CAM技术，用以满足麦道飞机零部件的加工需求；CV（Computer Vision）公司和CALMA公司则将主要精力都放在CAD市场份额的争夺上。

有了表面模型，CAM的问题可以基本解决。但由于表面模型技术只能表达形体的表面信息，难以准确表达零件的其他特性，如质量、重心、惯性矩等，对CAE十分不利，最大的问题在于分析的前处理特别困难。基于对于CAD/CAE一体化技术发展的探索，SDRC公司于1979年发布了世界上第一个完全基于实体造型技术的大型CAD/CAE软件——I-DEAS。由于实体造型技术能够精确表达零件的全部属性，在理论上有助于统一CAD、CAE、CAM的模型表达，给设计带来了惊人的方便性。它代表着未来CAD技术的发展方向。

但是，新技术的发展往往是曲折和不平衡的。实体造型技术既带来了算法的改进和未来发展的希望，也带来了数据计算量的极度膨胀。在当时的硬件条件下，实体造型的计算及显示速度很慢，在实际应用中做设计显得比较勉强。由于以实体模型为前提的CAE本来就属于较高层次的技术，普及面较窄，反映还不强烈，另外在算法和系统效率的矛盾面前，许多赞成实体造型技术的公司并没有下大力气去开发它，而是转去攻克相对容易实现的表面模型技术，实体造型技术也就此没能迅速在整个行业全面推广开。在以后的10年里，随着硬件性能的提高，实体造型技术又逐渐为众多CAD系统所采用，成为CAD技术应用的主流。实体造型带来了CAD技术的第二次革命。

（5）参数化技术

正当实体造型技术逐渐普及之时，CAD技术的研究又有了重大进展。进入20世纪80年代中期，美国CV公司内部以高级副总裁为首的一批人提出了参数化实体造型方法。由于参数化技术核心算法与以往的系统有本质的区别，若采用参数化技术，必须将全部软件重新改写。当时CAD技术主要应用在航空和汽车工业，这些工业中自由曲面的需求量非常大，参数化技术还不能提供解决自由曲面的有效工具（如实体曲面问题等），更何况当时CV的软件在市场上几乎呈供不应求之势，于是CV公司内部否决了参数化技术方案。

策划参数化技术的这些人在新思想无法实现时，集体离开了CV公司，另成立了参数技术公司（Parametric Technology Corp，PTC），开始研制命名为Pro/E的参数化软件。早期的Pro/E软件性能很低，只能完成简单的工作，但由于第一次实现了尺寸驱动零件设计修改，使人们看到了它今后将给设计者带来的方便性。

20世纪80年代末，计算机技术迅猛发展，硬件成本大幅度下降，CAD技术的硬件平台成本从二十几万美元一下降到几万美元。一个更加广阔的CAD市场完全展开，很多中小型企业也开始有能力使用CAD技术。由于他们设计的工作量并不大，零件形状也不复杂，更重要的是他们无钱投资大型高档软件，因此他们很自然地把目光投向了中低档的Pro/E软件。进入20世纪90年代，参数化技术变得成熟起来，充分体现出其在许多通用件、零部件设计上存在的简便易行的优势。踌躇满志的PTC也因此先行挤占了低端AutoCAD市场，以致在几乎所有CAD公司的营业额都在呈上升趋势的情况下，Autodesk公司的营业额却增长缓慢，市场排名连续下挫。继而，PTC公司又试图进入高端CAD市场，与CATIA、SDRC、CV、UG等群雄在汽车及飞机制造业市场逐鹿。目前，PTC在CAD市场的份额排名已名列前茅。在此期间，计算机价格大幅下降，计算机硬件和软件达到新的水平，使CAD的硬件配置和软件开发适合于中小企业的承受能力，打破了CAD技术被大型企业垄断的局面。

可以说，参数化技术的应用主导了CAD发展史上的第三次技术革命。

（6）变量化技术

参数化技术的成功应用，使得它在20世纪90年代前后几乎成为CAD业界的标准，许多软件厂商纷纷起步追赶。但是，技术理论上的认可并非意味着实践上的可行性。由于CATIA、CV、UG、EUCLID都在原来的非参数化模型基础上开发或集成了许多其他应用，包括CAM、PIPING和CAE接口等，在CAD方面也做了许多应用模块开发。重新开发一套完全参数化的造型系统困难很大，因为这样做意味着必须将软件全部重新改写。积数年对参数化技术的研究经验以及对工程设计过程的深刻理解，SDRC的开发人员发现了参数化技术尚有许多不足之处，并以参数化技术为蓝本，提出了一种更为先进的实体造型技术——变量化技术，作为今后的开发方向。于是，SDRC公司从1990开始，历经三年时间，投资一亿多美元，将软件全部重新改写，于1993年推出了全新体系结构的I-DEAS Master Series软件。

变量化技术既保持了参数化技术的原有优点，同时又克服了它的全尺寸约束等许多不足之处。它的成功应用，为CAD技术的发展提供了更大的空间和机遇。SDRC几年来业务的快速增长，证明了它走的这条充满风险的研发道路是正确的。不久，SDRC的市场排名就从I-DEAS MS1发布时的第九名，上升至第三名。无疑，变量化技术成就了SDRC，也驱动了CAD发展史上的第四次技术革命。

（7）我国CAD技术的发展

我国CAD技术的研究和应用起步较晚，在20世纪60年代末、70年代初，就有一些高校、研究院所和大型企业开始应用计算机进行数控加工和数值计算，但在封闭自守的状况下，进展缓慢。进入20世纪80年代，一些行业和地区引进了国外的CAD技术，发展速度稍有加快。20世纪80年代后期进行了大规模CAD技术开发与研究，在国家统一规划下选择24种产品作为开发对象，包括汽车、拖拉机、农机具、装载机、内燃机、汽轮机、电动机、组合机床、数控机床、轴承等。CAD技术发展很快，引进国外的CAD系统不但花费昂贵，而且得不到及时的服务，操作界面、数据库等必须作应用开发，往往尚未掌握、应用，已经趋于淘汰的边缘。例如，航空、造船、机械等行业，引入的小型机及其相应的CAD系统，其功能还未完全学会，人力物力投入还没得到回报就被淘汰。进入20世纪90年代，由国家科委联合 11 个部委局办成立全国 CAD 应用工程协调指导小组，进行了“甩图板”工程，国产 CAD 软件在这个阶段取得了长足发展，但应用效果参差不齐。国产 CAD 软件曾经百花齐放，市场上活跃着许多的国产 CAD 产品，如高华 CAD，华正电子图板，大恒 CAD，德赛 CAD，金银花 CAD 等。进入 21 世纪以后，AutoCAD 几乎成为国内二维绘图的唯一软件，原先的国产 CAD 软件厂商要么成了 AutoCAD 的代理，要么跟随 AutoCAD 做二次开发，还有的已经转型到 PDM、ERP 领域。仍然在坚持做 CAD 的已经寥寥无几。CAXA 电子图板定位于快速崛起的中国制造业企业，除了基本的辅助绘图功能，软件还根据中国机械行业的特点提供了丰富的标准件图库，成为市场占有率最高的国产 CAD 软件。中望 CAD 选择了和 AutoCAD 完全兼容的方式来抢占市场，不但界面、命令方式、操作习惯与 AutoCAD 非常相似，内部文件格式也采用了和 AutoCAD 一致的 DWG 文件。使得原先习惯了 AutoCAD 的用户或者是有大量 AutoCAD 图样的用户能够轻易地转到中望 CAD 上来。

2. CAD 技术发展概况

（1）数值计算、交互式绘图与建模

随着计算机技术的普及，尤其是 1980 年前后苹果Ⅱ、IBM-PC 和国产 DJS154 计算机的出现，以及高级编程语言 Basic、Fortran 的普及应用，优化设计、有限元应力分析等数值计算课题成为 CAD 技术在机械工程领域的早期应用。

在计算机屏幕上显示图形，处理图形之间的相互关系，研究图形的矢量化存储格式等所谓计算机图形学成为 CAD 技术的早期研究内容之一。交互式绘图软件 AutoCAD 传入国内并流传至今，“甩图板工程”很形象地描述了当年 CAD 技术的概况。

计算机图形学的研究成果推动产生了一批国产交互式工程绘图软件，如华中科技大学的 KMCAD（开目 CAD）、CADTOOL（凯图 CAD）、北京航空航天大学的 CAXA（电子图板）、高华 CAD 和香格里拉机械 CAD 等。

随着微机性能的提高，许多原来在小型机、工作站上运行的软件推出了微机版，如许多有限元应力分析软件。绘图方面产生了一批三维建模软件，如 Pro/E、SolidWorks、UG 等，许多原先的二维工程绘图软件也增加了三维功能或推出了三维版本，如 CAXA 的三维电子图板、AutoCAD 的 MDT、Inventor 等。

（2）检索式图库

随着电子图档的积累，在一些标准件、大批量生产系列化产品的行业出现了电子图库，配以数据库检索系统和 AutoCAD 等图形支撑软件，可以随时查看、输出某种规格、型号产品的全套图样。

随着计算机绘图成为企业设计绘图的常规手段，对于设计非标产品也往往以现有产品的图形文件为基础，采用“复制”、“粘贴”和修改的方式来生成新产品的图样。这种设计方法类似于手工设计中的“剪刀”加“浆糊”式的绘图方式。当然这种“设计”有很大的局限性，首先仅限于完成图样本身，而且修改所造成的零件之间、零件与部件之间的相互尺寸关系的改变要设计师自己进行相应的修改，至于产品的性能、强度等也得另行计算。

（3）参数化绘图与建模

在微型计算机上利用商品化软件进行交互式的二维绘图与三维建模，只是一种绘图工具的改变，只是把微机（个人计算机）当做一张高级的多功能电子绘图桌来使用。尽管这张“绘图桌”的功能很强，能够修改图样不留痕迹，能够“复制”、“粘贴”而不需要“剪刀”、“浆糊”，能够保存许多图样文件供参考，但这仍然只是停留在计算机辅助绘图的层面上，其辅助的是“绘图”而不是“设计”。而且这种计算机绘图的效率也并不高，设计人员从手握铅笔、橡皮到操作鼠标、键盘，从“趴图板”变成了“泡计算机”，劳动强度仍然很大。设计人员希望实现绘图自动化，甚至设计自动化。

其实，在商品化交互式绘图软件面世不久，就推出了一些局部参数绘图的功能，如CAXA电子图板中的尺寸驱动，AutoCAD中可以利用AutoLISP语言实现一些简单的复合命令，AutoCAD 2010版中的参数化命令等。三维绘图软件所建立的模型也可以通过修改尺寸来达到修改模型的目的。这些商品化交互式绘图软件中的参数化功能通常只适合用于零件的参数化绘图，如阶梯轴等，而不适合用于部件和整机的参数化设计，也无法保证相应零部件的强度。

真正的参数化设计是分两步走的，先由优化设计程序在保证强度、刚度等约束条件的情况下优化出一组参数，然后由参数绘图程序画出图样。借助于AutoCAD实现参数绘图的途径有命令文件接口方式，图形交换文件接口方式，VB-Automation接口方式，VC-ARX接口方式等。

变量化三维建模也是类似的，通过COM接口，由VC++编程，可以指挥SolidWorks根据参数自动生成三维模型。注意，这里所提的参数化和变量化与计算机图形学中的概念不同。

（4）专业机械综合CAD系统

要实现某种专业机械的高效率计算机辅助设计，需要把可视化设计、优化设计、参数化绘图、图形支撑软件、软件接口技术、软件集成技术等现代设计方法与CAD技术、软件技术综合起来，形成一个专业机械综合CAD系统。

之所以要把服务对象限制在某种特定的专业机械上，是为了降低系统的开发难度，提高针对性，提高设计和出图的自动化水平。总体来说，开发这种系统的难度依然很大，而且产品的细部构造和工艺方面的技术细节很多，在软件中不见得能够逐一体现，因此这种软件输出的图样离生产图样的要求还有一些差距，作为设计方案更为合适。

专业机械综合CAD系统所输出图样的成熟度不高这一现实并不奇怪，CAD终究是辅助而已，不能完全代替设计师。这样的系统只要能够辅助确定主要参数，完成繁琐复杂的计算，生成主体结构的图样，也就达到了目的。计算机适合于做重复性的、程式化的工作，而人适合于做决策性的、协调性的工作。只要有了主要参数和总图，修改一下图样的局部细节，拆画几张零件图样，对于行业内的工程技术人员来说并不困难。这样的分工更有利于充分发挥计算机和设计人员双方各自的长处。

因此，专业机械综合CAD系统适合于进行非标产品的设计，尤其是单件小批量生产的重型机械产品的设计。这种系统作为新产品创新设计的设计方案发生器，投标报价系统的组成部分，或产品设计展示系统也是很合适的。

（5）产品数据管理

计算机绘图已成为产品设计绘图的常规手段，电子图档的管理问题就提上了议事日程。由于在计算机上修改图样不留痕迹，提高了图样的图面质量。也正是由于这一点，给图形文件的管理带来了困难，修改不留痕迹也就无法追踪图样被修改的历程。若保存不同的版本，则同一张图样会出现许多版本的图形文件，也存在标识和管理的问题。设计部门内部局域网的建设为图形文件在设计人员之间的传递提供了便利条件，而网络化的协同设计需要给不同的网络用户规定相应的权限，这也存在管理的问题。互联网的普及，U盘、移动硬盘等大容量存储介质的出现带来了图形文件的保密问题。除了图样之外，产品的技术资料还包括设计计算书、生产工艺、使用说明等，需要对产品的相关数据进行综合管理，即PDM——产品数据管理。此外，还出现了产品全生命周期数据管理的概念，这里不仅限于产品的技术数据，还包括了产品在产前、产中、产后的各种数据，如市场前景分析、生产工艺情况、用户使用情况等。

1.4 CAD技术在机械工业中的应用

1. CAD技术的应用现状

机械工业是国民经济的支柱产业，也是CAD应用最主要的领域。虽然我国CAD研究及应用起步较晚，但在20世纪80年代后期至90年代初期加大了CAD的研究和推广应用力度，1991年提出“甩图板”工程，1992年国家启动“CAD应用工程”。机械工业一直被列为CAD应用的重点行业。1995年9月至1996年年底，国家把推广应用CAD技术作为提高机械行业开发能力的切入点、突破口，组织实施了“CAD应用1215工程”。12家工程示范企业经过卓有成效的努力，圆满达到了各项预期目标，取得了可喜的成绩，积累了宝贵的经验。据统计，12家企业培训上岗人员1000余人，计算机累计出图24万张（A4），在18种主导产品上CAD覆盖率达90%以上，节约产品试验费1000万元，平均缩短产品设计周期40%～50%，提高工作效率20%～30%。1997年定为机械工业CAD应用发展年，召开了首届“全国CAD应用工程博览会”，并推出“CAD应用1550工程”。建成以“机械工业CAD咨询服务中心”为核心的全国机械行业CAD咨询服务网络，培训机械行业50～100家CAD示范企业，扶持500家CAD应用成功企业，带动5000家企业开展CAD应用工作。目前，我国机械企业CAD启蒙教育已基本完成，企业对CAD应用有了更高层次的追求。部分企业在完成了“甩图板”工程之后，为了能利用CAD技术获取更大的经济效益，已开始实现由二维向三维的转移，以实现真正意义的CAD设计工作。

目前，工厂的设计部门普遍采用计算机绘图，采用商品化的二维、三维软件，除少数年老的技术人员外，年轻人都会使用计算机，甩图板工程的目标已实现。大型企业在主流微机、高性能工作站、局域网、激光打印机、喷墨绘图机、正版软件等软硬件配置方面往往优于高等学校。

高等学校的机械类专业普遍开设计算机绘图、CAD技术等课程。在机械制图的教材和课程教学当中就开始讲授计算机绘图。此外，也开设了一些优化设计、有限元分析、软件技术等高级别的课程。但由于在Windows下开发软件的门槛较高，仅在研究生当中涉及一些二次开发、参数绘图、优化设计、有限元分析、软件开发等方面较高层次的CAD技术开发课题。

二维图样在目前阶段仍作为设计、制造的规范信息载体，虽然在设计过程中已普遍采用三维模型，充分利用其直观的优势，用来检验产品外形，检查几何干涉情况，计算零件重量和质心等，而设计结果仍用二维图样来表达。一般不能直接使用由三维模型投影所生成的二维图样，一是由于制图标准的差异，二是标注不完整，三是由三维模型所生成的二维图样是一种精确投影，没有夸大画法这一说，大型焊接件，如起重机主梁钢板的厚度如果不夸大画根本就看不见，因此不实用。通常以由三维模型所生成的二维图样为草稿，再进行修改才能使用。

有些企业在高等院校的参与下，开发了一些专业机械综合 CAD 系统，作为方案设计和设计展示起到了一定的作用。

在技术资料管理方面有些大型企业推广了 PDM 系统，推广的费用很高，难度很大，而实施的效果还没有显现出来。

总之，CAD 技术应用于机械工业后，具有明显的优越性，主要体现在以下几个方面：

1）有利于发挥设计人员的创造性，将他们从大量繁重的重复劳动中解放出来。

2）减少了设计、计算、制图、制表所需的时间，缩短了设计周期。

3）由于采用了计算机辅助分析技术，可以从多方案中进行分析、比较，选出最佳方案，有利于实现设计方案的优化。

4）有利于实现产品的标准化、通用化和系列化。

5）提高了产品的设计质量。

6）为企业实现信息化奠定了坚实的基础。

2. CAD 技术应用范例

起重机金属结构属于典型的非标产品，非常适用于计算机辅助设计。由北京起重运输机械研究所（现为北京起重运输机械设计研究院）主持开发的“桥式起重机计算机辅助设计”（七五攻关项目），1991 年获机械电子工业部科技进步二等奖。作为比较成熟的系列化产品，这是一个 5 ~50t 通用双梁桥式起重机 CAD 图库。

由太原重型机械学院（现为太原科技大学）开发的“双梁门式起重机 CAD 系统软件”，具有优化设计和参数绘图功能，在多家起重机厂应用，获 2000 年度山西省科技进步二等奖。相关软件“通用门式起重机设计专家系统”获 2004 年度山西省科技进步二等奖。“基于 PDM 的重型机械设计系统”获 2003 年度山西省科技进步二等奖。

由中北大学开发的“起重机三维建模软件”，在太原重型机器厂获得一定的应用。

3. 存在的问题

（1）适用领域问题

计算机在机械设计中的应用其实是有其适用领域的，或者对于不同的领域有其适合的应用方式。对于标准化、系列化的产品，采用电子图库即可，如标准件、减速器等；对于成型复杂的鼓风机叶片，CAD/CAM 甚至 CIMS（计算机集成制造系统）是非常适合的；CAD 通常适用于那些几何干涉较少的非标设计产品，如重型机械、起重机金属结构；对于某些系列化产品的总体设计和部件设计，也是 CAD 的用武之处，如叉车的总体设计，叉车转向机构的优化设计，叉车门架系统的设计，装载机工作装置的优化设计等。只有从最适用的领域出发，才最能发挥 CAD 的作用。

当然，用计算机通过二维绘图软件来辅助绘图，或通过三维造型软件进行三维建模检查几何干涉，或通过有限元软件来分析复杂零件的应力和变形，或通过字处理软件进行一些文字处理，或通过数据库系统进行数据查询和设计资料的管理，或通过局域网/互联网查询信息，这种类型的工作是普遍适用的。

（2）数据孤岛问题

CAD 只是信息技术在机械工程领域应用的一个环节，还有诸如 CAM、CAPP 等许多环节。现在的情况是每个环节都有一些独立的应用，形成了一些“数据孤岛”，缺乏统一的数据交换，下一个阶段无法利用上一个阶段的成果，存在着“数据鸿沟”。例如，数控机床、数控切割机无法直接利用CAD系统生成的图形文件进行加工制造。其他如长期形成的按图施工的工艺习惯，产品数字化表达方面缺少强制性标准，三维模型向二维图样转换当中的不完善，企业数字化环境方面的缺陷等因素也影响着信息技术在机械工程领域的全面应用。

(3) 基础工作问题

有限元应力、应变分析虽然能够较好地解决复杂结构产品的应力分布问题，但也存在由于计算时所选的加载方式和约束方式不同，使得不同人员的计算结果有较大差异，结果的重复性较差的问题。

可靠性设计在理论分析方面进展较大，但是在载荷谱、零部件疲劳强度等实际数据的积累方面却少有进展，应用起来比较困难。

在图形支撑软件方面，目前仍以AutoCAD为主，国产的二维绘图软件处于惨淡经营的状态。三维建模软件的市场则由几家国外软件占领，如Pro/E、UG和SolidWorks。

计算机仿真比实际的实验测试简单易行，但如果一点实际的实验测试都不做，也存在缺乏验证和标定的问题。

(4) 概念炒作问题

另外一个值得注意的问题是大多数从事企业信息化推广工作的公司喜欢炒作一些诸如PDM、PLM（Product Lifecycle Management，产品生命周期管理）、ERP的概念，其实是推销一些并不切合中国实际的国外软件。各种“全面解决方案”满天飞，充其量只是一个基于数据库应用的框架而已。这些庞大、复杂、昂贵的系统，根本不切合中国企业的实际，不解决企业的实际问题，成功的案例很少，失败的案例却比比皆是，企业在推行信息化的过程中一定要注意防范这方面的风险。

1.5 机械CAD技术的发展趋势

1. 数字化环境的改善

(1) 主机微机化

随着计算机技术的发展，CPU的速度不断加快，硬盘容量不断增加，企业在CAD应用中不再使用带许多终端的小型机，甚至也不再使用微机工作站，而直接使用主流微机。相应的软件也相继推出了微机版。

(2) 环境网络化

局域网成为企业CAD应用的计算机基本格局。在网络环境中很容易实现图形文件的传递，绘图机、打印机的共享。

2. 通用CAD软件的发展

(1) 软件正版化

随着企业国际化，版权意识的增强，大中型企业越来越多地使用正版软件。

(2) 模型三维化

设计工作逐渐从三维模型开始构思，往往先有三维模型，再有二维图样。

(3) 软件集成化

集成化是多角度、多层次的。它可以是一个CAD系统内部各模块之间的集成，或者是多种CAD系统之间的集成，也可以是工程设计领域中CAD与CAPP、CAM之间的集成。如果范围再大一些的话，则泛指支持产品开发的整个生命周期的集成化系统，即把概念设计阶段的计划任务、方案构思，到初步设计阶段的总体设计、仿真、工程分析，再到详细设计，设计结果表达，乃至后续的制造、组装、测试等各个环节集成到一个统一的系统中，实现资源的共享和信息的集成。

1）系统内部的集成。将CAD采用的算法、功能模块或系统集成起来，将参数化特征造型与工程图等设计文档生成集成起来，将机构运动分析、模拟仿真与工程分析集成起来。即将整个设计过程中用到的CAD技术集成为有机整体，并为后续工作提供接口。

2）各种不同CAD软件之间的集成。CAD技术发展的一个重要因素就是软件的标准化、规范化，需要制定一系列标准：图形标准、网络标准、产品数据交换等。使CAD软件建立在这些标准上，实现开放性、可移植性、可互连性，这是实现CAD集成化的重要保证。初始图形信息交换规范（Initial Graphics Exchange Specification，IGES）是为了建立一个统一的信息结构来对产品的数据进行描述和通信。IGES格式独立于所有的CAD/CAM系统而存在，为大多数商用CAD/CAM系统所采用。产品模型数据交换标准（Standard for The Exchange of Product Model Data，STEP）是国际标准化组织制定的描述整个产品生命周期内产品信息的标准。它提供了一种不依赖具体系统的中性机制，旨在实现产品数据的交换和共享。这种描述的性质使得它不仅适合于交换文件，也适合于作为执行和分享产品数据库和存档的基础。发达国家已经把STEP标准推向了工业应用。它的应用显著降低了产品生命周期内的信息交换成本，提高了产品研发效率，成为制造业进行国际合作、参与国际竞争的重要基础标准，是保持企业竞争力的重要工具。

3）CAD与CAPP、CAM等的集成。将CAD与CAPP（计算机辅助工艺规程设计）、CAM等的集成已成为工程领域中计算机应用的发展趋势，其集成途径主要有两种：一种是通过接口技术将独立的CAD、CAPP、CAM等系统连接起来；另一种是在统一的数据库及其管理系统的基础上集成开发CAD/CAPP/CAM系统。更高层次的则是将CAD与CAE、CAPP、CAM、CAQ（计算机辅助管理）、PDM（产品数据管理）、ERP（企业资源管理）通过多种集成形式成为企业一体化的解决方案，推动企业信息化进程。目前，创新设计能力（CAD技术应用）与现代企业管理能力（PDM、ERP）已成为企业信息化的发展方向。

4）基于网络的集成。在网络通信的基础上实现CAD系统异地、异构基础，从而实现虚拟设计、虚拟制造、虚拟企业等。

（4）软件智能化

智能CAD（Intelligent Computer Aided Design，ICAD）是更高层次的计算机辅助设计方法与技术。它将人工智能（AI）的理论和技术与CAD相结合，使计算机具有支持人类专家的设计思维、推理决策及模拟人的思维方法与智能行为的能力，从而把设计自动化推向更高层次。ICAD方法主要用于产品概念设计，不过用于支持产品的概念设计、结构设计和几何参数设计全过程的构想已成为可能。将专家系统内嵌于CAD中依靠知识库、数据库、专家系统来解决各种设计问题；将人工神经网络（ANN）用于智能CAD，为概念设计、设计思维过程中的形象思维模拟、设计知识的自动获取和经验知识的表示以及回溯问题的模拟提供了一条新的途径，从而提高系统的智能水平和设计水平。并行工程是指并行的集成的设计产品及其开发的过程。它要求产品开发人员在设计的阶段就考虑产品整个生命周期的所有要求，包括质量、成本、进度和用户要求等，以便更大限度地提高产品开发效率及一次成功率。并行工程的关键是用并行设计方法代替串行设计方法。

(5) 软件标准化

除了 CAD 支撑软件逐步实现 ISO 标准和工业标准外，面向应用的标准构件（零部件库)、标准化方法也已成为 CAD 系统中的必备内容，且向着合理化工程设计的应用方向发展。

传统形式的手画工程图已经有了成熟的国际标准、国家标准。国际标准化组织的 ISO10303《产品模型数据交换标准》(STEP)，由于涉及面非常宽，众口难调，存在问题很多。我国也制定了机械 CAD 的相关标准。完善的 CAD 标准体系是指导我国标准化管理部门进行 CAD 技术标准化工作决策的科学依据，是开发制定 CAD 技术各相关标准的基础，也是促进 CAD 技术普及应用的约束手段。因此，在 CAD 应用工程中要跟踪国际的相关标准、研究制定符合我国国情的 CAD 标准，并切实加以执行以促进我国 CAD 技术的研究和推广应用。

3. 专业机械 CAD 软件开发技术的发展

(1) 针对性强

与通用的 CAD 二维绘图和三维建模软件相比，专业机械 CAD 软件提高了针对性，能够极大地提高设计的自动化水平，同时也降低了开发难度，非常适合于机构设计、结构设计，在非标产品设计和重型机械产品设计领域，很有发展潜力。

(2) 界面友好

采用 VB、VC 等可视化开发平台开发的应用软件，具有标准化的 Windows 界面，容易实现图形提示、可视化设计等功能，能够开发出人机界面友好的专业机械 CAD 软件。

(3) 功能强大

采用系统集成技术所开发的专业机械综合 CAD 系统，可以具有优化设计、参数绘图、变量化建模以及计算书生成等功能，运行的自动化程度高，使用方便。

(4) 联合开发

高等院校具有研究能力、开发能力和专业对口方面的优势，企业具有实际需求、设计技术、资金等方面的优势，二者联合开发专业机械 CAD 软件的效果比较好。而软件公司则适合开发通用 CAD 软件。

(5) 专业化分工

开发专业机械 CAD 软件通常采用专业化分工的方式，即只开发设计、优化、调度部分，而基础的绘图、文本、数据等功能则交由图形支撑软件、文本编辑软件、数据库软件来完成。开发平台多采用 VB 或 VC，通过二次开发接口控制支撑软件完成所需要的功能。

4. CAD 相关环节的技术发展

(1) 优化理论与方法

优化其实是一个与数学密切相关的很古老的研究领域，一些经典的优化方法至今还冠以牛顿的名字，随着计算机技术的发展与普及，也为优化技术注入了新的活力。机械优化设计具有多目标，多约束，可行域狭窄，往往具有多个局部最优解，目标函数与约束条件函数复杂，不容易表达成显式函数等特点。因此，往往采用直接解法，而不采用依赖于梯度的解法。传统的优化方法有网格法、惩罚函数法、复合型法等。1975 年，出现了遗传算法。20 世纪 80 年代，出现了研究人工神经网络算法的热潮。20 世纪 90 年代出现了群体智能优化算法，如 1991 年出现了蚁群算法，1995 年出现了微粒群算法，2002 年出现了人工鱼群算法，2003 年出现了混合蛙跳算法。有趣的是上述新算法都有仿生学的背景。

（2）有限元分析软件的发展

市场上常见的有专用的微机版有限元分析软件 ANSYS，也有 SolidWorks 中的快速有限元分析插件 Cosmos Works，在 SolidWorks 中建好三维模型后就可以进行有限元分析，使用比较方便。其中还采用了迭代法解大规模线性方程组并预测其收敛性的技术，大大加快了有限元分析的速度。在 Cosmos Works 中还增加了零件优化的功能。

（3）数字化样机技术

有专用的数字化样机软件 ADMAS，也有 SolidWorks 中的动力学分析插件 Cosmos Motion。

（4）MATLAB

MATLAB 软件中含有许多数值算法模块，如解线性方程组、最小二乘法曲线拟合、求矩阵的特征值、优化等，免去了自己编制和调试程序的繁琐，使用比较方便。

第 2 章

CAD 系统的组成

2.1 CAD系统硬件

1. 计算机系统的一般组成

硬件加软件是计算机系统的一般组成规律。最简单的只具有交互式绘图功能的CAD系统组成，如图2-1所示。

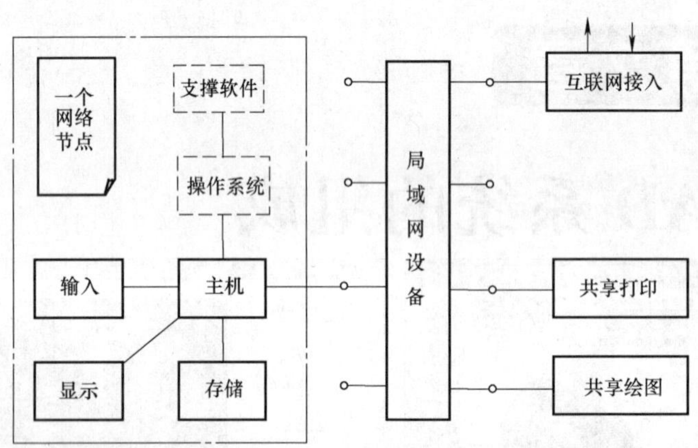

图2-1　CAD系统组成

2. 计算机主机

过去曾经流行小型机系统，由一台主机带许多终端。由于计算机技术的发展太快，当年天价小型机的性能还不如现在的一台普通廉价微机。至于终端，其价格与微机接近，却不能独立运行，毫无用处。曾被预言的网络计算机也并没有流行起来。

CAD工作需要处理图形，尤其是三维模型对计算机的处理速度要求较高，因此往往采用高性能的微机工作站，但其价格也十分昂贵，在一定程度上限制了CAD技术的推广。同样，由于计算机技术的发展太快，几年前高性能的微机工作站，其性能也不过相当于现在的主流微机。

其实性价比最高的计算机当属主流微机。所谓主流微机是指性能较高，能够运行当前的主流软件，价格为一般用户普遍接受的品牌微机。用做CAD工作的微机，无非要求屏幕大一些、CPU快一些、内存大一些、硬盘大一些，最好有独立显卡而已。

装备计算机，中高档主流配置的品牌微机即可，不必追求顶级配置。许多单位花费上百万元购置的小型机已成为古董。有些单位不断追随顶级配置，更新下来废弃不用的计算机成了计算机发展的历史博物馆。计算机的技术寿命一般为三年左右，性能上追求一步到位是不明智的，为那些当前暂时还用不到的性能付钱具有极大的贬值风险。

为了工作方便，有时需要配备笔记本电脑。需要注意的是，与相同配置的台式机相比，笔记本电脑的运行速度要慢得多。

3. 输入设备

鼠标和键盘是微机的标准输入设备。由于CAD绘图时对于鼠标的操作过于频繁，鼠标很容易损坏，如单击变成双击，使鼠标成为一种易耗品。进行图形和文字处理时会用到扫描仪，而早年流行的图形数字化仪则基本上用不到，因为推广CAD技术已经多年，未经数字化的老旧纸质图样已经不多了。即使需要把个别老旧纸质图样录入计算机，找个大学生来做，也不消半日功夫，用不着昂贵的图形数字化仪。

4. 输出设备

A4 或 A3 幅面的激光打印机很有用，既可以输出设计计算书，又可以输出缩小的样图。A1 或 A0 幅面的喷墨绘图机是输出图样的必要设备，可根据经济情况购置。喷墨绘图机单色（黑白）的即可，需要经常使用，否则喷嘴会堵塞。

5. 其他设备

采用大容量的移动硬盘来备份图形文件是一种不错的选择。各种磁鼓、磁带、磁盘、光盘等现在基本没人用。

过去采用一台计算机作为服务器来搭建局域网，通过集线器（HUB）连接各台微机。现在可以采用已经十分廉价的路由器（见图 2-2）和交换机（见图 2-3）来组建对等的局域网，共享打印机、绘图机，共享和传输文件，共享互联网等资源，大大节省了成本，也简化了管理。而网卡早已成为微机的标准配置了。

计算机局域网的组网工作过去需要专业的网络公司来帮忙，现在只需要买一把压水晶头的钳子（见图 2-4），找一些超五类的网线和 RJ-45 水晶头（见图 2-5），在网上搜一段教程，按照 EIA/TIA 568B 标准接法（见图 2-6），自己也能完成组网工作。

图 2-2　路由器

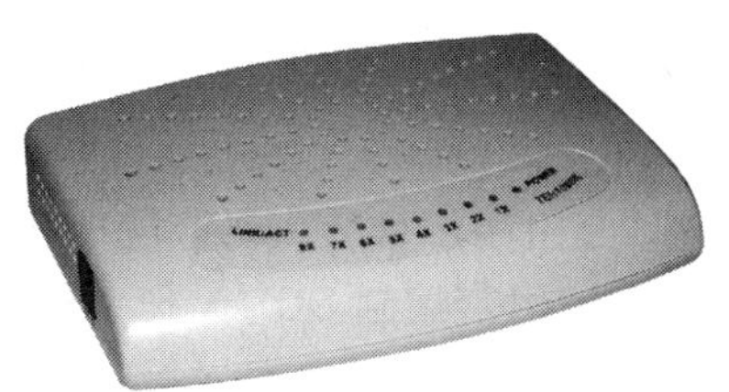

图 2-3　交换机

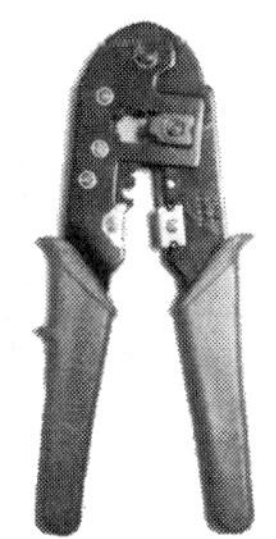

图 2-4　钳子

图 2-5　网线与 RJ-45 水晶头

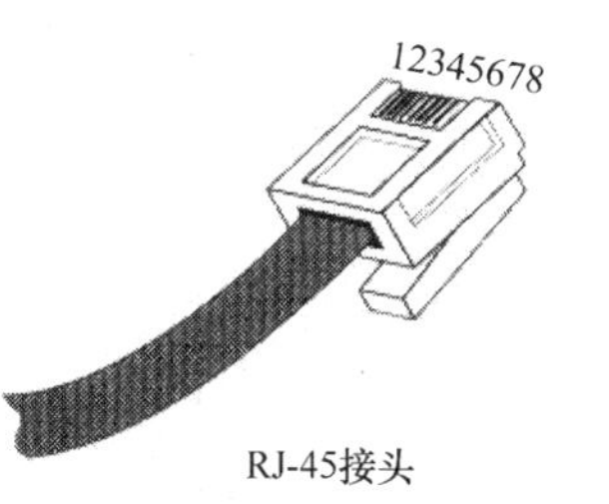

1	2	3	4	5	6	7	8
白橙	橙	白绿	蓝	白蓝	绿	白棕	棕

图 2-6　水晶头线序

2.2　CAD 系统软件

1. 操作系统

操作系统在计算机上是最底层的软件，负责管理计算机，像一个管家。没有操作系统的计算机是无法工作的，被称为“裸机”。

Windows是一个基于图形用户界面的多任务、多窗口操作系统。由于采用图标或按钮，无需记忆命令，各种Windows应用软件都具有风格一致的界面，而且采用鼠标操作，使用十分方便。因此，虽然占用资源多，漏洞也很多，但Windows系统仍然占据着微机操作系统的主流地位。现在最新的版本是Windows 7，Windows XP用的也很多，Windows Vista被Windows 7取代。一般品牌微机会预装OEM版的操作系统，只是需要随时联网才能更新。

2. 支撑软件

支撑软件是一种应用软件，各种应用软件以操作系统为基础，帮助用户完成不同的工作。应用软件是计算机系统不可缺少的重要组成部分。应用软件就像一个仿真器，把一台计算机仿真成一个专用系统。例如，CAXA图形支撑软件把微机仿真成一张电子图板。

CAD中的绘图、查询数据、文本编辑等工作都需要相应的支撑软件。支撑软件是构成CAD系统不可缺少的组成部分。支撑软件的价格不菲，要逐渐认识和确立软件在计算机系统中的作用和地位，尊重软件版权，在软件方面给予适当的资金投入，这需要大家不懈的努力。

3. 专业机械CAD软件

从操作系统的角度来看，专业机械CAD软件也是一种应用软件，主要用来进行设计、验算、优化等工作。有的专业机械CAD软件还可以依托各种支撑软件实现参数绘图、三维建模、检索数据、生成设计计算书等功能。因此，从支撑软件的角度来看，专业机械CAD软件属于更高层次的软件。

专业机械CAD软件是由用户自己或研究院所、高等院校通过开发平台软件开发的。过去常用Basic语言、Fortran语言编制DOS操作系统下的程序，现在都用VB、VC开发Windows操作系统下的软件。各种软件之间的关系，如图2-7所示。

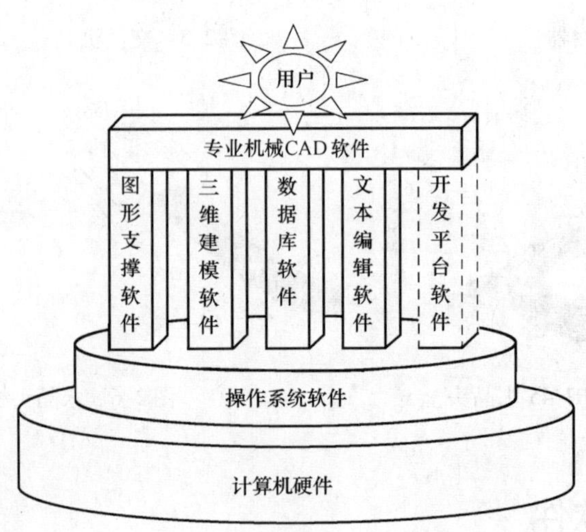

图2-7　CAD系统软件

2.3 支撑软件

1. 图形支撑软件

负责录入、编辑工程图样的软件称为图形支撑软件，如常用的AutoCAD或CAXA。图形支撑软件可以完成交互式绘制工程图样的工作，还能配合操作系统和计算机硬件完成图形文件的显示、存储、打印等工作，构成最简单的CAD系统。图形支撑软件是构成CAD系统必不可少的支撑软件。

这里所说的图形是指采用矢量格式存储的工程图样，不同于一般的BMP点阵或JPG压缩格式的图形。因此，Photoshop、mspaint画图等软件不属于CAD范畴的图形支撑软件。

2. 三维建模软件

负责建立（录入）、编辑零部件或整机三维模型的软件称为三维建模软件，如常用的Pro/E或SolidWorks。三维建模软件可以用来建立零件的三维模型，完成部件和整机装配。所建立的三维模型，可以用来查看未来产品的形状、机构的运动情况、零部件之间的配合和几何干涉，也可以进行有限元分析或投影成二维工程图样。

由于三维模型的直观性很强，因此近年来得到了广泛的应用。许多二维图形支撑软件也增加了三维功能或推出了三维版本，如AutoCAD系统中增加了三维命令，CAXA推出了三维电子图板。

3. 数据库软件

有时专业机械CAD软件需要某种数据库的支持。设计手册中的数据表格可以映射成数据库中的电子表格，便于软件查询。采用数据库的格式有利于数据的规范化管理，方便数据的录入、增加、排序。管理数据库的软件称为数据库系统，如Access、Visual FoxPro等，数据库系统对用户的经典承诺是你只需要知道“做什么”，不需要知道“如何做”。采用数据库格式来管理数据的缺点是必须依赖于数据库系统，而且与数据库系统的版本有关，增加了冲突的风险。因此，对于少量的数据，有时也可以直接用数据文件的格式使用。

4. 文本编辑软件

有时专业机械CAD软件需要某种文本编辑软件的支持，用来参数化地生成设计计算书文件。平时我们也经常使用文本编辑软件交互式地整理设计计算书。文本编辑软件的功能是录入、编辑文本，并赋予文本字体、字号等属性，还可以插入表格、图形，完成排版、打印，俨然是一套桌面印刷系统，属于办公自动化软件。Windows自带的简单文本编辑器有记事本Notepad和写字板WordPad，常用的文本编辑软件有Word与WPS。

5. 开发平台软件

要开发专业机械CAD软件就需要通过开发平台来实现。现在实用的应用软件必须能在Windows操作系统下运行，因此必须掌握Windows下的编程开发技术。大学中讲授的C语言只能开发在DOS操作系统下运行的软件，因此大学生需要进一步学习VB或VC才能胜任开发专业机械CAD软件的工作。

开发平台软件只在编程开发或维护修改软件时使用，用户在使用成品的专业机械CAD软件时并不需要开发平台软件的支撑，因此在图2-7中开发平台软件用虚线框表示。

2.4 CAD 系统常用商品化软件

1. 常用二维图形支撑软件

（1）AutoCAD

AutoCAD 是美国 Autodesk 公司的产品，是当今最流行的二维绘图软件，拥有广泛的用户群，其 DWG 文件成了默认的工程图样文件格式。AutoCAD 具有完善的二维绘图功能和部分三维建模功能，有 AutoLISP、SCR 命令文件、VBA、ARX 等多种二次开发工具和接口。AutoCAD 绘图是基于解析几何原理的，其优点是灵活性强，缺点是绘图效率低，绘图过程需要用户输入的内容较多。AutoCAD 后来出了三维版本 MDT（Mechanical Desktop）和Inventor。

（2）CAXA 电子图板

CAXA 电子图板是一套由北京航空航天大学自主开发的通用中文设计绘图软件，具有丰富的标准件图库，其功能实用，操作简单，符合国家制图标准和国内的绘图习惯，价格低廉。CAXA 绘图是改进的基于解析几何原理的，对 AutoCAD 有所改进，灵活性强，但仍存在绘图效率低，绘图过程需要用户输入的内容较多的缺点，CAXA 现在也有三维的版本。

（3）开目 CAD

开目 CAD 由华中科技大学自主开发。开目 CAD 基于画法几何原理，模仿传统的丁字尺手工画图习惯，采用相对定位的方式画图，其优点是绘图效率高，绘图过程需要用户输入的内容很少，缺点是功能灵活性较差。尧创公司（开目公司的子公司）推出的尧创 CAD 兼容了 AutoCAD 的操作。

2. 常用三维建模软件

（1）Pro/E（Pro/Engineer）

Pro/E 是美国参数技术公司（Parametric Technology Corp，PTC）的产品，是现今主流的 CAD/CAM/CAE 软件之一，以参数化著称，在目前的三维造型软件领域中占有重要地位。Pro/E 在模具行业应用较多，生成的三维模型向 ANSYS 转化时似乎容易一些。Pro/E 的野火版（Wildfire）很著名，最新版本改名为 Creo Elements/Pro 5.0。

（2）SolidWorks

美国的 SolidWorks 公司（现为法国达索 Dassault Systemes 公司的子公司）基于 Windows 操作平台开发了该微机版参数化特征造型软件。SolidWorks 在进行零件三维造型时不需要考虑严格的几何约束，具有界面友好、设计过程简便、用户上手快的优点，适用于以规则几何形体为主的机械产品设计，价位适中。在 SolidWorks 系统中还可以使用 COSMOS Works（快速有限元分析插件）和 COSMOS Motion（运动和动力学分析插件）。

（3）UG（Unigraphics）

UG 现属于西门子 UGS PLM 软件公司的产品，自 UG 19 版后更名为 NX（Next Generation），目前的最新版本是（UG）NX 8.0。NX 既有 UNIX 工作站版又有 Windows 微机版，是一个高端的 CAD/CAE/CAM/PDM 集成系统，具有美国航空和汽车两大产业的背景。

3. 常用数据库软件

（1）Access

Access 是 Office 软件包中的一员，与 Windows 和 VC ++ 同属于微软公司的产品，操作使用比较方便。Access 是一种关系式数据库，易学易用，数据库文件的扩展名为. mdb，既适合于创建存放数据的数据库，也可以开发小型数据库应用系统。由于被列入了计算机二级考试的数据库程序设计，为国内许多人所熟悉。

（2） Visual FoxPro

Visual FoxPro 继承了 DBASE、FoxBASE 系列数据库软件的命令和操作习惯，能够在 Windows 操作系统下运行，常用的版本是 Visual FoxPro 6. 0。VF 与 VB、VC 同属于 Microsoft Visual Studio 6. 0 系列软件，属于计算机二级考试的数据库程序设计，用的人比较多，具有面向对象和以数据为中心的特性，对系统硬件配置的要求比较低，适合于小型数据库管理系统。

（3） Oracle

Oracle 是美国 ORACLE（甲骨文）公司的数据库产品，也属于关系型数据库，并具有网络特性，适合于大型数据库管理系统。

4. 常用文本编辑软件

（1） 记事本 Notepad

记事本是 Windows 系统自带的简单文字处理小工具，可以用来创建不带任何格式的纯文本文件。记事本所创建文件默认的扩展名为. txt，常用来创建源程序文件。有些专业机械 CAD 系统会生成 txt 格式的设计计算书，只需将其内容复制、粘贴到 Word 或 WPS 中略加修饰即可。

（2） 写字板 WordPad

写字板也是 Windows 系统自带的简单文字处理小工具，可以用来创建带字体字号及颜色格式的文本文件，其功能大约相当于 Word 6. 0。写字板所创建的文件可以保存成扩展名为 . RTF（Rich Text File，富文本）的格式，或 txt 格式。只有保存成 RTF 格式的文件才能保留字体等格式。

（3） Word 与 WPS

Word 是微软公司推出的文字处理软件，是 Office 软件包中的主打软件，被广泛使用，其所见即所得的文字格式定义和页面排版功能堪称典范。

WPS 是金山公司自主开发的文字处理软件，是国内研发较早的汉字处理软件，当年的全屏幕编辑、字体字号定义、模拟打印和稿纸格式打印功能使其风靡全国。现在 WPS 系统完全兼容 Word 格式的文档，正在逐渐收复失地，得到日益广泛的应用。

5. 常用开发平台软件

（1） VB

Visual Basic 是 Basic 语言的超集，由于采用了图形用户界面（GUI），开发程序界面很容易，界面基本上是“画”出来的，需要书写的代码量少，支持面向对象技术，使用比较方便。从 VB 开始，开发平台都采用集成开发环境，把对源程序的编辑、编译，对目标文件的连接，对可执行文件的运行集成在一个界面上进行，方便了开发者。VB 是在 Windows 操作平台下开发应用程序最迅速、最简捷的工具之一，受到初学者的青睐，常用的版本是 VB6. 0。

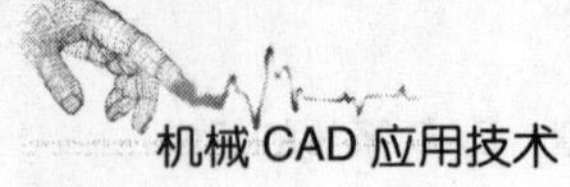

(2) VC

Visual C ++是C语言的超集，具有与VB类似的可视化集成开发环境，完善的面向对象技术支持，可以开发Windows下的可视化软件。采用VC编程开发软件界面时需要书写的代码会多一些，其难度虽然比用VB稍大一些，但其源程序的可移植性强，生成的可执行文件独立性强，适合于开发采用结构化编程、面向对象编程和大型的软件，是“真正的程序员”首选的开发平台工具之一。常用的版本有VC ++6.0和VC ++. NET。

AutoCAD 基础知识

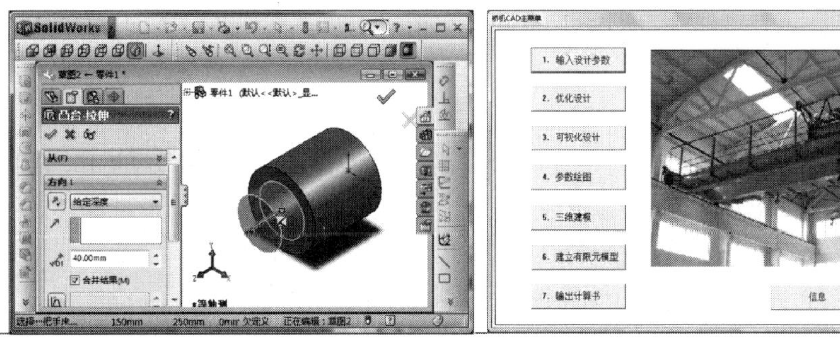

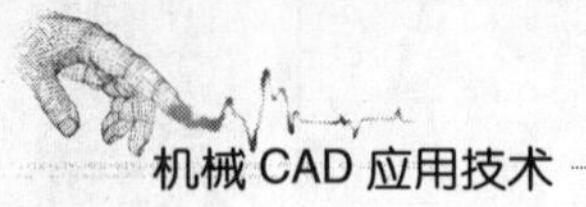

3.1　AutoCAD 概述

1. 历史

AutoCAD 系统是 1982 年由美国 Autodesk 公司推出的通用计算机辅助绘图软件，在我国应用十分广泛，也是目前世界上应用较多的 CAD 软件。随着时间的推移和不断的版本升级，AutoCAD 已由原先的 DOS 版本转变为 Windows 版本，从侧重于二维绘图技术为主，发展到二维、三维绘图技术兼备，具有多种二次开发接口，能够进行网上设计的多功能 CAD 绘图软件，是目前工程设计领域中应用最为广泛的计算机辅助绘图与设计软件之一。

2. 版本和应用

AutoCAD 发展的各个阶段都有新的版本出现，具有代表性的有以下版本：

2.17b 和 2.18 版：国内在 1985 年见到，其最简系统可以复制在一张容量为 360KB 的 5in（1in =0.0254m）软盘中，只能使用计算机的 640KB 基本内存，是国内见到的最早版本。

2.5 版：开始有汉化的版本。

10.0 版，1990 年左右出现，其最简系统可以复制在一张容量为 1.44MB 的 3in 软盘中，基本功能齐全，是 DOS 系统下比较好用并且小巧的一个版本。

R11、R12、R13：这三个版本同时保持了 DOS 和 Windows 两个版本。

14 版：1997 年推出，是 Windows 下比较好用并且小巧的一个光盘版本。

2000 版、2002 版、2004 版……2010 版：几乎每年都要推出一个新的版本，扩展了许多在二维绘图中并不常用的功能。其中，2004 版比较实用，以下将以 2004 版为主进行讲解。

采用英文版还是中文版，可以根据用户的习惯来选择。

3. 安装和界面

（1）安装

与各种三维软件相比，AutoCAD 的安装是比较简单的。通常安装时需要序列号和 CD 号，第一次运行时需要授权注册码。近期的版本一般要求安装在当前主流配置的计算机上。

（2）启动

可以通过双击安装后在桌面上形成的快捷方式图标启动，也可以在开始/程序/Autodesk/AutoCAD 2004 文件夹中单击 AutoCAD 2004 启动（以 2004 版为例），还可以通过文件关联，双击 *.DWG 图形文件来启动。

（3）界面

传统界面如图 3-1 所示，包括 Windows 应用程序传统的标题栏、菜单栏，AutoCAD 特有的工具栏，命令行与文本窗口，状态栏和工具选项板，以及最重要的绘图窗口。

1）标题栏：位于窗口顶端，用来显示 AutoCAD 的程序图标以及当前所操作的图形文件名等信息。单击位于标题栏右侧的按钮，可以分别实现 AutoCAD 窗口的最小化、还原（或最大化）以及关闭 AutoCAD 等操作。

2）菜单栏：AutoCAD 的菜单栏由 File（文件）、Edit（编辑）、View（视图）、Insert（插入）、Format（格式）、Tools（工具）、Draw（绘图）、Dimension（标注）、Modify（修改）、Window（窗口）和 Help（帮助）菜单组成，这些菜单都是下拉式的，几乎包括了

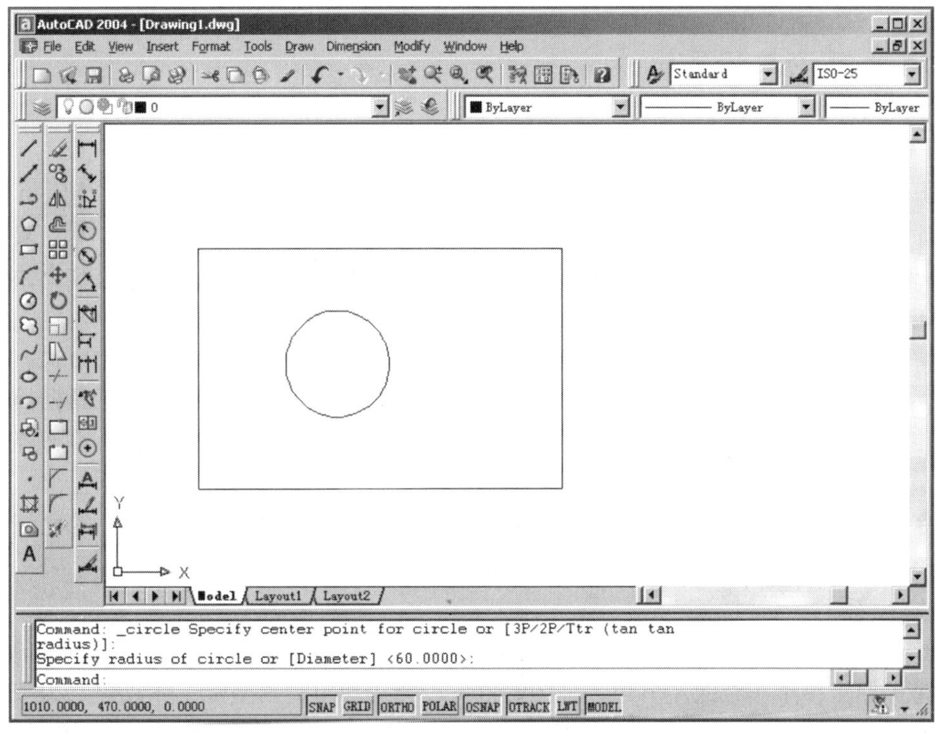

图3-1　AutoCAD2004的界面

AutoCAD中全部的功能和命令。

3）工具栏：几乎每一列菜单都对应一个工具栏条，上面有一列按钮，用鼠标单击这些按钮相当于执行一个AutoCAD的命令。常用的工具栏有Draw（绘图）、Dimension（标注）、Modify（修改）、Layers（层）、Standard（标准）、View（视图）和Zoom（缩放）等。工具栏可以纵向或横向地贴在窗口的边缘，也可以浮在窗口中。用户可根据自己的习惯布置。

4）命令行与文本窗口：一般位于界面下部，也可以成为一个独立的悬浮窗口。命令行是AutoCAD系统传统的输入界面，并起到输入提示的作用，提示符是“Command:”（命令）。文本窗口中滚动记录曾经输入的命令，文本窗口的大小（显示文本的行数）可以随意调整。

5）状态栏和工具选项板：位于界面底部，最左边显示当前十字光标的实时三维坐标，中部依次是SNAP（捕捉）、GRID（栅格）、ORTHO（正交）、OSNAP（对象捕捉）、MODEL（模型空间）等模式状态开关及其是否被按下的状态。

6）绘图窗口：用户绘图的工作区域，所有的绘图结果都反映在这个窗口中。如果图样比较大，需要查看未显示部分时，可以单击窗口右边与下边滚动条上的箭头按钮，或拖动滚动条上的滑块来移动图样。绘图窗口是一个多文档环境，可以一次打开多张图样。

在绘图窗口中除了显示当前的绘图结果外，在左下角还显示了当前使用的坐标系类型以及坐标原点，X、Y、Z轴的方向等。默认情况下，坐标系为世界坐标系（WCS）。

绘图窗口的下方有Model（模型）、layout1（布局1）、layout2（布局2）选项卡，单击它们可以在模型空间或图纸空间（布局）之间切换。

3.2 基本概念与设置

1. 矢量图

计算机中存储图形的格式分为点阵（BMP 及其压缩格式，如 JPG）格式和矢量格式两大类，CAD 软件一般都采用矢量格式存储。矢量格式的特点是只记录直线、圆、文字等图形元素的坐标与尺寸要素，当图形比较简单时占用的存储空间较少，图形缩放时不会失真。

2. 电子图档

计算机中的图样在打印出来之前是仿真性的，如果它符合某种比较通用的格式，可以与实际的图样形成一一对应的关系，能够代替实际的图样，称为电子图档。电子图档具有修改方便、图面整洁、保存方便、复制方便、传输方便等优点，同时也具有修改不留痕迹、容易被删除、保密性差等缺点。

电子图档可以模仿传统手工绘图，按照缩小的比例绘制，也可以按照 1∶1 的比例绘制电子图档，在打印时再配置某种幅面的空白图纸，确定模型输出时的比例。

3. 坐标系

AutoCAD 中默认绝对直角坐标系（世界坐标系，WCS），通常只关注 x 坐标和 y 坐标，可以令坐标原点位于图纸的左下角。画图时也可以使用相对直角坐标，如@40，20——相对于前一点的 Δx、Δy；还可以使用极坐标，如@50 <90——相对极坐标，极径、角度。

4. 图层

（1）图层的概念

AutoCAD 中的图可看做画在许多透明胶片上叠合而成。每张透明胶片是一个层，上面画着某一类图形元素。每个层有它的名称和对应的线型与颜色（层最重要的三个属性）。层可以隐藏、冻结，方便使用。

（2）层的名称

默认是 0 层。新建一个层时要起名字，可以是数字，如 1，2，3，…，n；也可以是字符，如 MainLine，Dim 等。

（3）层对应的线型

默认是实线。常用线型的标准名称如下：

Continuous——实线

Dashed——虚线

Center——中心线

Phantom——双点画线

（4）层对应的颜色

颜色的作用：使图醒目，更好地区分线型，或打印或绘图仪输出时区分粗细线。

默认是白（黑）色。常用颜色的标准名称如下：

Red——红

Yellow——黄

Green——绿

Cyan——青

Blue——蓝

Magenta——洋红（品红）

White——白（黑）

（5）层操作

命令：-LAYER/M/1/L/CENTER//C/1///

菜单：格式/图层/新建（Format/Layer.../New）

出现对话框：改层名为1，改颜色为1，改线型为CENTER，

Load/center/ok/center/ok，Current/ok

按钮：（Layer Properties Manager）层管理器，有New（新建）、Current（当前）等按钮，根据提示操作即可。

（6）层的设置

层名、线型与颜色应符合标准或习惯。

一般不要改动层，而要新建层。应养成一层一个线型一个颜色的好习惯。不要改动颜色、线型和线宽的Bylayer属性。不要随意改动层的其他属性，如锁住、冻结、关闭等。

5. 基本设置

由于绘图方式的不同或AutoCAD的版本不同，在开始绘图前往往需要对绘图环境进行一些设置，如绘图界限、图形单位、线型比例、尺寸标注比例等。对于初学者来说，最简单、直观的方法就是模仿手工按比例的绘图方式进行设置。

（1）绘图界限

画图之前首先要确定图纸的大小。在计算机绘图中虽然可以随心所欲地对图形进行缩放，但是对于初学者来说，还是按部就班地画图比较好。为了能够对整个图形的布局有很好的控制，就需要在绘图之前设置图形界限。

命令：LIMITS

Specify lower left corner or ［ON/OFF］ <0.0000，0.0000>：（默认左下角坐标为0，0）

Specify upper right corner <420.0000，297.0000>：（默认为3号图纸，宽为420mm，高为297mm）

菜单：Format/Drawing Limits

（2）图形单位

命令：UNITS

菜单：Format/Units...

出现对话框，选Millimeter（毫米）即可。在此对话框中还可以选择长度类型与精度、角度类型与精度。

（3）线型比例

命令：LTSCALE（Line Type Scale之意）

菜单：Format/Linetype.../Global scale factor：

取值：根据AutoCAD版本、图形单位的不同，取1或15~25，以中心线、虚线等线型能够充分体现为宜。

(4) 尺寸标注比例

命令：DIMSCALE（Dimension Scale 之意）

菜单：Format/Dimension Style.../Modify.../Fit/Use overall scale of:

按钮：

取值：根据 AutoCAD 版本、图形单位的不同，取 1 或 25，以尺寸箭头、尺寸文本等具有合适的大小为宜。

3.3　基本操作

现在的 AutoCAD 都是 Windows 版本，采用鼠标单击工具栏按钮的方式操作，配合正交、捕捉等功能，使用非常方便。

1. 画图方式

(1) 命令形式

绘图命令有键盘命令、菜单选项、工具栏按钮三种形式。

(2) 点的输入方式

输入点有以下几种方式：

鼠标：直接点取

键盘：绝对坐标，相对坐标，极坐标

捕捉：交点，中心点，中点，端点……

(3) 命令选项

AutoCAD 的命令往往有许多选项，这是 AutoCAD 的特点。执行命令时选项显示在文本窗口中，如 circle/

3P/2P/TTR <Center point>:

2. 部分绘图命令

(1) 直线

命令：LINE

菜单：Draw/Line

按钮：

选项：Specify first point: <u>X1</u>, <u>Y1</u>/（<u>X1</u>, <u>Y1</u> 表示输入的坐标数值或选项，/表示按 <Enter>键，以下同）

Specify next point or [Undo]: <u>X2</u>, <u>Y2</u>/

Specify next point or [Undo]: /

(2) 圆

命令：CIRCLE

菜单：Draw/Circle

按钮：

选项：Specify center point for circle or [3P/2P/Ttr (tan tan radius)]：TTR✓

Specify point on object for first tangent of circle：X1，Y1✓

Specify point on object for second tangent of circle：X2，Y2✓

Specify radius of circle：R✓

(3) 矩形

特点：既简单，又方便（一次画4条线），在图中作为一个图形元素（块）。

命令：RECTANG

菜单：Draw/Rectangle

按钮：

选项：Specify first corner point or [Chamfer/Elevation/Fillet/Thickness/Width]：X，Y✓

Specify other corner point or [dimension]：X，Y✓

简化选项：C——倒角，E——标高，F——圆角，T——厚度，W——宽度

(4) 阴影线（充填、图案）

阴影线、图案或充填，用做剖面线，在图中作为一个图形元素（块）是必不可少的。

命令：HATCH

菜单：Draw/Hatch...

按钮：

选项：Enter a pattern name or [?/Solid/User defined] <ANGLE>：U✓

Specify angle for crosshatch lines <0>：45✓

Specify spacing between lines <1.0>：3✓

Double hatch area ? [Yes/No] <N>：N✓

Select objects：W✓

Specify first corner：X1，Y1✓

Specify opposite corner：X2，Y2✓

Select objects：✓

难点：要构造好选择集，组成一个封闭的边界，否则画不好。实在不行可以用复线描一下，然后再画剖面线。

画阴影线的另一种方式是用图案来充填，金属剖面的标准图案是ansi31：

Command：HATCH✓

Enter a pattern name or [?/Solid/User defined] <ANGLE>：ansi31✓

Specify a scale for the pattern <1.0000>：1✓

Specify an angle for the pattern <0>：✓

Select objects to define hatch boundary or <direct hatch>，

Select objects：X1，Y1✓

Specify opposite corner：X2，Y2✓

Select objects：✓

3. 部分编辑命令

修改与编辑是画图过程当中必要的过程。编辑分为选择编辑对象和执行编辑命令两个步骤。

(1) 选择编辑对象

AutoCAD 可以使用动宾结构的编辑命令，即命令 + 对象，如删除，先输入命令 ERASE，然后选择对象，按〈Enter〉键后对象即被删除。也可以使用主谓结构，先选中，再删除。

选择对象的方式：

1) 直接拾取：用鼠标单击谁即选中谁。

2) 窗口或交叉：用鼠标直接拉出窗口，自左向右为窗口方式，自右向左为交叉方式。窗口方式——完全包含在窗口内的才被选中。交叉方式——有一部分在窗口内就被选中。

(2) 执行编辑命令

1) 擦除。

命令：ERASE

菜单：Modify/Erase

按钮：

效果：一个图素会被全部擦除，不能擦除一部分。

恢复：U 命令或按钮：

2) 复制。

命令：COPY

菜单：Modify/Copy

按钮：

过程：指定基点（用于定位对准），指定第二点（动态拖动方式）。

3) 平移。

命令：MOVE

菜单：Modify/Move

按钮：

过程：同复制。

4) 旋转。

命令：ROTATE

菜单：Modify/Rotate

按钮：

过程：指定基点（旋转基点），指定旋转角度（拖动状态）。

5) 镜像。

命令：MIRROR

菜单：Modify/Mirror

按钮：

过程：指定对称轴上的第一点，指定对称轴上的第二点，确定是否删除原对象。

6）拉伸。

命令：STRETCH

菜单：Modify/Stretch

按钮：

过程：可按命令行提示操作，以下同。

7）打断。

命令：BREAK

菜单：Modify/Break

按钮：

8）修剪。

命令：TRIM

菜单：Modify/Trim

按钮：

9）倒角。

命令：CHAMFER

菜单：Modify/Chamfer

按钮：

10）圆角。

命令：FILLET

菜单：Modify/Fillet

按钮：

注意：倒角和圆角后有时需要补线。

4. 部分标注命令

尺寸标注非常重要。通常图形只是用来表达结构的，有时只起直观的辅助作用，有误差不要紧，甚至可以采用夸大画法；而标注才是用来表达尺寸的。所谓按图施工是指按照图形的结构和标注的尺寸来施工。另外，标注本身比较复杂，标注的工作量大，所谓“半自动”标注，也说明其复杂性。

一个尺寸的标注通常由下列要素构成，组成一个图块：

尺寸界线——extension line

尺寸线——dimension line

箭头——arrowhead

标注文字——dimension text

(1) 线性标注

命令：DIMLINEAR

菜单：Dimension/Linear

按钮：

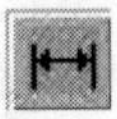

线性标注是最基本的尺寸标注方法，在捕捉（SNAP）前提下，4 键法最简操作如下：（左键）+ 尺寸界线起点（左键）+ 尺寸界线终点（左键）+ 尺寸线位置（左键）或（左键）+ <Enter> 键（右键）+ 被标注对象（左键）+ 标注线位置（左键）。至于是水平标注还是垂直标注，鼠标一晃即可决定，如图 3-2 所示。

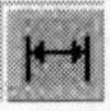

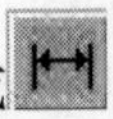

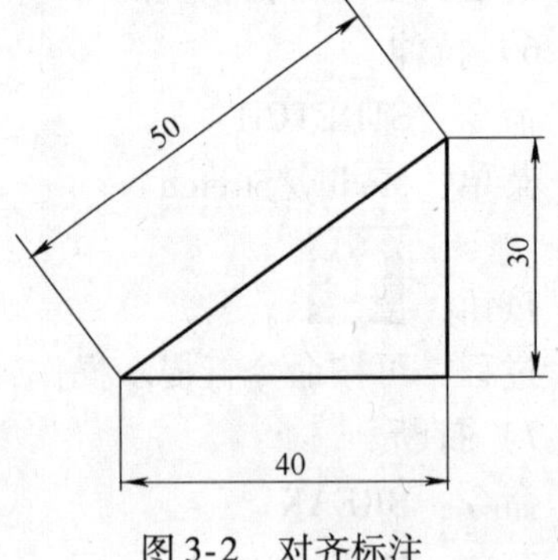

图 3-2 对齐标注

(2) 对齐标注

命令：DIMALIGNED

菜单：Dimension/Aligned

按钮：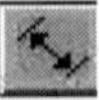

水平标注、垂直标注、对齐标注效果如图 3-3 所示。点①是尺寸界线起点，点②是尺寸界线终点，点③是尺寸线位置。

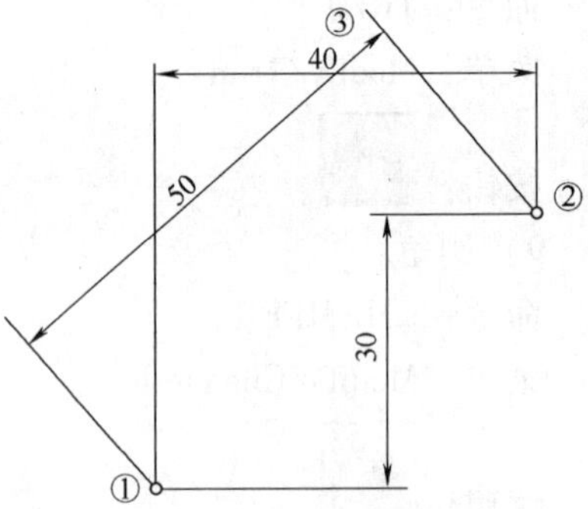

图 3-3 水平、垂直、对齐标注

(3) 连续标注

命令：DIMCONTINUE

菜单：Dimension/Continue

按钮：

条件：必须先标注一个尺寸作为基础，如图 3-4 所示。

(4) 基线标注

命令：DIMBASELINE

菜单：Dimension/Baseline

按钮：

条件：必须先标注一个尺寸作为基础，如图 3-5 所示。

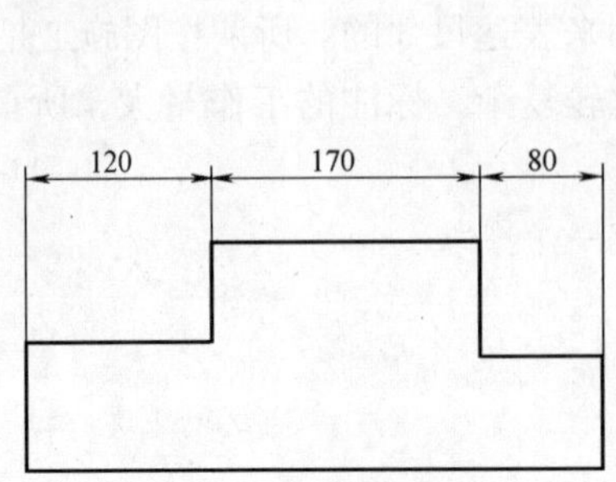

图 3-4 连续标注

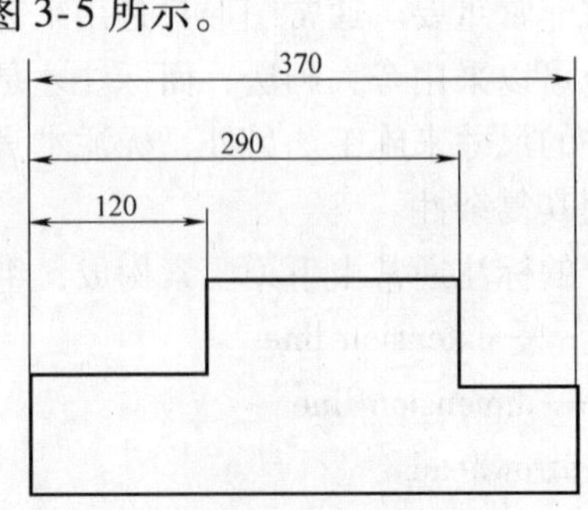

图 3-5 基线标注

（5）直径类标注

直径类标注有半径标注和直径标注，不太实用，原因是不太符合中国标准与制图习惯；而且一般应非圆标注。

（6）角度标注

角度标注也不太实用，原因是方向不合适。解决方案：标一个无标注文字的弧，然后用引出标注加注角度。

（7）编辑尺寸标注

尺寸标注是一个块，有专用命令来编辑。

1）修改标注文字：选中要修改的尺寸，单击按钮，在命令行输入 N 并按 <Enter> 键，在出现的对话框中输入新的尺寸文字，单击 OK 按钮即可。

2）修改文字及尺寸线位置：单击按钮，选中要修改的尺寸，鼠标移动时尺寸及文字会跟着移动，移动到位后单击鼠标左键即可。

注意：连续尺寸无法修改尺寸线的位置。

3）修改尺寸标注式样

命令：DIMSTYLE

菜单：Format/Dimension Style...

按钮：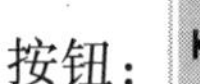

出现对话框，用 Modify 按钮修改。

（8）文本标注

1）命令方式（传统）。

Command:TEXT/

Specify start point of text or[Justify/Style]:100,50/

Specify Height <2.5000>:5/

Specify rotation angle of text <0>:0/

Enter text:ABCabc123/

Enter text:/

2）菜单方式（动态标注）。

Draw/Text/Single Line Text

Command:_dtext

Current text style:"Standard" Text height:5.0000

Specify start point of text or[Justfy/Style]:100,50/

Specify Height <5.0000>:5/

Specify rotation angle of text <0>:0/

Enter text:ABCabc123/（动态显示）

Enter text:DEFdef456/

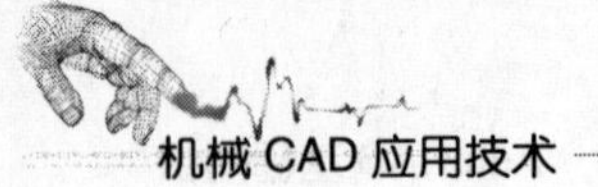

Enter Text:/(直接按 <Enter 键>结束)

3）按钮方式（多行标注）。

Command:_mtext Current text style:"STANDARD" Text Height:5

Specify first corner:50,100/

Specify opposite corner or [Height/Justify/Line spacing/Rotation/Style/Width]:200,200/

会出现对话框，输入文字时需要按 <Enter> 键换行。

4）标注特殊字符。

在文本内容中使用控制符，如：

%%c60——Φ60

45%%d——45°

50%%p5——50 ±5

若使用了汉字字体，有时需要恢复 STANDARD 字体式样。

（9）汉字标注

1）设置汉字字体。

菜单：Format/Text Style...

这时会出现对话框，单击 New...（新建）按钮，输入新的字体式样名称，可默认 style1。单击 OK 按钮，在 Font Name 框中选字体，如“T 宋体”，单击 Apply 按钮，单击 Close 按钮。不要改动 STANDARD 式样，要新建一个字体式样。

2）标注汉字：text/50，100/5/0/太原科技大学//

3.4 绘图技巧

画图本身并不难，但是用计算机画图与用丁字尺、三角板画图还是有一些差别的，总结绘图技巧对于提高绘图效率是很有帮助的。

1. 工具栏按钮

AutoCAD 的界面，尤其是需要哪些工具栏及其放置的位置，可以根据用户的习惯设置，下一次打开时就会有一个熟悉的环境。在工具栏上单击鼠标右键，会出现设置工具栏的快捷菜单，选中需要的工具栏即可。用鼠标左键点住工具栏头上双线的部位，可以将工具栏拖至希望的位置。

2. 设置

（1）初始图形设置

在开始画图时，可以通过 limits 命令设置图纸的幅面（见表 3-1）。

表 3-1 标准图纸幅面 （单位：mm）

图纸幅面	0#	1#	2#	3#	4#
图纸大小	1189×841	841×594	594×420	420×297	297×210

命令格式：limits/0，0/宽度，高度/

绘图单位：UNITS，选毫米单位即可（Millimeters）。

有时需要改变线型比例：LTSCALE/15/，一张图中只能有一种线型比例。

把栅格（GRID）的默认设置10改为1。

设置汉字字体。

（2）状态设置

界面的底部有状态栏，可以根据需要设置SNAP（捕捉）、GRID（栅格）、ORTHO（正交）、OSNAP（对象捕捉）、MODEL（模型空间）的状态。用鼠标单击可以改变该工具打开或关闭的状态，单击鼠标右键可出现快捷菜单，有On、Off、Settings选项，单击设置（Settings），可以改变栅格密度、对象捕捉方式等工具的选项。

（3）层的设置

按照标准设置好各个层及其颜色和线型。

（4）快速浏览图形

在AutoCAD工具栏的空白处单击鼠标右键，选中“Standard”工具栏，使其横向置于界面上方，其中的4个按钮  对于快速浏览图形非常方便，通常用手型按钮拨动图形，用鼠标中部的滚轮缩放图形，必要时局部放大或恢复前一个视图。

3. 样图

图纸上有边框、标题栏等格式化的内容，每一次重新绘制很麻烦，可以事先画好各种幅面带边框和标题栏的样图（空图），需要时复制更名后画图即可。这样保存在样图中的各种设置信息也能同时起作用，省去了重新设置的繁琐过程。

4. 绘制平行线

（1）用复制画平行线

类似于用丁字尺或三角板推平行线，基点坐标可以给成整数，位移可以用相对坐标。

Command:_copy/

Select objects:(左键选择一条直线)1 found

Select objects:/

Specify base point or displacement,or [Multiple]:100,100/

Specify second point of displacement or <use first point as displacement>:@0,-10/

效果：得到被选直线下移10mm的平行线。

（2）用偏移对象的方式画平行线

命令：OFFSET

菜单：Modify/Offset

按钮：  （也可以理解成镶边）

Command:_offset/

Specify offset distance or[Through] <Through>:10/

Select object to offset or <exit>:(鼠标左键选中)

Specify point on side to offset:(鼠标左键引导)

Select object to offset or <exit>:/

（3）用多线画平行线

命令：MLINE

菜单：Draw/Multiline

按钮：

效果：一次就能画出两条平行的线，但事先应给定Scale比例，即线的间距。

5. 构造线

命令：XLINE

菜单：Draw/Construction Line

按钮：

执行过程：类似于直线。

特点：两端都无限长。

用途：辅助线，或被截取为线段。

6. 复线

Polyline复线（又称多段线、多义线）很重要，虽较复杂，但很灵活。特点：多种形态——直线，圆弧，实心体；每段首尾相接；作为一个图形元素（块）。

（1）操作

命令：PLINE

菜单：Draw/Polyline

按钮：

（2）选项

PLINE✓

Specify start point:X1,Y1✓

Current line-width is 0.0000

Specify next point or [Arc/Halfwidth/Length/Undo/Width]:X2,Y2✓

Specify next point or [Arc/Close/Halfwidth/Length/Undo/Width]:✓

其中：A圆弧（Arc），C闭合（Close），H半宽度（Halfwidth），L长度（Length），U放弃（Undo），W宽度（Width）。

（3）应用

类似于图块，许多图素作为一个图素；画轮廓线，一笔画成，直线与圆弧相间；画变宽度的线，特殊需要，如箭头；画剖面线时，用复线描一下区域，会很好画。

7. 镜像

绘制对称结构时，巧妙地使用镜像功能，能够节省一半的工作量。

8. 阵列

特别适合于重复的结构，如法兰盘螺钉孔等结构。

命令：ARRAY

菜单：Modify/Array

按钮：

出现对话框，选择 Rectangular Array（矩形阵列）或 Polar Array（环形阵列），Select objects（选择被阵列的对象）。矩形阵列时输入要阵列的行数（Rows）和列数（Columns），行间距（Row offset）和列间距（Column Offset）等参数。环形阵列时输入 Center point（圆心），Total number of items（总个数）等参数。

9. 剖面线

绘制剖面线是一个难点，用工具栏按钮时会出现一个对话框，其中有一些高级选项，会有助于绘图。比较笨的办法是：把需要绘制剖面线的区域先用复线描绘一下，封闭后留一个尾巴，画完剖面线之后再从这个尾巴处删除复线即可。

3.5 高级功能

1. 三维

AutoCAD 主要用于二维绘图，现在也有三维绘图的功能。简单的三维命令如下：

（1）画法 1

Command:ELEV/

Specify new default elevation <0.0000>:0/

Specify new default thickness <0.0000>:100/

Command:LINE/

Specify first point:100,100/

Specify next point:or [Undo]:@100,0/

Specify next point:or [Undo]:@0,100/

Specify next point:or [Close/Undo]:@-100,0/

Specify next point:or [Close/Undo]:C/(画矩形)

Command:ELEV/

Specify new default elevation <0.0000>:0/

Specify new default thickness <100.0000>:150/

Command:CIRCLE/

Specify center point for circle or [3P/2P/Ttr(tan tan radius)]:150,150/

Specify radius of circle or [Diameter] <10.0000>:40/(画圆)

Command:VPOINT/

Specify a view point or [Rotate] <display compass and tripod>:1,1,1/

Regenerating model.

Command:HIDE/(消隐,见图 3-6)

（2）画法 2

Command:BOX/

Specify corner of box or [CEnter] <0,0,0>:100,100,0/

Specify corner or [Cube/Length]:200,200,100/

Command:CYLINDER/

Specify center point for base of cylinder or [Elliptical] <0,0,0>:150,150,0/

Specify radius for base of cylinder or [Diameter]:40↙
Specify height of cylinder or [Center of other end]:150↙
Command:VPOINT↙
Specify a view point or [Rotate] <display compass and tripod>:1,1,1↙
Regenerating model.
Command:HIDE↙(见图 3-7)

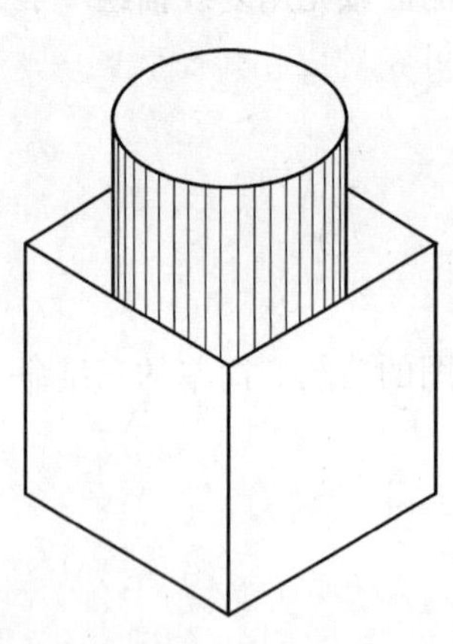
图 3-6　三维画法 1

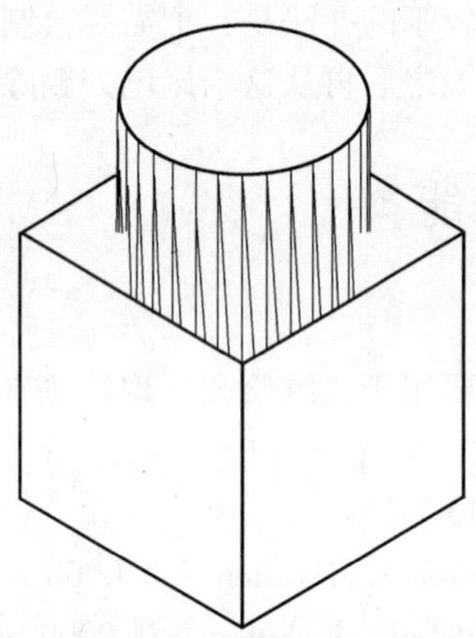
图 3-7　三维画法 2

(3) 三维实体造型

AutoCAD 现在也有三维实体造型功能，主要功能如下：

BOX——创建立方体
CYLINDER——创建圆柱体
EXTRUDE——拉伸
REVOLVE——旋转

实体造型工具栏，如图 3-8 所示。

图 3-8　实体造型工具栏

(4) 部分 3D 命令

ELEV——设置实体的标高与厚度
VPOINT——设置视点
HIDE——消隐（效果见图 3-9、图 3-10）
3DFACE——创建三维面

2. 图块

(1) 图块的概念

图块由若干个图形对象组成，可以作为一个对象被操作（复制、移动、擦除等）。图块帮助用户在同一图形或其他图形中重复使用对象。图块可以是绘制在几个图层上的不同颜色、线型

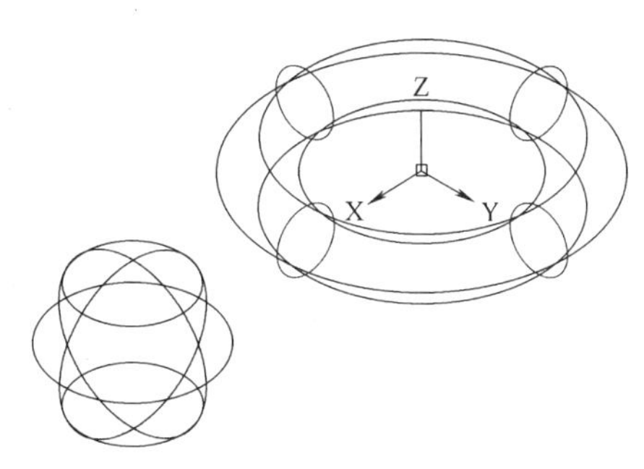

图 3-9　实体造型消隐前

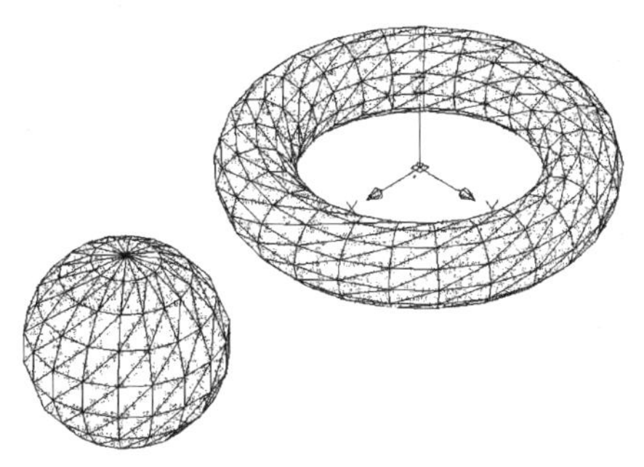

图 3-10　实体造型消隐后

和线宽特性的对象进行组合。块是一组对象的集合形成的单个对象（块对象），用一个名字进行标识，可以作为整体插入图样中。块类似于文本编辑软件中的文字块或图形的组合。

块可以用来建立常用符号、部件或标准件的标准图库；录入图形时，使用块作为元件进行插入、重定位和复制的操作比使用许多单个几何对象的效率要高；在图形数据库（即图形文件）中，将相同块的所有参照存储为一个块定义，起到了减小文件的作用。

AutoCAD 本身定义了一些无名块，如矩形、文本标注、尺寸标注等。

（2）创建内部块（定义块）

命令：BLOCK（或 BMAKE）

菜单：Draw/Block/Make...

按钮：

过程：定名称、选基点、选对象、OK

结果：表面上什么也看不出来

（3）插入块

命令：INSERT

菜单：Insert/Block...

按钮：

过程：选块、定插入点、定比例、定角度、OK

结果：类似于复制

注意：也可以插入外部块。

（4）创建外部块（保存块）

Command：WBLOCK/

Block name：b2/

Command：

注意：区别块名与文件名。

（5）块的性质

块可以是一部分图形，也可以是整张图样。AutoCAD 的图形文件可以作为外部块；块插入后作为一个对象，可以用命令 EXPLODE 或按钮打开。

3. 形文件

“形”是AutoCAD中与“块”类似，但比块更抽象的一种图形元素。AutoCAD中的字体就是形的一种应用。形是通过一种特殊的描述语言在以SHP为扩展名的ASCII文件中定义的。因此，可以使用任意文本编辑器直接打开或创建形的定义文件，并对其内容进行补充和修改。

形由三位一组的代码来定义。0开始的组用来画直线，第二位表示直线的长度，第三位表示直线的方向，斜方向的长度会自动延长至外框处。标准矢量的方向规定如图3-11所示。00开始的组是特殊码，其含义见表3-2。

表3-2 特殊码

编码	000	001	002	003	004	005	006	007	008	009	00A	00B
含义	结束	落笔	抬笔	缩小	放大	压栈	弹出	调用	非标	非标组	八分圆弧	非八分圆弧

由于定义形的代码非常特殊，在这里不做进一步的介绍，只以一个标注粗糙度的符号为例来说明定义、编译和使用形的过程。

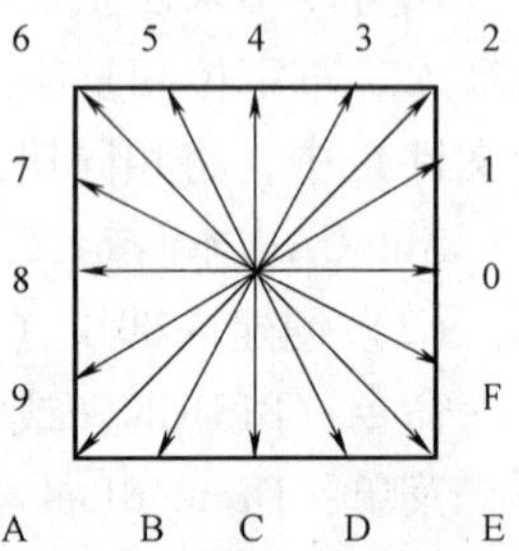

图3-11 标准矢量

实例：创建名为“CZD”的用于标注粗糙度的形。

1）使用Windows中的Notepad（记事本）创建一个名为USER. SHP的文本文件。其内容为：

＊131，6，CZD

005，025，020，006，043，0

注意：文件中最后一行要按<Enter>键来结束，否则编译时会出错。

含义：形状号为131（1~255），定义6个字节（<1000），形状名为CZD（大写）。

005——当前位置压入堆栈

025——长为2，方向为5，画直线

020——长为2，方向为0，画直线

006——从堆栈中取出，作为当前位置

043——长为4，方向为3，画直线

000——结束符

2）编译形。

Command：COMPILE↙

浏览，选中，打开，命令行显示：

Compiling shape/font description file

Compilation successful.　Output file

F：\ User. shx contains 47 bytes.

在形文件USER. SHP所在的位置生成了User. shx文件。

3）装入形。

Command：LOAD↙

浏览，选中，打开。命令行没有什么显示，装入一次即可。

4）使用形。

Command: SHAPE/

Enter shape name or [?]: CZD/

Specify insertion point: 100, 100/

Specify height <1.0000>: 2/

Specify rotation angle <0>: 0/

4. 命令文件

把绘图过程中的所有命令、数据记录在一个文本文件中，形成一个脚本文件，以 SCR 为扩展名，就是命令文件。类似于 DOS 系统的批处理文件。

命令文件可以通过 SCRIPT 命令在 AutoCAD 系统中运行，生成图形。命令文件不是程序，一般不用手工编写，通常作为参数绘图的接口文件。

5. DXF 文件

DXF 是 Drawing eXchange File 的缩写，是由 Autodesk 公司制定的图形交换文件，虽然其格式很繁琐，但因为 AutoCAD 的市场优势，DXF 文件已被许多图形系统所接受，成为事实上的工业标准。DXF 文件可用于在不同版本的 AutoCAD 系统之间，或与其他图形系统之间交换图形。

DXF 文件是一种定义严格，每行字数很少，行数很多，以 DXF 为扩展名的纯文本文件。

输出 DXF 文件的命令：DXFOUT。导入 DXF 文件的命令：DXFIN。

6. 打印出图

(1) 安装打印机（绘图仪）

安装打印机（绘图仪）自带的驱动程序，设置为当前系统打印机即可。

(2) 绘图输出

命令：PLOT

菜单：File/Plot...

按钮：

(3) 输出选项

设备：系统打印机。

单位：mm。

笔：建立颜色、笔、宽度对照表，区分粗细线。

打印区域：Display 显示，Extents，Limits 界限内。

比例：1∶N，或 Scaled to Fit——自适应。

预览：Partial——部分（无细节），Full——完全。

打印：OK。

3.6 数据交换

1. 复制 Excel 中的表格

1) 在 Excel 中选择需要复制的表格，在【编辑】菜单中单击【复制】命令，如图 3-12 所示。

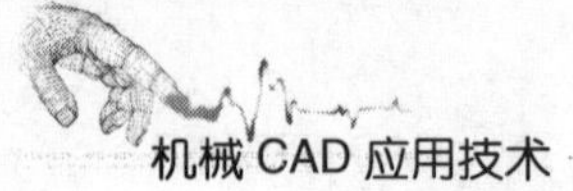

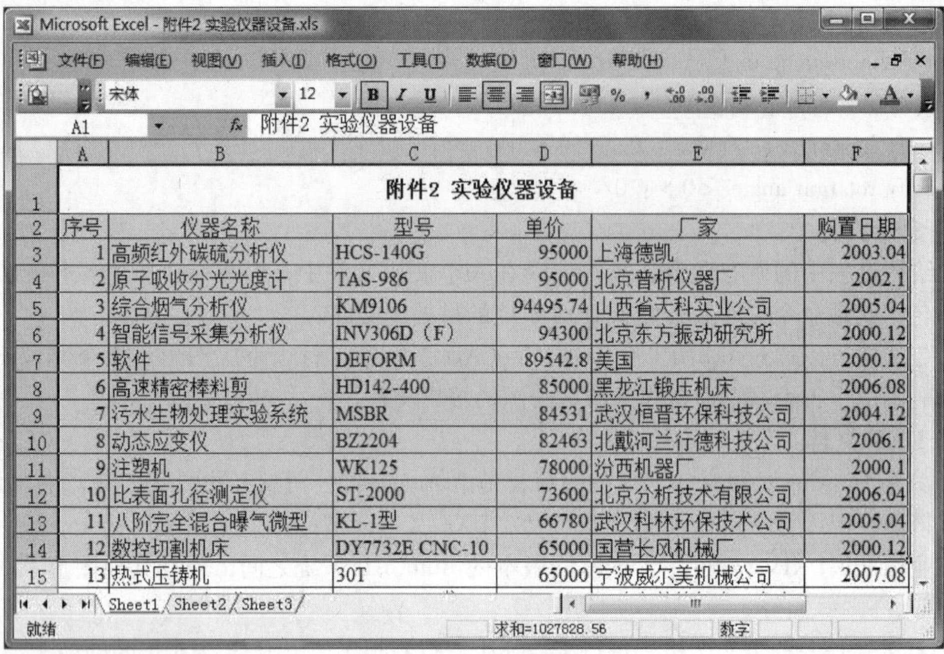

附件2 实验仪器设备

序号	仪器名称	型号	单价	厂家	购置日期
1	高频红外碳硫分析仪	HCS-140G	95000	上海德凯	2003.04
2	原子吸收分光光度计	TAS-986	95000	北京普析仪器厂	2002.1
3	综合烟气分析仪	KM9106	94495.74	山西省天科实业公司	2005.04
4	智能信号采集分析仪	INV306D（F）	94300	北京东方振动研究所	2000.12
5	软件	DEFORM	89542.8	美国	2000.12
6	高速精密棒料剪	HD142-400	85000	黑龙江锻压机床	2006.08
7	污水生物处理实验系统	MSBR	84531	武汉恒晋环保科技公司	2004.12
8	动态应变仪	BZ2204	82463	北戴河兰行德科技公司	2006.1
9	注塑机	WK125	78000	汾西机器厂	2000.1
10	比表面孔径测定仪	ST-2000	73600	北京分析技术有限公司	2006.04
11	八阶完全混合曝气微型	KL-1型	66780	武汉科林环保技术公司	2005.04
12	数控切割机床	DY7732E CNC-10	65000	国营长风机械厂	2000.12
13	热式压铸机	30T	65000	宁波威尔美机械公司	2007.08

图 3-12　Excel 中的表格

2）在 AutoCAD 中的 Edit（编辑）菜单中单击 Paste Special...（选择性粘贴）命令，选 AutoCAD Entities（AutoCAD 图元），这样做的目的是粘贴后可以在 AutoCAD 中编辑，效果如图 3-13 所示。

附件2 实验仪器设备

序号	仪器名称	型号	单价	厂家	购置日期
1	高频红外碳硫分析仪	HCS-140G	95000	上海德凯	2003.04
2	原子吸收分光光度计	TAS-986	95000	北京普析仪器厂	2002.1
3	综合烟气分析仪	KM9106	94495.74	山西省天科实业公司	2005.04
4	智能信号采集分析仪	INV306D（F）	94300	北京东方振动研究所	2000.12
5	软件	DEFORM	89542.8	美国	2000.12
6	高速精密棒料剪	HD142-400	85000	黑龙江锻压机床	2006.08
7	污水生物处理实验系统	MSBR	84531	武汉恒晋环保科技公司	2004.12
8	动态应变仪	BZ2204	82463	北戴河兰行德科技公司	2006.1
9	注塑机	WK125	78000	汾西机器厂	2000.1
10	比表面孔径测定仪	ST-2000	73600	北京分析技术有限公司	2006.04
11	八阶完全混合曝气微型	KL-1型	66780	武汉科林环保技术公司	2005.04
12	数控切割机床	DY7732E CNC-10	65000	国营长风机械厂	2000.12

图 3-13　Excel 表格复制到 AutoCAD 中的效果

2. 复制 Word 中的表格

直接把 Word 中的表格复制后选择性粘贴到 AutoCAD 时，往往只复制了文字，而丢失了表格。可以先将 Word 表格复制，按文字粘贴到 Excel 中，控制单元格格式边框后复制出来，然后就可以粘贴为 AutoCAD 图元了。把本章的表 3-1 复制到 AutoCAD 中的效果，如图 3-14 所示。

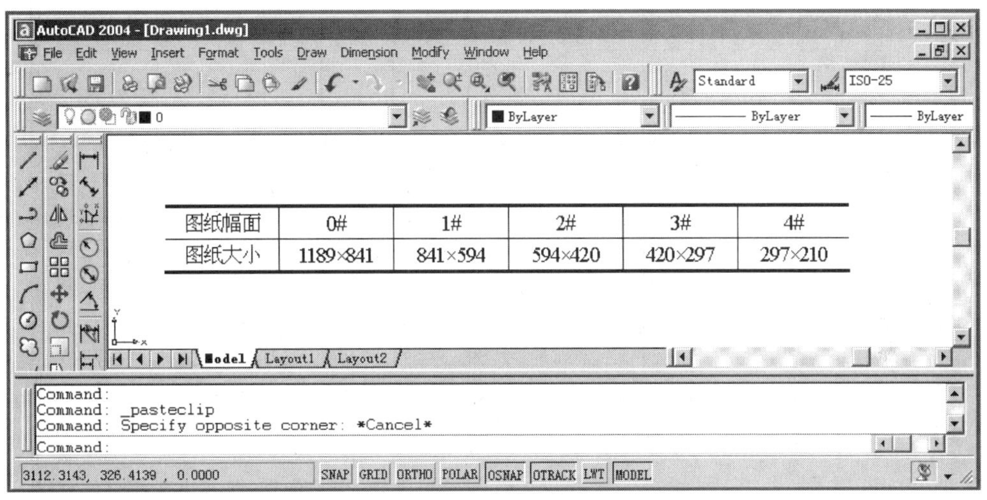

图纸幅面	0#	1#	2#	3#	4#
图纸大小	1189×841	841×594	594×420	420×297	297×210

图 3-14　Word 表格复制到 AutoCAD 中的效果

3. 复制 Access 中的表格

同样需要经过 Excel 转换一下：在 Access 中打开表格，编辑/选择所有记录/复制；到 Excel中，编辑/选择性粘贴/Microsoft Excel 8.0 格式，格式/单元格/边框/外边框/内部/确定，编辑/复制；到 AutoCAD 中，Edit（编辑）/Paste Special...（选择性粘贴）/AutoCAD Entities（AutoCAD 图元）。把图 3-15 所示的 Access 表格复制到 AutoCAD 中的效果，如图 3-16 所示。

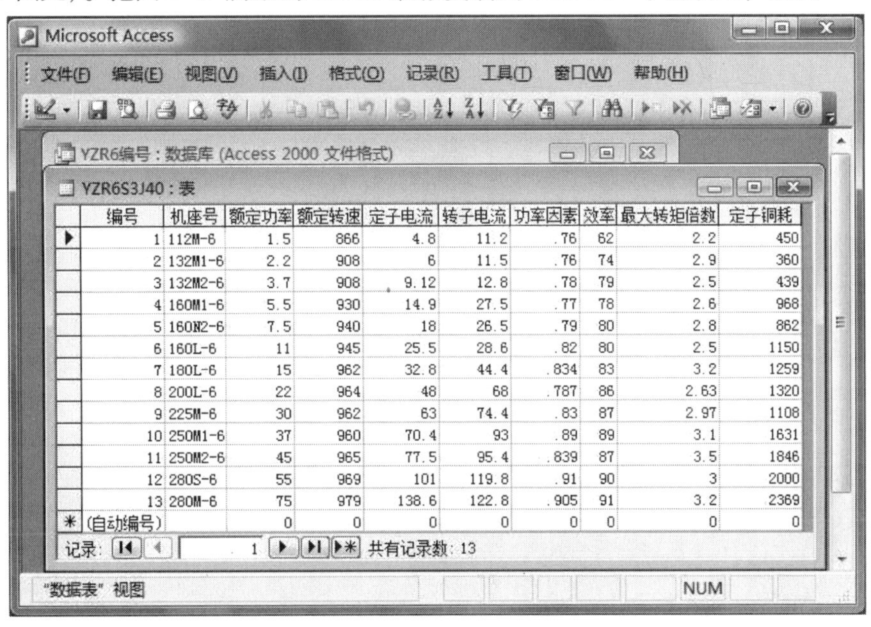

编号	机座号	额定功率	额定转速	定子电流	转子电流	功率因素	效率	最大转矩倍数	定子铜耗
1	112M-6	1.5	866	4.8	11.2	.76	62	2.2	450
2	132M1-6	2.2	908	6	11.5	.76	74	2.9	360
3	132M2-6	3.7	908	9.12	12.8	.78	79	2.5	439
4	160M1-6	5.5	930	14.9	27.5	.77	78	2.6	968
5	160M2-6	7.5	940	18	26.5	.79	80	2.8	862
6	160L-6	11	945	25.5	28.6	.82	80	2.5	1150
7	180L-6	15	962	32.8	44.4	.834	83	3.2	1259
8	200L-6	22	964	48	68	.787	86	2.63	1320
9	225M-6	30	962	63	74.4	.83	87	2.97	1108
10	250M1-6	37	960	70.4	93	.89	89	3.1	1631
11	250M2-6	45	965	77.5	95.4	.839	87	3.5	1846
12	280S-6	55	969	101	119.8	.91	90	3	2000
13	280M-6	75	979	138.6	122.8	.905	91	3.2	2369
(自动编号)		0	0	0	0	0	0	0	0

图 3-15　Access 中的表格

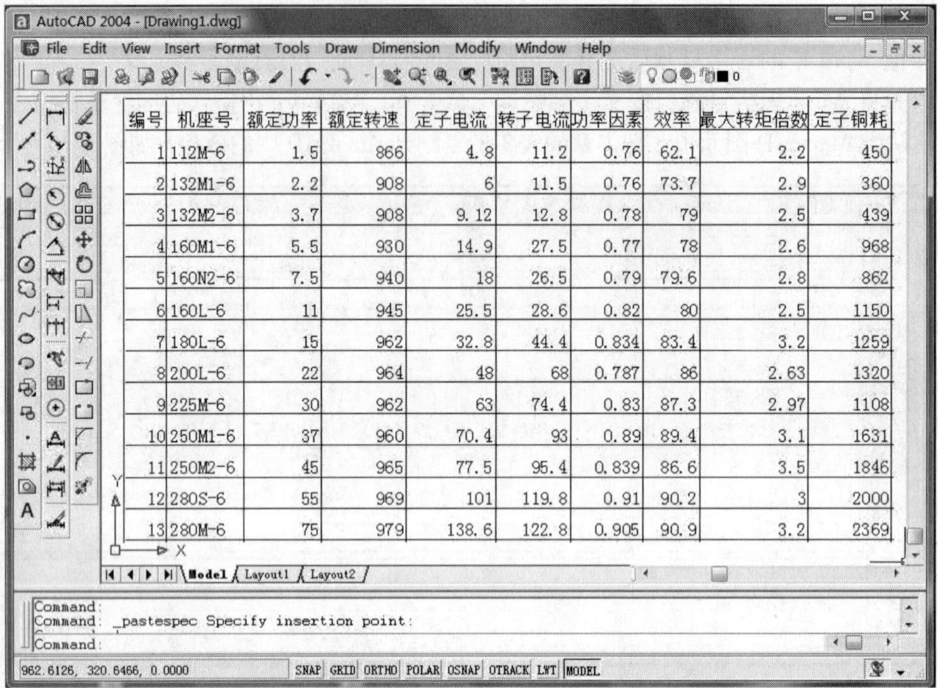

编号	机座号	额定功率	额定转速	定子电流	转子电流	功率因素	效率	最大转矩倍数	定子铜耗
1	112M-6	1.5	866	4.8	11.2	0.76	62.1	2.2	450
2	132M1-6	2.2	908	6	11.5	0.76	73.7	2.9	360
3	132M2-6	3.7	908	9.12	12.8	0.78	79	2.5	439
4	160M1-6	5.5	930	14.9	27.5	0.77	78	2.6	968
5	160N2-6	7.5	940	18	26.5	0.79	79.6	2.8	862
6	160L-6	11	945	25.5	28.6	0.82	80	2.5	1150
7	180L-6	15	962	32.8	44.4	0.834	83.4	3.2	1259
8	200L-6	22	964	48	68	0.787	86	2.63	1320
9	225M-6	30	962	63	74.4	0.83	87.3	2.97	1108
10	250M1-6	37	960	70.4	93	0.89	89.4	3.1	1631
11	250M2-6	45	965	77.5	95.4	0.839	86.6	3.5	1846
12	280S-6	55	969	101	119.8	0.91	90.2	3	2000
13	280M-6	75	979	138.6	122.8	0.905	90.9	3.2	2369

图 3-16　Access 中的表格复制到 AutoCAD 中的效果

第4章

SolidWorks 基础知识

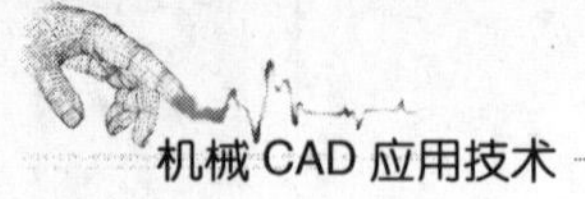

4.1 SolidWorks 概述

1. 历史与特点

SolidWorks 公司成立于 1993 年，由 PTC 公司的技术副总裁与 CV 公司的副总裁发起，1995 年年底推出第一套 SolidWorks 三维机械设计软件。1997 年，SolidWorks 被法国达索（Dassault Systemes）公司收购，继续独立运作。

SolidWorks 软件是世界上第一个基于 Windows 开发的三维 CAD 系统，具有完全的 Windows 特性，简化了用户操作。SolidWorks 采用剑桥 CAD 中心的 Parasolid 几何引擎，充分利用 Windows 的 OLE 技术，与有限元分析、机构运动学分析等其他专业软件很容易做到无缝集成。SolidWorks 的零件模型、装配模型和工程图之间具有完全关联性，其操作简单，易学易用，价格适中，成为微机平台参数化特征造型系统的后起之秀。

2. 版本与功能

近年来 SolidWorks 每年都有新的版本推出，如 2003 版，2004 版，2005 版，2006 版，2007 版；基于 VISTA 环境的 2008 版，2009 版不够稳定，速度较慢；2010 版，2011 版有了很大的改进；从 2008 年开始，每年都有至少 200 项的新变化；最新的版本为 2012 版。

版本的升级虽然带来了一些改进和新的功能，也给软件公司带来了不菲的收入，但对于一般设计人员和初学者所用到的基本功能来说意义不大，而且还造成了不同版本所建立模型之间的兼容问题。作为工作平台，坚持使用一个适用的版本就可以了。如果是初学，不妨安装一个较新的版本。

SolidWorks 的基本模块具有二维草图绘制，三维零件生成，三维装配体生成，二维工程图样投影等功能。借助于一些插件，SolidWorks 可以进行产品渲染，动画输出，电子图档输出，运动学分析，有限元分析。

3. 安装、启动与界面

由于 SolidWorks 的模块较多，其安装比 AutoCAD 要复杂得多。启动 Setup；选择单机安装；输入 SolidWorks 序列号；输入其他模块的序列号，如 SolidWorks Motion、SolidWorks Simulation 等；选择产品配置，如 SolidWorks eDrawing 等；选择安装位置；开始安装。不同的版本其安装过程可能会略有不同，参照说明进行安装即可。

双击桌面上的图标 SW 可以启动 SolidWorks；单击【开始】/【程序】/【SolidWorks 2010】/【SolidWorks 2010】的快捷方式也能启动 SolidWorks；通过文件关联，双击零件文件 *.sldprt，或装配体文件 *.sldasm，或图纸文件 *.slddrw 均可启动 SolidWorks。

SolidWorks 2010 的启动界面如图 4-1 所示，其他版本的大同小异。选择【文件（F）】/【新建（N）...】命令，会出现图 4-2 所示的对话框。选择【零件】，单击【确定】按钮后便可进入图 4-3 所示的绘图界面。

SolidWorks 的工作界面是一个标准的 Windows 窗口，具有标准的菜单，最小化、最大化/恢复、关闭按钮，可自行选择和摆放的工具栏；SolidWorks 特有的设计管理区，包括特征管理器（设计树）、属性管理器、配置管理器选项卡；当然最主要的是图形工作区。不同版本的工作界面也有所不同。图 4-4 所示是 SolidWorks2010 版的工作界面。SolidWorks 的界面是可以改变的，在工具栏的空白处单击鼠标右键，会出现快捷菜单，选中需要的工具栏即

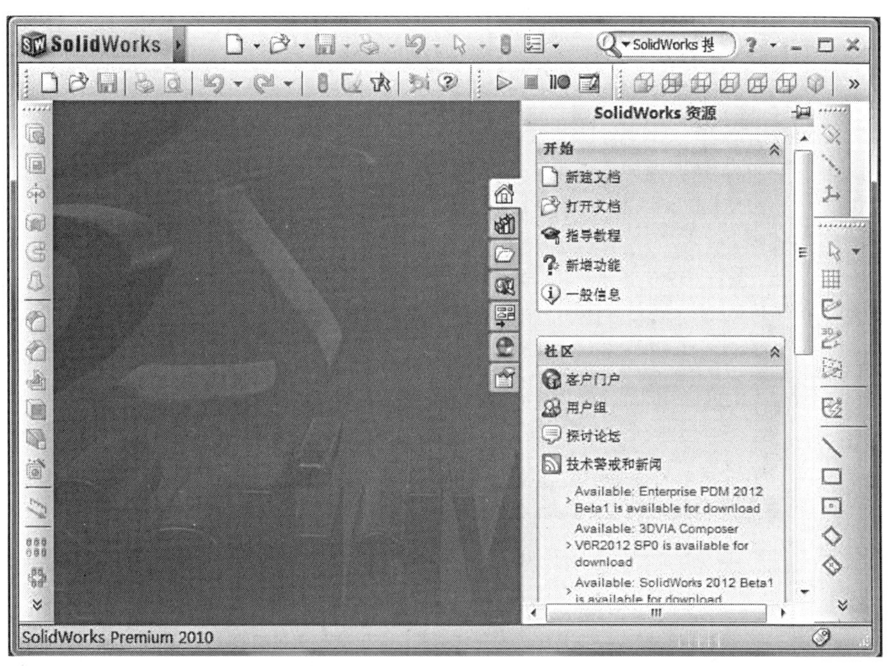

图 4-1　SolidWorks 2010 的启动界面

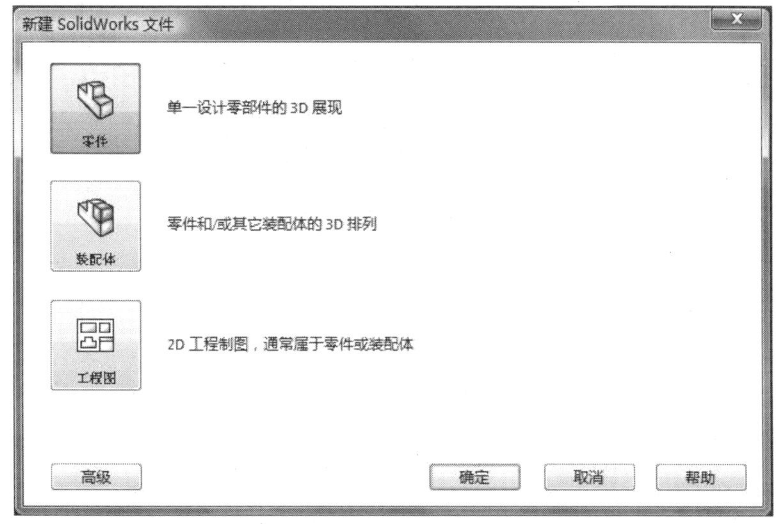

图 4-2　【新建 SolidWorks 文件】对话框

可。布置工作界面的原则是保留常用或当前用到的工具栏，去掉暂时不用的工具栏，以便使绘图区域尽量大。

4. 基本概念

（1） 三维模型

三维模型是“实物”，即数字化的模型，不是“影子”，不同于二维图样上的投影。因此，建立三维模型的过程类似于制造（虚拟制造），有装配等步骤。三维模型包含有比图样

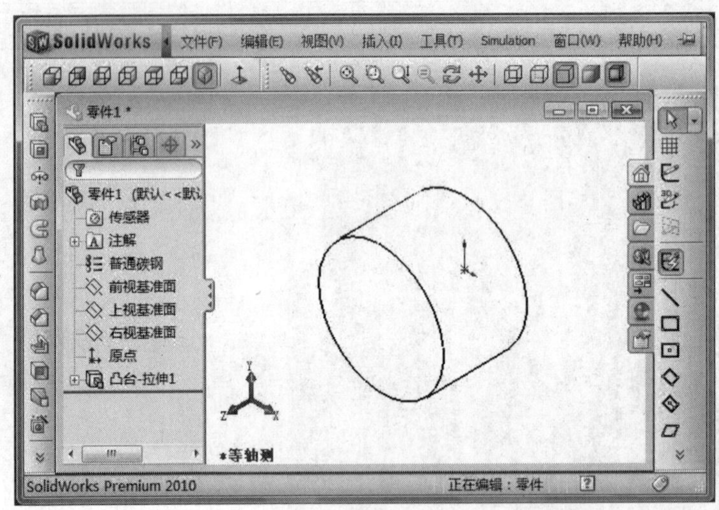

图 4-3　绘图界面

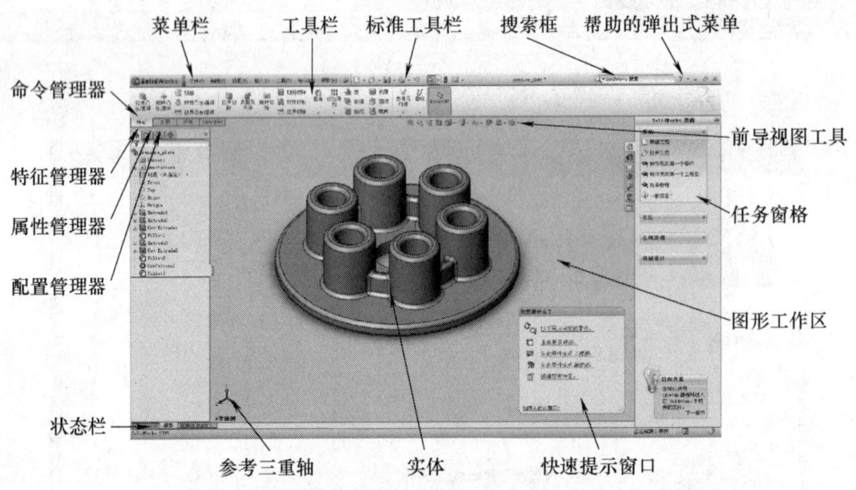

图 4-4　SolidWorks 2010 版工作界面

更丰富的信息，但它不能代替图样，如果需要图样需另行转化。此外，三维模型本身是参数化的，可以方便地修改。

三维模型的优点：直观，三维模型可以直接检验造型是否美观，静态装配和运动是否干涉；方便，可以直接用于有限元应力分析和运动及动力学分析；前卫，符合可视化、仿真、虚拟设计等观念。

（2）草图

产品建模的过程一般是先绘制二维草图，然后经过拉伸或切割、旋转形成三维零件，最后进行装配，形成产品的三维模型。如果需要图样，再将三维模型进行投影，修饰完善后得到二维图样。可见，这是一个从二维到三维，再从三维到二维的过程。在这个过程中，草图扮演着重要的角色。草图是三维模型的生长基、框架、源头和依据。

（3）约束

几何形体的各个角点、各个棱边、各个面之间的关系（平行、垂直等）及尺寸链等构成了建立一个零件三维模型的约束。各个零件之间的关系、尺寸链等构成了建立一个产品三维装配体的约束。约束也就是建立三维模型的条件。如果条件不够，如三维模型的某些尺寸不全或相互关系不明确，就不能唯一确定一个三维形体，这时就是欠约束的。如果尺寸、相互关系等条件刚好可以唯一地确定一个三维形体，就可以说这个三维模型是完全约束的。如果约束太多，甚至约束之间是相互矛盾的，则属于过约束。由于几何形体的复杂性，追求完全约束会造成建模过程繁琐和困难。其实，许多零件的形体是非常规则的，SolidWorks 支持欠约束设计，能够智能化地处理一些几何关系（类似于 AutoCAD 中的正交状态），使建模过程非常便捷、快速。

4.2　基本操作

1. 绘制零件草图

（1）新建零件

启动 SolidWorks 后，选择【文件（F）】/【新建（N）...】命令，在图 4-2 所示的对话框中选择【零件】，单击【确定】按钮后便进入绘图界面，这时单击按钮，选择【前视基准面】，开始绘制零件草图。

（2）绘制草图

常用的草图绘制工具按钮有直线、圆、矩形等，见表 4-1。在绘制草图的某一命令过程中，设计管理区自动切换到属性管理器选项卡，图形元素的尺度可以在绘制过程中动态确定（类似于 AutoCAD 中的“橡皮筋”），也可以在属性管理器选项卡的参数栏中输入，如图 4-5 所示。

表 4-1　草图绘制工具部分按钮

直线	圆弧	切线弧	三点圆弧	圆	样条曲线	多边形	矩形	点	中心线

（3）标注尺寸

在草图编辑状态下，单击按钮可以进行尺寸标注，若修改尺寸，模型会重新生成，如图 4-6 所示。

（4）结束（完成）草图绘制

单击按钮可以结束草图绘制。如果将来要通过拉伸来形成三维零件，务必使草图形成封闭的轮廓。

（5）编辑（修改）草图

在设计树（特征管理器）上选中草图，单击按钮可以进入草图编辑状态。

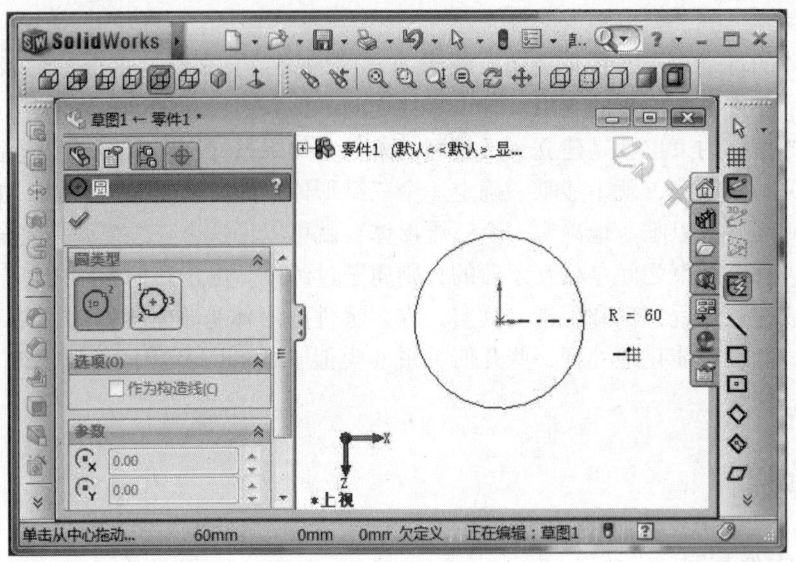

图 4-5　画圆的过程

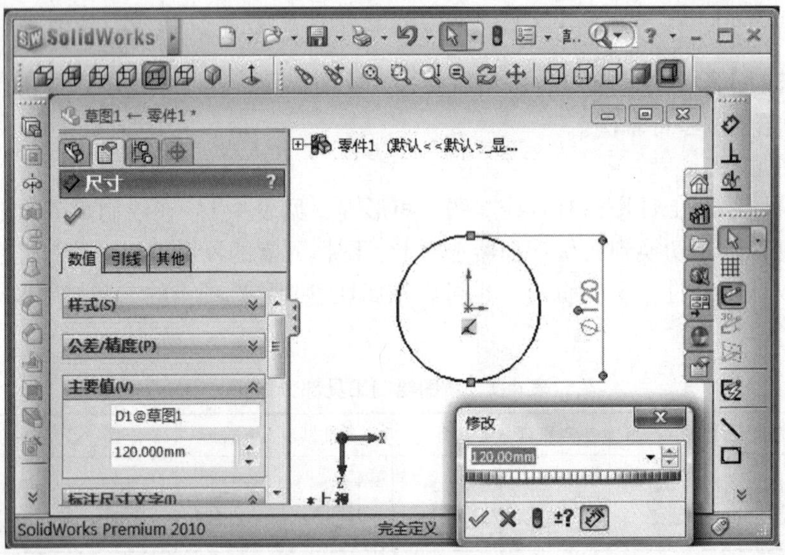

图 4-6　标注尺寸的过程

2. 生成三维零件

（1）拉伸

在设计树上选中草图，单击按钮，便可以以草图为基础轮廓，拉伸出三维零件。可以通过拖动控制拉伸的长度（深度），也可以在属性栏中输入。单击按钮完成拉伸，如图 4-7 所示。

（2）再绘草图拉伸

可以在已生成的三维实体上选择一个面（如端面）绘制草图，再拉伸出一段轴，如图 4-8 所示。

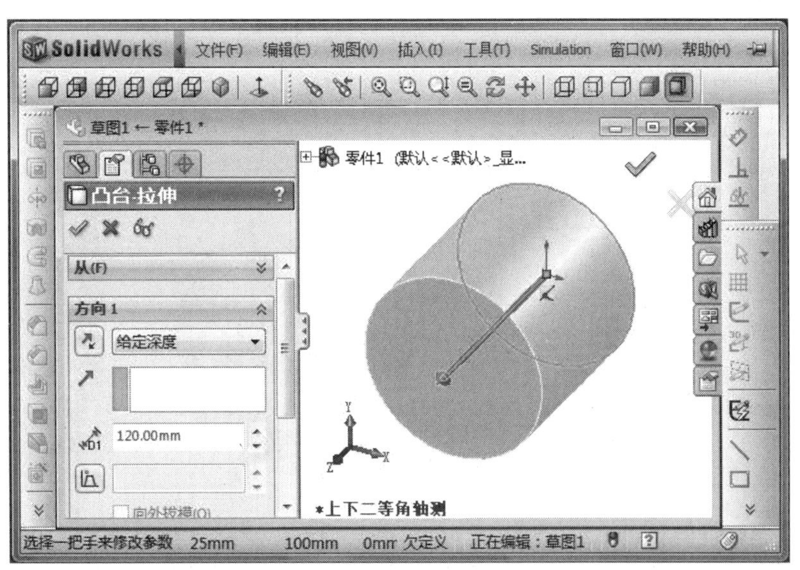

图 4-7　拉伸三维零件的过程

图 4-8　再次绘制草图并拉伸

（3）切除

如果在已生成的三维实体上选择一个面（如端面）绘制草图，单击按钮，则产生切除。若选择“完全贯穿”，则生成一段空心套管，如图 4-9 所示。

（4）旋转

在绘制草图状态下，单击按钮，连续地画一条封闭的折线，单击按钮，加一条轴线，如图 4-10 所示。选中轴线，单击按钮，选 360°旋转，得到图 4-11 所示的旋转体。

图4-9　再次绘制草图并切除

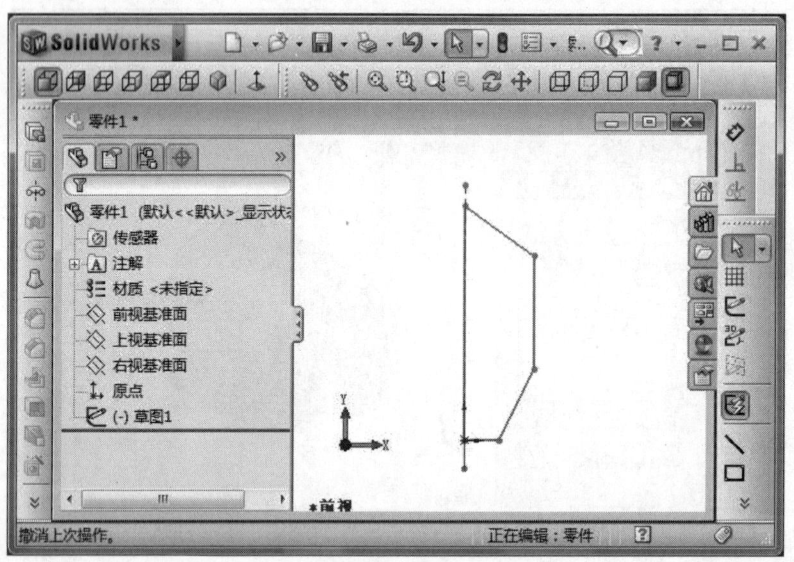

图4-10　绘制旋转轮廓及轴线

（5）修改三维模型

三维模型是完全参数化的，不难修改。修改三维模型可以打开设计树（特征管理器），选中要修改的草图或特征，如图4-12所示。用鼠标右键单击该特征，选择【编辑定义】，设计管理区会自动切换到属性管理器选项卡，修改拉伸深度，单击✔按钮，模型会按照新的参数自动重新生成，如图4-13所示。

3. 三维实体装配

（1）新建装配体

启动SolidWorks后，选择【文件（F）】/【新建（N）...】命令，在图4-2所示的对话

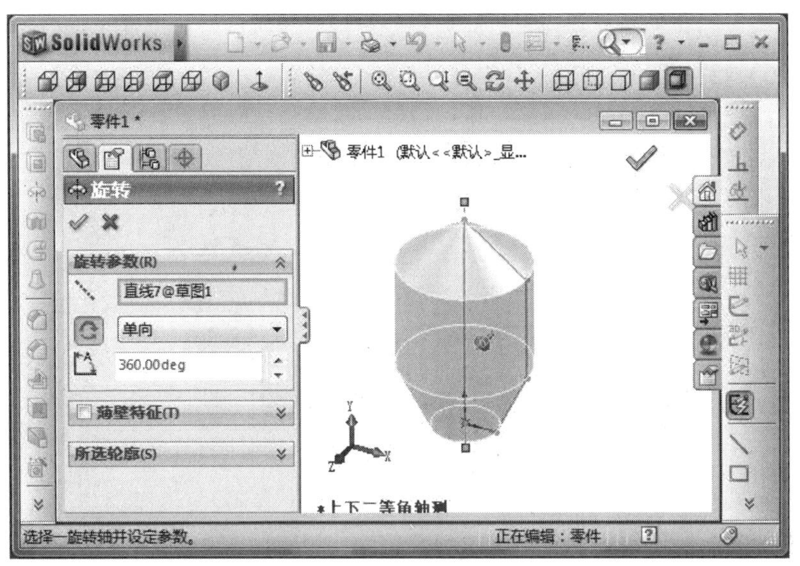

图4-11 旋转体

图4-12 在设计树上选中要修改的特征——凸台-拉伸4

框中选择【装配体】，单击【确定】按钮后便进入装配体的工作界面。

（2）插入零件

选择菜单【插入（I）】/【零部件（O）】/【已有零部件（F）...】，在属性页位置出现打开文档提示，单击【浏览（B）...】按钮，选择要插入的零件，如sgb.sldprt（上盖板，长2000，宽600，厚16，事先做好保存），单击【打开（O）】按钮，通过鼠标左键指示插入的位置，即可在装配图中插入第一个零件。

（3）插入配合

按照以上步骤，插入第二个零件zfb.sldprt（主腹板，长2000，高1000，厚10），这时

图 4-13 修改凸台-拉伸 4 的属性特征

就需要确定这两个零件的位置关系了。选择菜单【插入（I）】/【配合（M）...】命令，先选中上盖板的下表面，再选中主腹板的上表面（长度方向板厚处），可通过平移（单击按钮后用鼠标左键拖动）、旋转（按住鼠标中部滚轮移动）、放大（单击⊕按钮后用鼠标左键拖出一个局部窗口，或直接拨动滚轮）来帮助选择，类似于 AutoCAD 中的透明命令，单击按钮完成面与面之间的配合。配合的情况，如图 4-14 所示。

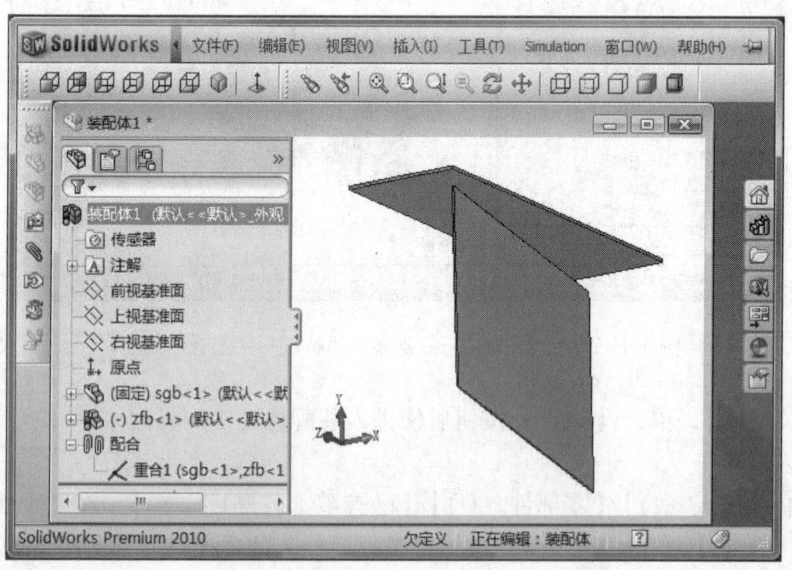

图 4-14 插入第一个配合

然后插入第二个配合，选中上盖板的端面与主腹板的端面，配合后的情况如图 4-15 所示。

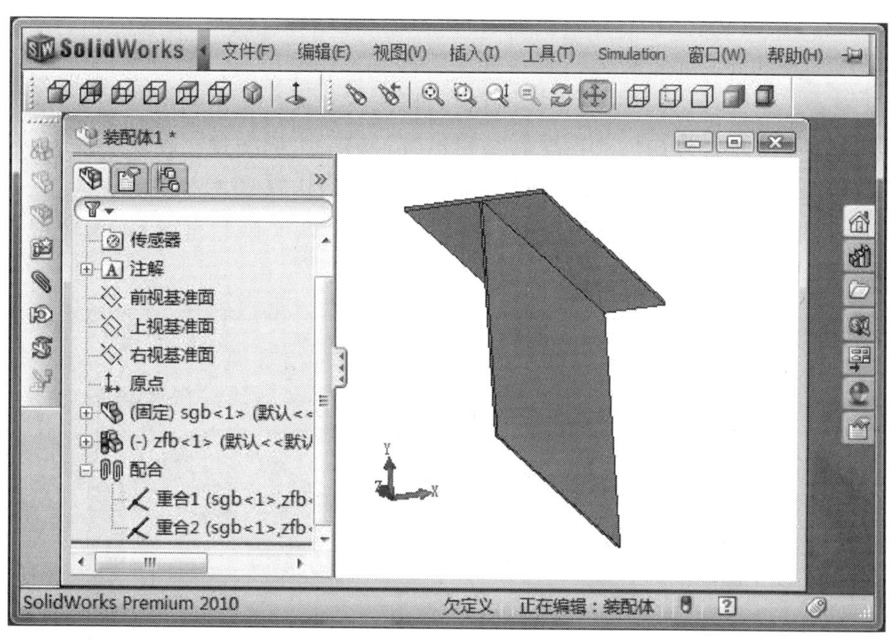

图 4-15　插入第二个配合

为了最终确定这两个零件之间的位置关系，还需要插入第三个配合，这次需要选择上盖板的侧面（长度方向板厚处）与主腹板的侧面（外侧的大面），并选择配合方式为距离（单击配合属性页上的按钮），设定配合距离为 20mm，配合的结果如图 4-16 所示。

图 4-16　插入第三个配合

这时，两个零件处于完全定义状态（完全约束），无法用按钮移动。可见，完全约束两个零件需要三个配合。类似于机动分析中的自由度分析：一个刚体有 6 个自由度，第一个面配合消除了一个平动自由度和两个转动自由度，第二个面配合消除了一个平动自由度和一个转动自由度，第三个距离配合消除了最后一个平动自由度。

用同样的方法插入副腹板和下盖板（尺寸分别同主腹板和上盖板），最终形成图 4-17 所示的起重机主梁片段模型。

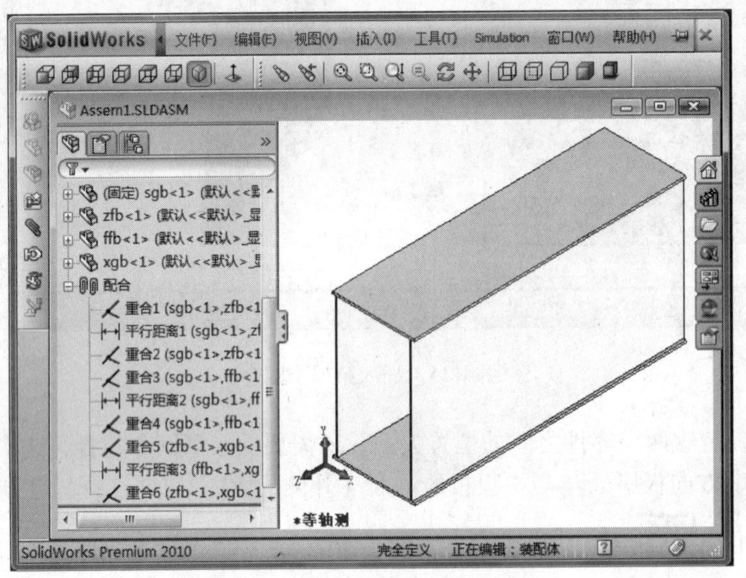

图 4-17　完成的主梁片段装配体

4. 生成工程图

（1）新建工程图

启动 SolidWorks 后，选择【文件（F）】/【新建（N）...】命令，在图 4-2 所示的对话框中选择【工程图】，单击“确定”按钮后出现“图纸格式/大小”对话框，如图 4-18 所示。选择【标准图纸大小】/【A3（ISO）】，单击【确定】按钮，便进入工程图的工作界面，如图 4-19 所示。

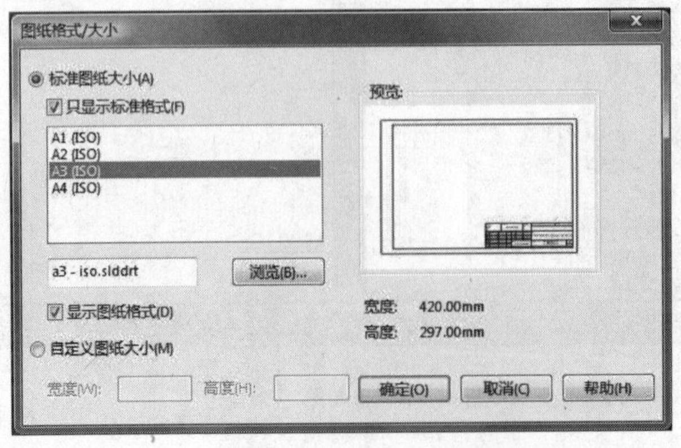

图 4-18　【图纸格式/大小】对话框

（2）插入模型视图

如果没有打开模型文件，可以单击工具栏上的【三视图】按钮，在设计树区域会出现标准三视图属性，浏览模型文件，单击【打开】按钮，有的版本会出现【切边显示】对话框，选择【可见】，按【确定】按钮，所选模型的三视图就插入了，如图4-19所示。

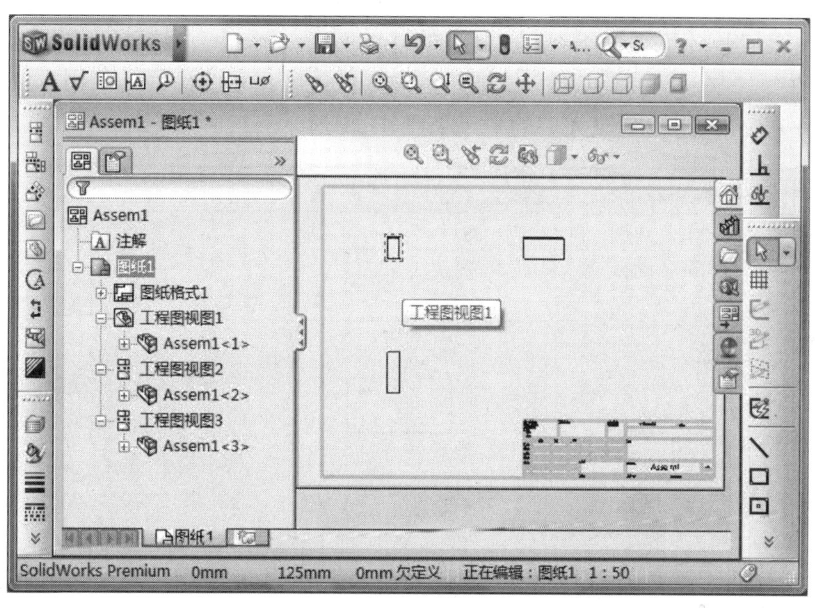

图4-19 工程图界面

如果已经打开了模型文件，单击【三视图】按钮后，单击一下模型窗口中设计树的根部就能插入三视图了。甚至可以用鼠标拖动的方式，把模型从模型窗口的设计树根部拖到工程图窗口的绘图区域。

除了标准的三视图之外，工程图样还有许多其他种类的视图表达方式，可以通过【工程图】工具栏上的按钮来创建各种视图，见表4-2。

表4-2 工程图（D）工具栏部分按钮

投影视图	标准三视图	辅助视图	预定义的视图	模型视图	局部视图	剖面视图	断开的剖视图	区域剖面线/充填

例如，可以在图4-19所示图样的设计树上选中【工程视图2】，单击鼠标右键，选择【删除（H）】命令，然后在设计树上选中【工程视图3】，单击【投影视图】按钮，用鼠标指示视图位置，得到一个新的俯视投影【工程视图4】。

（3）视图调整

调整视图位置：在设计树上选中【工程视图1】，或直接在绘图区域用鼠标单击【工程视图1】，会在视图周围出现图4-19所示的方框，当鼠标位于方框的边线上时，鼠标旁边出现✥十字标记，此时可以按住鼠标左键，通过拖动调整投影视图的位置。调整主视图的位置时，俯视图与侧视图的位置也会发生相应的变化。调整俯视图的位置时，只能上下变化。调整侧视图的位置时，只能左右变化。

经过调整，把原来的主视图移到右边，原来的侧视图移到左边，新加的俯视图跟着也移到左边，形成习惯的主梁布图，如图4-20所示。

在设计树上展开【工程视图4】和其下的【Assem1 <4>】，用鼠标右键单击零件【zfb】（主腹板），改变【显示/隐藏】项，使被遮挡的零件边线显示为虚线。用同样的方法处理零件【ffb】（副腹板），俯视图放大后的效果如图4-21所示。

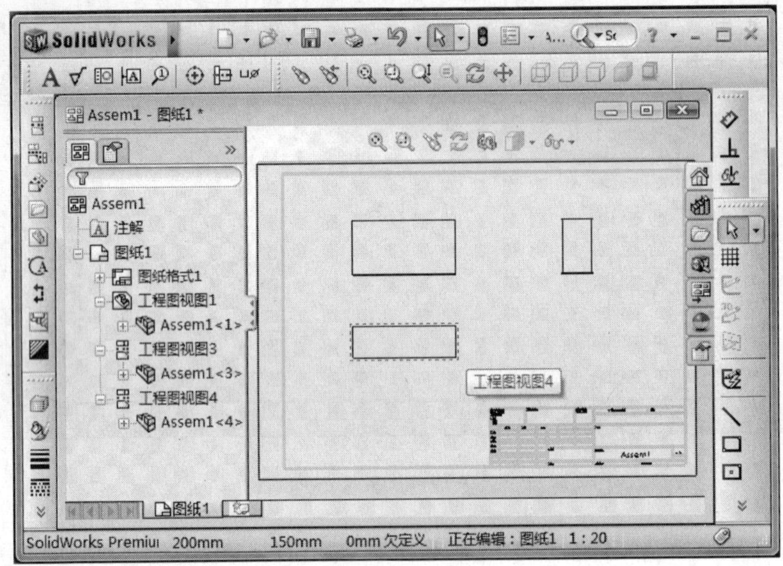

图4-20 重新安排视图

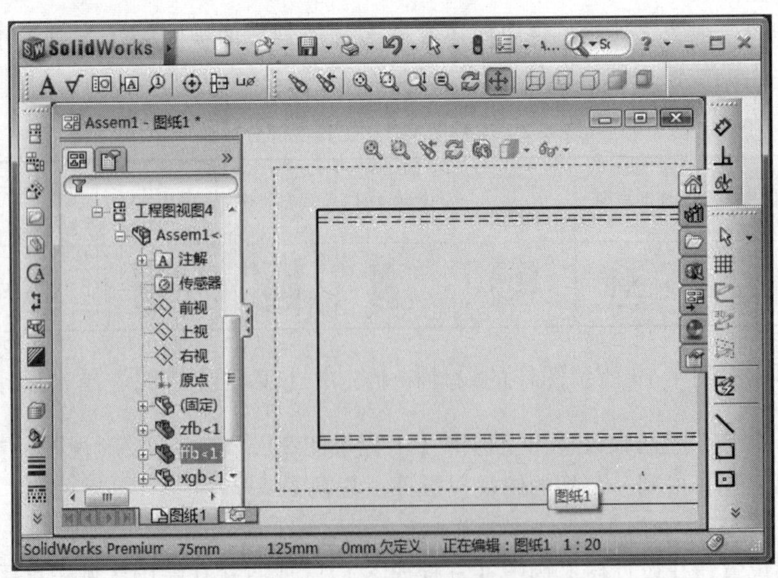

图4-21 调整虚线的可见性

（4）三维转二维时常见的问题

虽然三维模型的实体比二维图样的投影更直观、更真实，但二者的特点是不一样的，图样更倾向于表达设计意图，而不仅仅是投影。因此，要想得到可以指导生产的二维图样，还需要在标准三视图投影的基础上进行修改，添加局部视图、公称尺寸、公差、表面粗糙度、焊缝、技术要求、零件明细等内容。这些添加内容的工作量是非常大的，投影只是很小一部分而已。

4.3　建模技巧

建立产品的三维模型，并没有太多的理论深度，只是对某种三维建模软件的熟练操作而已。总结建模技巧对于提高工作效率是很有帮助的。

1. 不完全约束

SolidWorks 允许在不完全约束，即欠约束的状态下绘制草图、建立三维模型、进行产品装配。这对于绝大多数形状规则零件的三维建模是非常方便的。充分利用这一特点有利于加快建模速度，提高工作效率。

2. 修改模型的途径

在 SolidWorks 系统中，同一个产品的零件、装配体、工程图样的参数之间具有完全关联性，修改了任何一个文件中的参数，都会自动地反映到其他文件当中，这对于设计师是非常方便的。

设计树（特征管理器）也是 SolidWorks 软件的特色之一，从各个层次的草图到每一次的拉伸、切除操作，所有的特征参数、各种装配约束等都记录在案，忠实地记录下完整的设计历程，给修改模型提供了途径。设计树的结构类似于 Windows 的资源管理器，可以按不同的层次折叠和展开，收放自如，使修改模型非常方便。熟悉并掌握设计树，有利于提高建模速度。

在 SolidWorks 中，修改模型参数有多种途径，如修改（编辑）几何特征的属性（定义）；修改草图，如用鼠标拖动欠定义的图素（显示为黑色作为基准或被标注了尺寸完全定义的图素不能拖动）；修改草图上所标注的尺寸等，这些修改的效果是等价的。

3. 标注尺寸

在草图上标注尺寸，编辑草图时双击所标注的尺寸，就能修改参数，很方便。在三维模型上标注的尺寸则只能起到测量的作用，无法改变模型的参数。

4. 设置网格线

在【草图绘制】工具栏上，单击按钮，会出现【文件属性（D）-网格线/捕捉】对话框，可以设置【主网格间距（M）:】为 10mm，【主网格间次网格数（N）:】为 10，选中【捕捉到网格点（O）】，设置【捕捉到每个次网格点（S）:】为 1，对于建立某些尺寸为整数的模型会方便一些，类似于 AutoCAD 中的网格和捕捉。

5. 线性阵列

阵列可以有规律地重复排列许多相同的图形元素。阵列既可以应用在草图上，也可以应用在三维实体的几何特征上。采用阵列技术，比一个一个地重复绘制快捷得多。

启动SolidWorks，新建零件，进入草图绘制，画一个宽为1200mm，高为800mm的矩形，在其左下角距两个边均为50mm处画一个半径为7mm的圆。选中刚画的这个圆，在【草图绘制工具（T）】上单击按钮，在设计树属性页会出现【线性草图排列和复制】对话框，选择【方向1：X-轴】的【数量】为12（包含被复制元素），【间距D1】为100mm，单击【确定】按钮，得到一排横向排列的圆。在调整的过程中草图中有动态的变化，如图4-22所示。

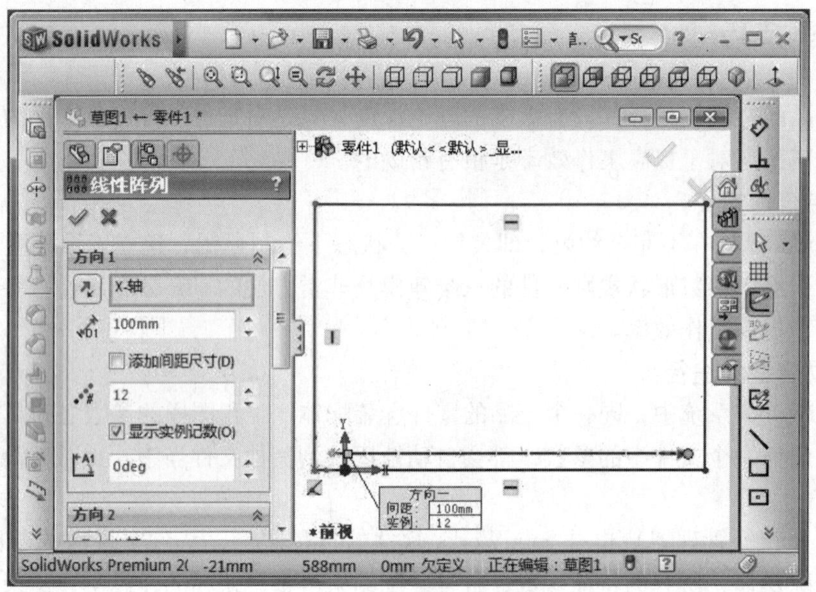

图4-22　草图的线性阵列

再单击【线性草图排列和复制】按钮，选择【第二方向】的【数量】为8，【间距】为100mm，得到一排竖向排列的圆。同理，选中左上角的圆可以阵列出上边的一排孔，选中右下角的圆，可以阵列出右边的一排孔。最后结束草图绘制，拉伸出20mm的厚度，得到一块如图4-23所示的法兰板。

若采用阵列三维实体几何特征元素的方法实现上述法兰板，则过程较为复杂。启动SolidWorks，新建零件，进入草图绘制，画一个宽为1200mm，高为800mm的矩形，结束草图绘制，拉伸出20mm的厚度，得到一块矩形板。选择这块板的表面，再画草图，在其左下角距两个边均为50mm处画一个半径为7mm的圆，结束草图绘制，以“完全贯通”切割出一个孔。单击【特征（F）】工具栏上的【线性阵列】按钮，设计管理区会自动切换到【线性阵列】属性卡，单击【要阵列的特征（F）】，使其区域变为红色，翻出设计树，选中【切除-拉伸1】，单击【方向1】，使其区域变为红色，选中矩形板的左边缘，设置距离D1为100mm，个数为8（包含原始特征），确定，得到左边的一排孔，如图4-24所示。

同理，不难得到下边的一排孔。在板的右上角距各边均为50mm处再画草图，并切割出一个半径为7mm的孔来，然后如法炮制，用类似的方法可以阵列出上边的一排孔和右边的一排孔。如果一开始，就同时在两个方向阵列，会形成一块像筛子一样的多孔板。而此时选

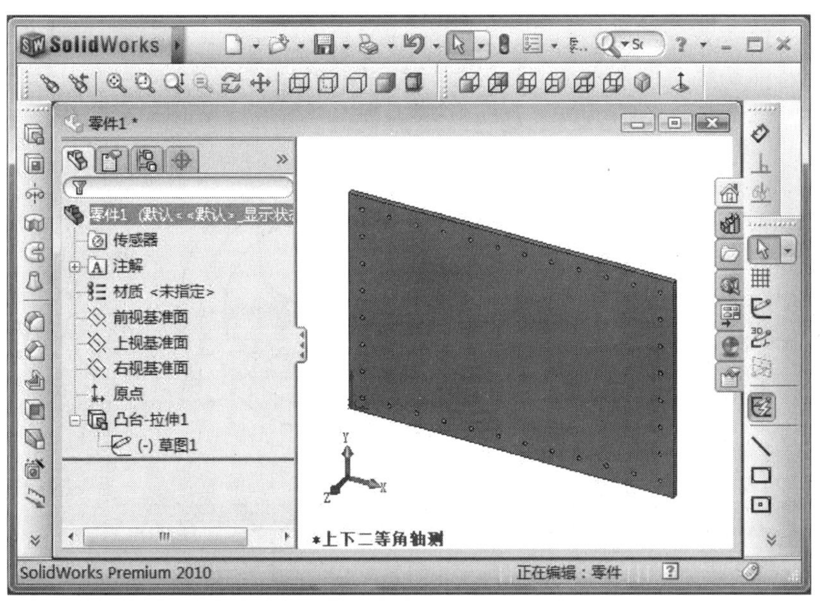

图 4-23　线性阵列草图元素得到的矩形法兰板

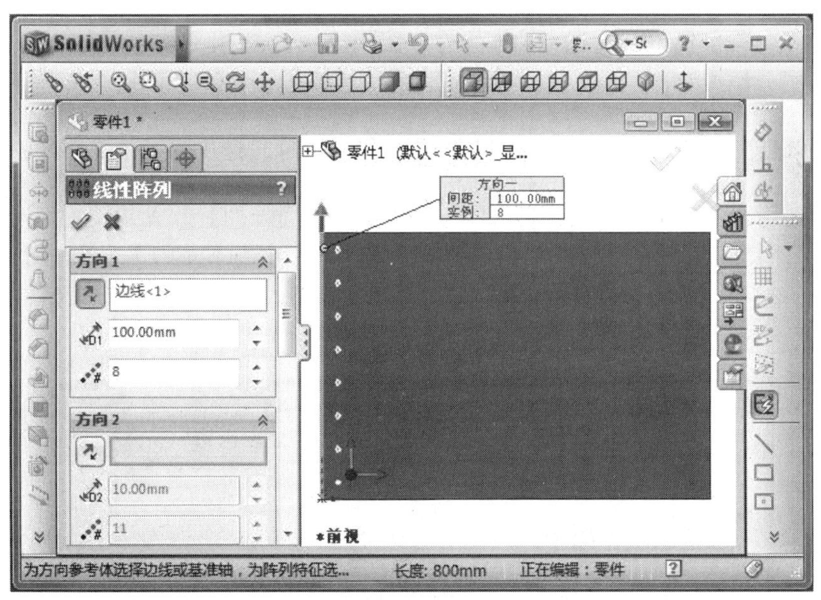

图 4-24　线性阵列特征元素得到的矩形法兰板

中【方向 2】属性中的【只阵列源】，即可形成左边和下边的两排孔。

6. 圆周阵列

启动 SolidWorks，新建零件，进入草图绘制，画一个半径为 60mm 和一个半径为 40mm 的同心圆，再画一个半径为 5mm 的小圆，中心位于两个同心圆的平均半径的 X 轴处，选中该小圆，单击按钮，在设计树属性页处出现【圆周草图排列和复制】对话框，取【数量】为 6，确定，结束草图绘制，拉伸出 10mm 的厚度，得到一块圆形的法兰板，如图 4-25 所示。

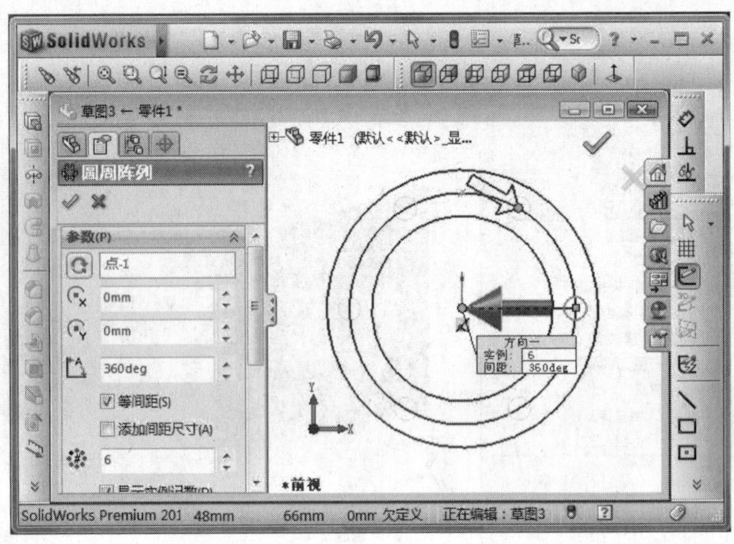

图 4-25　旋转阵列草图元素得到的圆形法兰板

圆周阵列也可以应用在三维实体的几何特征上。启动 SolidWorks，新建零件，进入草图绘制，画两个半径分别为 40mm 和 60mm 的圆，结束草图绘制，拉伸出 10mm 的厚度，得到一块圆环板。选择圆环板的端面，再画草图，在圆环板内外圆平均半径的 X 轴处画一个半径为 5mm 的圆，结束草图绘制，以“完全贯通”切割出一个孔。单击【参考几何体】工具栏上的【基准轴】按钮，选中【圆柱/圆锥面（C）】，选中圆环板的内圆柱面，确定，得到【基准轴 1】。单击【特征（F）】工具栏上的【圆周阵列】按钮，单击【要阵列的特征（F）】，使其区域变为红色，翻出设计树，选中【切除-拉伸 1】，单击【参数（P）】，使其区域变为红色，选中【基准轴 1】，选中【等间距】，数量 6（包含原始特征），确定，得到圆形的法兰板，如图 4-26 所示。

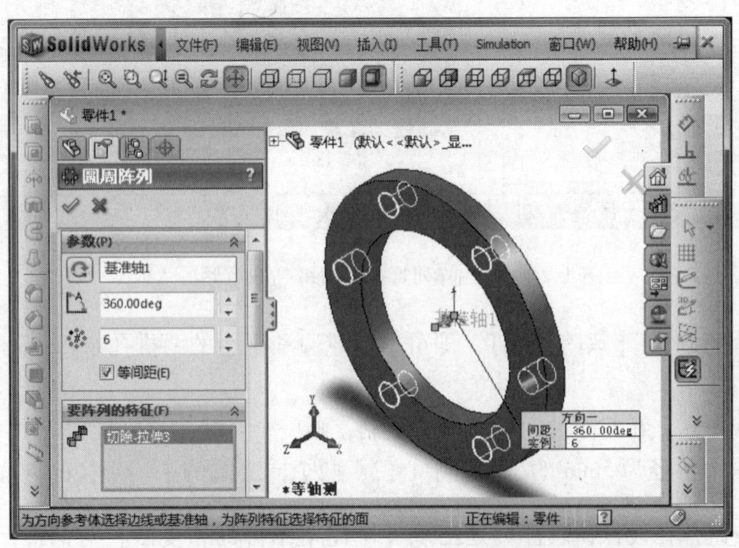

图 4-26　旋转阵列几何特征得到的圆形法兰板

4.4 其他输出形式

1. 动画（Animation）

打开一个三维模型，如图4-17所示的主梁片段装配体，选择【标准视图（E）】工具栏中的【等轴测】视图；在工具栏空白处单击鼠标右键，选中【动画控制器】，出现相应的工具栏；单击【动画向导】按钮，会出现【选择动画类型】对话框，选中【旋转模型】，单击【下一步（N）】按钮，选择旋转轴，默认是【Y-轴】，输入【时间长度（秒）（D）:】，如10秒，选中【播放动画】，单击【完成】按钮，便显示当前模型的一段旋转动画。

单击按钮，出现【保存动画到文件】对话框，选择保存路径，命名文件名，选择保存类型（一般为 *.avi），单击【保存】按钮，出现【视频压缩】对话框，直接单击【确定】按钮开始显示动画并录制到指定文件中。当前绘图区域的窗口面积越大，则视频文件的尺寸也越大。

2. 电子图档（eDrawing）

SolidWorks 系统可以把三维模型保存成一种电子图档，即 eDrawing 的格式。这种格式的 EXE 版本，不依赖于任何三维软件系统，可以在 Windows 系统下直接双击打开，查看产品的三维模型，还有移动，隐藏，剖开，测量零、部件的功能（当然只能查看，不能修改），是一种非常好的交流和展示设计的手段。

生成 eDrawing 格式的步骤：单击菜单【文件（F）】/【另存为（A）...】命令，给定【文件名（N）】，如 Assem1，选择【保存类型（T）】为 eDrawing（*.easm），单击【保存】按钮，得到一个文件 Assem1. EASM。注意：这个文件只是一个中间格式，并不是最终格式，只有安装了相应版本 SolidWorks eDrawing 软件的计算机才能打开这种格式的文件。

生成 eDrawing 格式的后续步骤：双击得到的 Assem1. EASM 文件，用 SolidWorks eDrawing 软件将其打开；单击菜单【文件（F）】/【另存为（A）...】命令，保持文件名不变，选择【保存类型（T）】为 eDrawing Executable Files（*.exe），单击【保存】按钮，会出现一个【警告】对话框，单击【生成普通的 EXE（N）】按钮，得到一个文件 Assem1. exe。对于简单的模型，其大小约为 2~7MB，在 Windows 系统下直接双击即可打开，无需任何其他软件的支持，使用非常方便。

用户所使用的计算机上应该安装有相应版本的 SolidWorks eDrawing 软件，否则将无法进行上述操作。

3. Parasolid（*.x_ t）**格式**

Parasolid 是一种实体建模格式，由英国剑桥大学 CAD 中心开发，被 UG（Unigraphics Solutions Inc）收购并用在其产品当中。SolidWorks 和许多 CAD/CAM/CAE 软件一样，也采用了 Parasolid 几何引擎，使之成为一个国际通用的几何平台。例如，可以借助于 Parasolid（*.x_ t）格式将建好的三维模型导入到 ANSYS 中进行分析。

建好模型后，单击菜单【文件（F）】/【另存为（A）...】命令，给定【文件名（N）】，如 Assem1，选择【保存类型（T)】为 Parasolid（＊.x_t)，单击【保存】按钮，即可得到 Assem1.x_t 文件。

4. IGES 格式

IGES 格式称为初始图形交换规范（Initial Graphics Exchange Specification)，以描述几何图形为主，可用于在不同的三维建模软件或不同版本的 SolidWorks 系统之间交换模型。

在 SolidWorks 系统中，单击菜单【文件（F)】/【另存为（A）...】命令，选择【保存类型（T)】为 IGES（＊.igs)，即可将模型存为 IGES 格式的文件。单击菜单【文件（F)】/【打开（O）...】命令，选择【文件类型（T)】为 IGES（＊.igs；＊.iges)，即可打开相应的 IGES 文件。

5. STEP 格式

STEP 格式称为产品模型数据交换标准（STandard Exchange of Product model data)，可以描述产品生命周期中的各种数据，可以在不同的 CAD/CAPP/CAM/CAE/CNC 及 PDM 系统之间交换数据模型和其他数据。

在 SolidWorks 系统中，单击菜单【文件（F)】/【另存为（A）...】命令，选择【保存类型（T)】为 STEP AP203（＊.step）或 STEP AP214（＊.step)，即可将模型保存为 STEP 格式的文件。单击菜单【文件（F)】/【打开（O）...】命令，选择【文件类型（T)】为 STEP AP203/214（＊.step；＊.stp)，即可打开相应的 STEP 文件。

4.5 Simulation 验证仿真插件功能

COSMOS 是美国 SRAC 公司（Structural Research & Analysis Corporation）1985 年推出的一套用于 PC 的有限元分析软件。SRAC 公司于 1997 年成为 SolidWorks 公司的合作伙伴，他们都采用 Parasolid 几何引擎，软件之间很容易做到无缝集成。2002 年，SRAC 公司被 SolidWorks 公司收购，COSMOS 作为标准插件集成在 SolidWorks 中。

1. Cosmos/Motion（SolidWorks Motion）**运动分析**

Cosmos/Motion 现在称为 SolidWorks Motion，是 SolidWorks 软件中的一个运动仿真插件，具有数字化样机的仿真功能。下面简单介绍一下它的使用方法。

（1）制作一个曲柄连杆机构的三维模型

先制作一块长为 1000mm，高为 200mm，厚为 40mm 的底板，在左边 100mm 处中间打一个 R20 的孔，左边 400mm 范围内切除深 20mm，右边开出一个宽为 160mm、深为 20mm 的槽，居中。然后制作一个 R240 的圆盘，厚为 20mm，在 R200 处打一个 R20 的孔，中心处向后拉伸出 R20、高为 20mm 的轴。接下来制作连杆，孔中心距为 600mm、宽为 120mm，孔 R20。再制作一个长为 200mm、高为 160mm 的滑块，中心打 R20 的孔。最后制作一个销子，R20，厚为 40mm。做好后装配起来，底板固定，销子用两次，如图 4-27 所示。

（2）插入运动算例

单击菜单【插入（I)】/【新建运动算例（N)】命令，或单击按钮，新建一个运动算例。单击按钮添加一个电动机，选择圆盘表面，逆时针方向，转速为 10r/min，单击按钮。把时间拖动到 10 秒，单击【播放】按钮，可以观察机构的运动动画，如图 4-28所示。

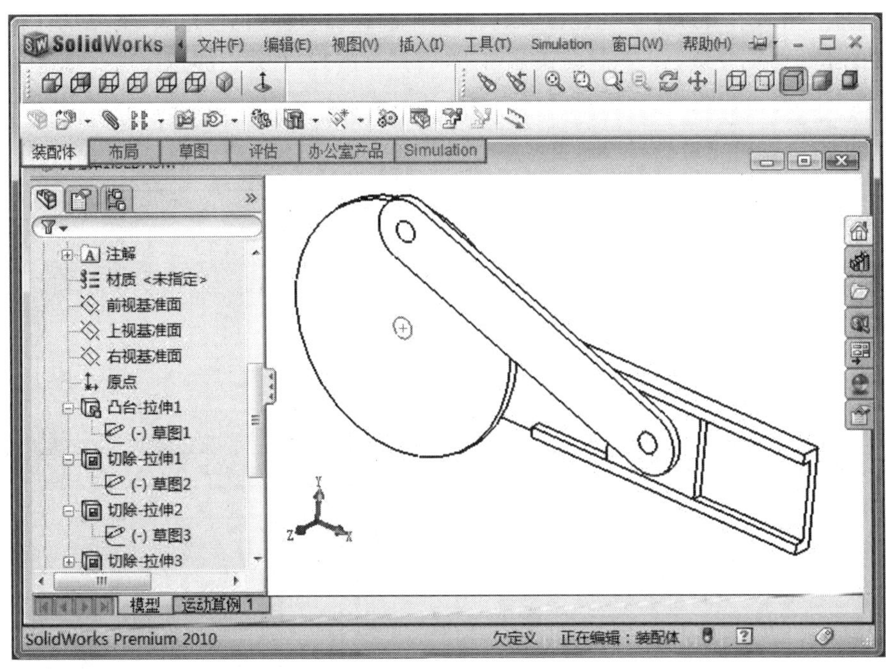

图 4-27　曲柄连杆机构模型

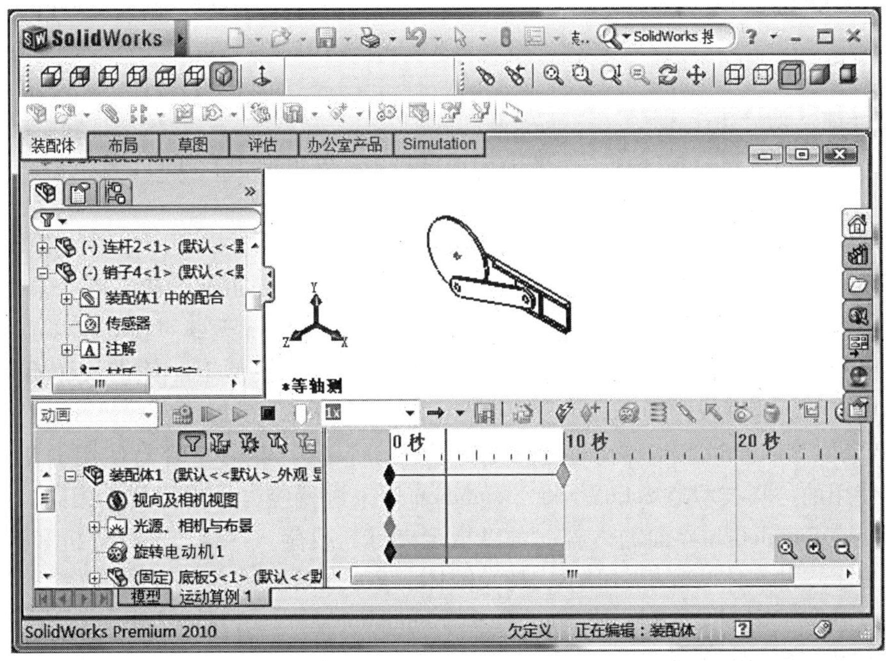

图 4-28　机构运动动画

(3) 分析滑块的加速度情况

在模型上选中滑块，让左侧设计树下面的小窗口显示【Motion 分析】，单击【结果和图解】按钮，在结果的属性栏依次选取类别：【位移/速度/加速度】、子类别：【线性加速度】、结果分量：【X 分量】，单击【确定】按钮，会出现【质心加速度-X-滑块 3-1】子窗口，将其适当拉大，如图 4-29 所示。

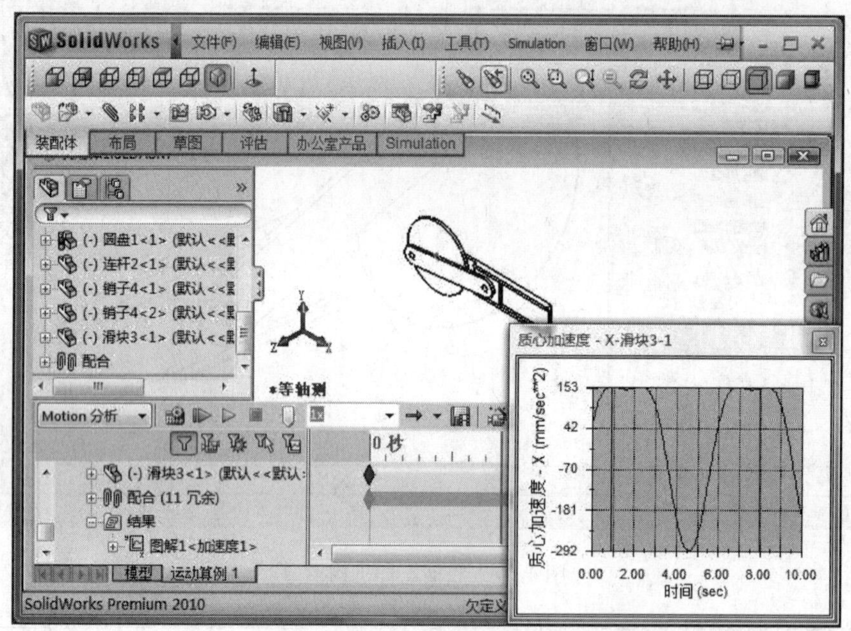

图 4-29　滑块水平加速度分析

(4) 其他运动分析结果

运行分析的结果可以是位移、速度、加速度、力，X 方向、Y 方向、Z 方向，还可以施加重力、阻尼等，大家可以自行练习。

2. COSMOSWorks（SolidWorks Simulation）有限元分析

从 2009 年开始，COSMOSWorks 改名为 SolidWorks Simulation，其是一个有限元分析（FEA）插件。它完全整合在 SolidWorks 环境中，和 SolidWorks 无缝对接，可以直接定义载荷和边界条件，计算结果也可以直观地显示在 SolidWorks 模型上。凭借快速有限元技术（FFE），具有分析速度快、操作简单、对硬盘空间资源的要求少等优点。

SolidWorks SimulationXpress（过去称为 COSMOSXpress）是一个容易使用的初步应力分析工具，使用的仿真技术与 SolidWorks Simulation 用来进行应力分析的技术相同，其向导界面采用了所有 Simulation 界面的内容，可以指定夹具、载荷、材料，进行分析和查看结果。它支持对单个零件实体的分析，但不支持装配体、多实体零件或曲面实体。

下面以悬臂工字钢梁为例，用 SolidWorks SimulationXpress 介绍有限元分析的步骤。

(1) 建立工字钢三维零件模型

零件 1：高为 200mm，宽为 100mm，腹板厚为 7mm，翼缘厚为 11.4mm，长为 1000mm，如图 4-30 所示。

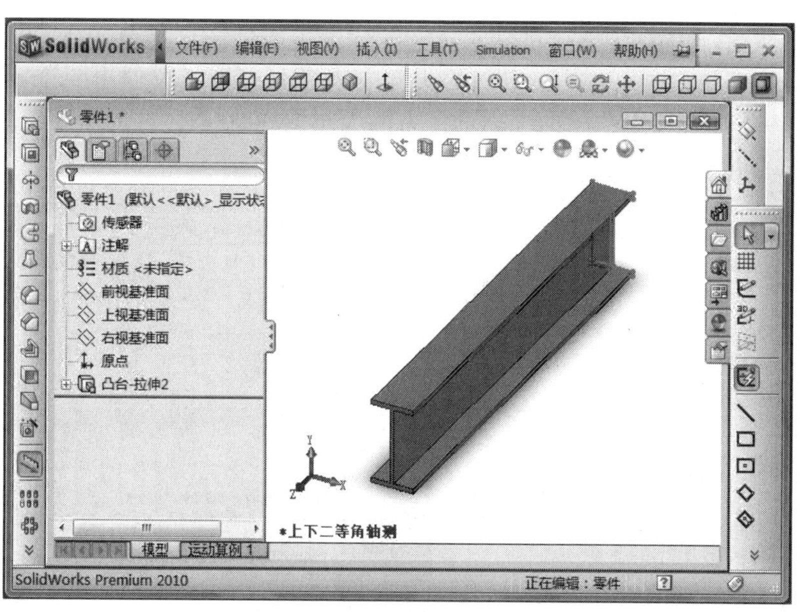

图 4-30　工字钢模型

（2）启动分析向导

单击菜单【工具（T）】/【Simulation Express...】（插件菜单中不能有 Simulation）命令/单击【下一步】按钮。

（3）施加约束（夹具）

单击【添加夹具】按钮，选工字钢的后端面，单击【确定】按钮 ✔，再单击【下一步】按钮，如图 4-31 所示。

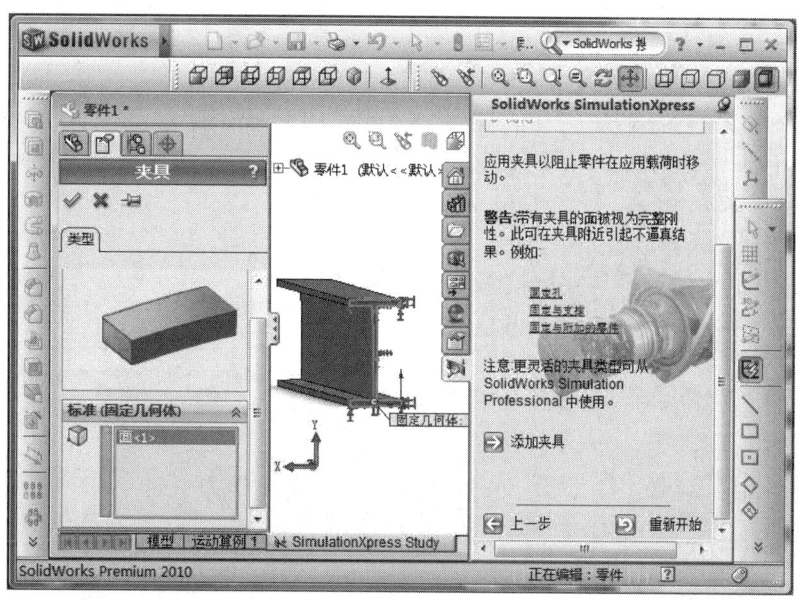

图 4-31　施加约束

（4）施加载荷

为了施加载荷方便，可以在工字钢的头部上表面画草图，拉伸出一个小凸起。单击【添加力】按钮，选中该小凸起的上表面，力的大小取30000N，方向向下，单击【确定】按钮，再单击【下一步】按钮，如图4-32所示。

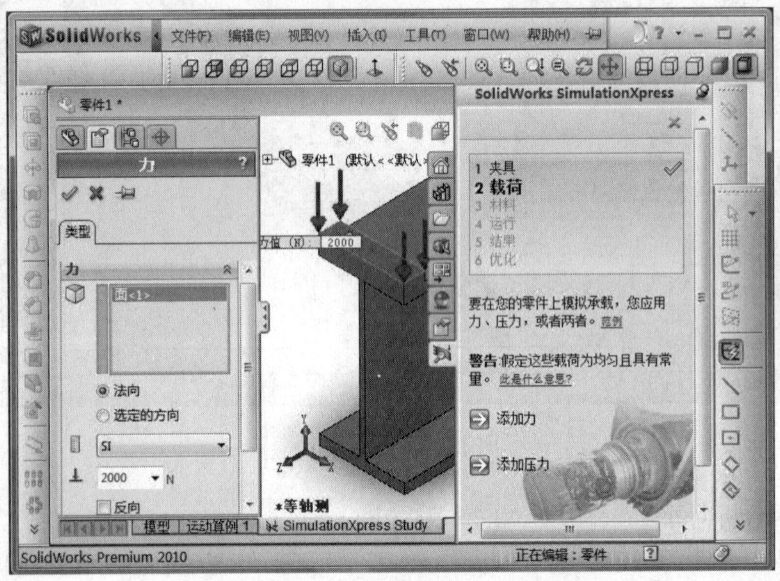

图4-32　施加载荷

（5）选择材料

单击【选择材料】按钮，选中【普通碳钢】，屈服强度约为220MPa（与Q235类似）。单击【应用】按钮，如图4-33所示。

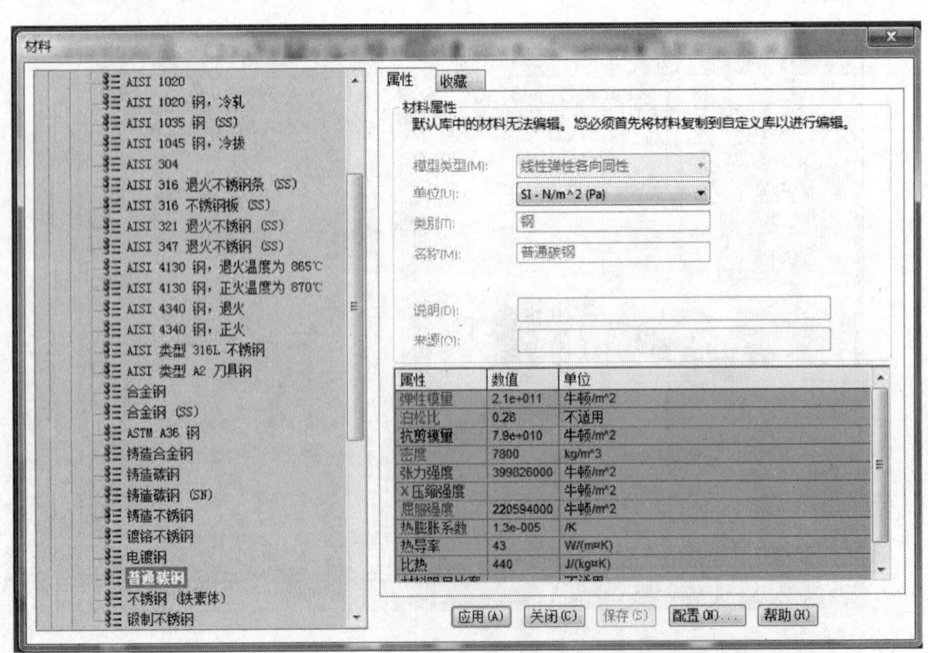

图4-33　选择材料

76

（6）运行

单击【运行模拟】按钮，相继出现【网格进展】对话框（见图4-34）和【Simulation Xpress Study】对话框（见图4-35），十几秒后会出现结果动画显示，如图4-36所示。单击【是，继续】按钮，然后单击【显示 von Mises 应力】按钮，会出现图4-37所示的应力云图。单击【显示位移】按钮，出现图4-38所示的变形云图。

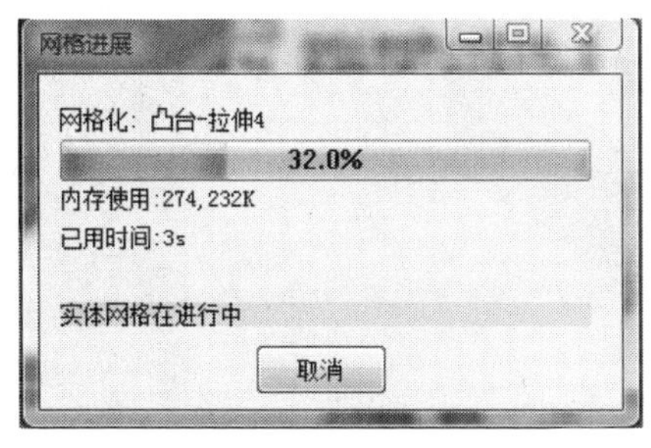

图4-34 【网格进展】对话框

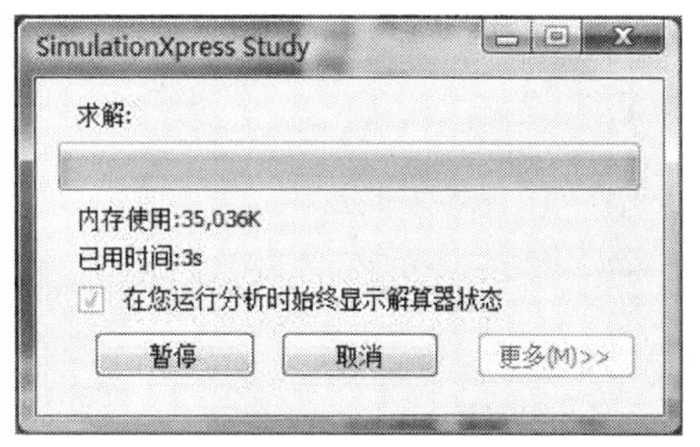

图4-35 【SimulationXpress Study】对话框

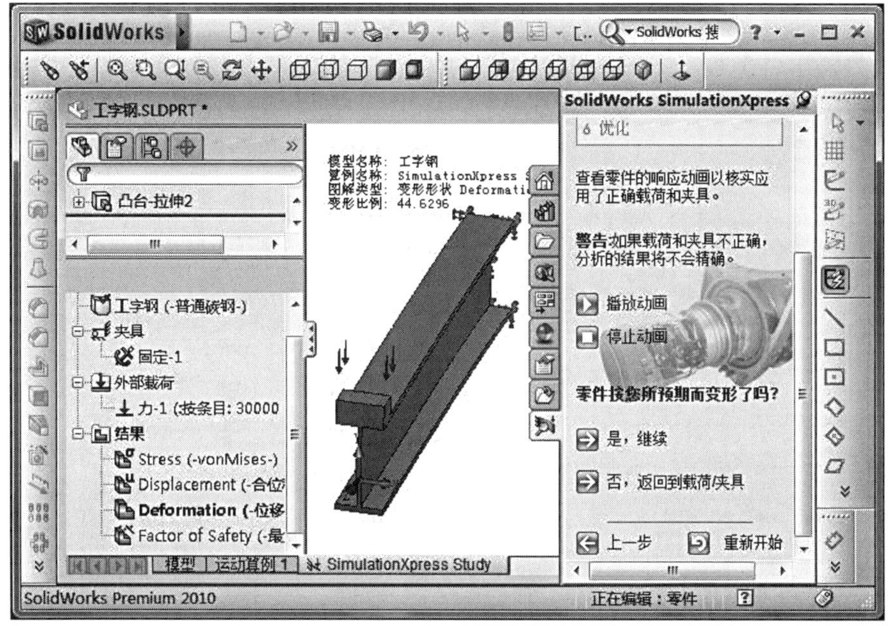

图4-36 结果动画

至此，有限元分析基本完成。如果需要的话可以输出 HTML 网页格式的报表，或 eDrawing 格式的文件，还可以进行下一项任务“优化”。

如果想观察网格划分的情况，可以在“运行模拟”之前，单击【更改设定】/【更改网格密度】，在【粗糙】和【良好】之间调整网格密度（不调也可）单击【下一步】按钮，出现图4-39所示的网格图。

图 4-37　应力云图

图 4-38　变形云图

工字钢分析.SLDPRT *
模型名称: 工字钢分析
算例名称: SimulationXpress Study
网格类型: 实体网格
*等轴测
模型
运动算例 1
SimulationXpress Study

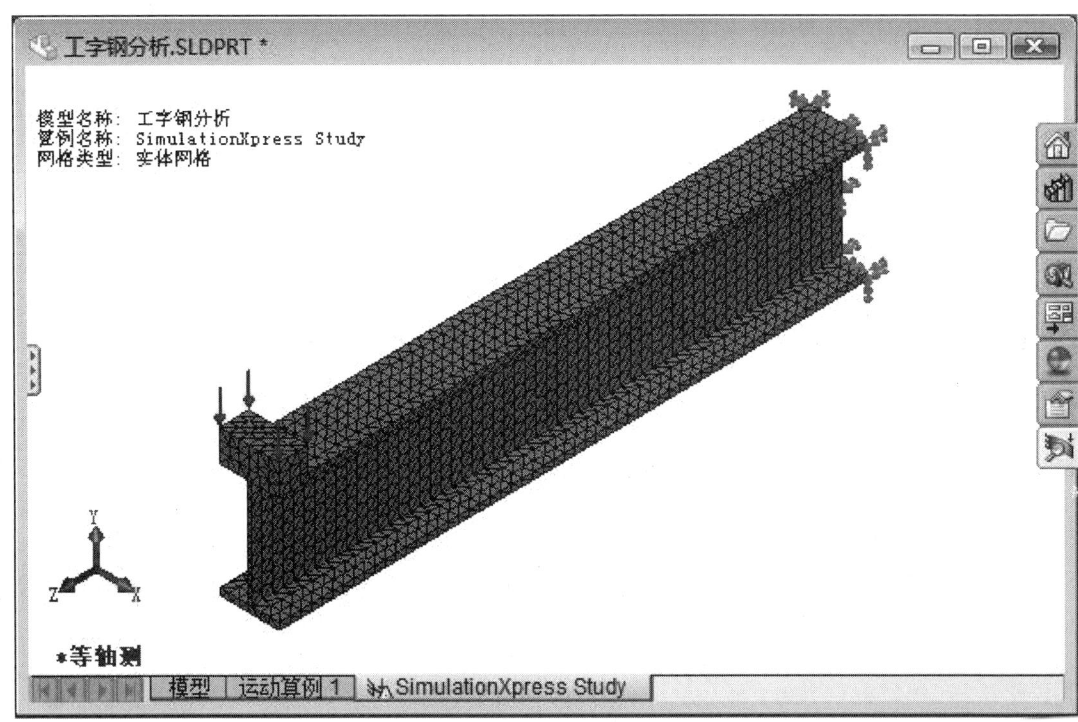

图 4-39　网格图

第5章

参数绘图技术

SolidWorks
凸台-拉伸
方向1
给定深度
合并结果(M)

1. 输入设计参数
2. 优化设计
3. 可视化设计
4. 参数绘图
5. 三维建模
6. 建立有限元模型
7. 输出计算书
信息
退出

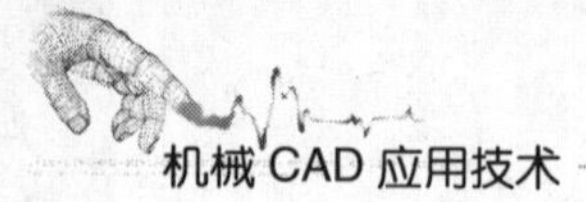

5.1 参数绘图的概念

1. 参数绘图

所谓参数绘图是指针对特定结构，根据有限的参数，通过编程、接口和图形支撑软件自动生成图样的技术。其中参数是指设计产品所采用的能够唯一确定产品的尺寸参数，如矩形的高、宽，圆的半径等。改变这些参数，产品便会发生相应的变化。

尺寸驱动则是指在保持零件结构不变的情况下，将零件的标注即尺寸值视为变量，给予不同的尺寸值，则所有相关的图形尺寸都会发生改变，便能获得一系列结构相同而尺寸不同的相似零件。该方法是某些绘图软件自带的功能。在这里需要指出的是，就目前的软件来讲，尺寸驱动方式仅限于零件，并且是通过交互方式实现的。尺寸驱动与参数绘图相比，没有程序代码，避免了图形的重复绘制，便于获得系列化标准零件图，但对于大型专业机械尤其是非标产品，这种方法则显得局限性较大，易出错，而参数绘图恰恰是针对这种情况显得更有优势，分析确定参数后，由程序驱动完成图形的生成。

2. 参数绘图的意义及作用

绘制工程图样是机械 CAD 系统的重要功能。而软件市场上一般的通用 CAD 系统主要是靠电子图板式的交互式操作来绘图的。这种交互绘图方式虽然具有通用性强、图样的修改和存储方便等优点，但这种 CAD 系统其实只是一种计算机辅助绘图系统，而并非真正意义上的计算机辅助设计系统。这种方式的 CAD 推广或甩图板工程只能算是一种比较初级的计算机应用工作。要想在此基础上更进一步，就要对现有的 CAD 系统进行二次开发，或自主开发专业机械 CAD 设计及图形接口系统。通过开发设计模块和参数绘图模块，实现某种专业机械的自动设计和绘图，从而提高设计效率，提高 CAD 技术的应用水平和档次。

参数绘图技术是设计人员向用户直接展示设计结果的方式之一，也是较实用的一种方式。通过参数绘图技术，工程师可以直接完成设计工作；所生成的图样可以直接供方案论证或企业施工；软件开发人员可以直接看到优化设计的结果并对其进行评价和调试；用户也可以直接对专业 CAD 软件的质量进行评价，从而体现软件的使用价值和经济价值。

3. 参数绘图的特点

参数绘图的优点是对于结构相似的产品，通过改变参数绘图系统中输入参数的值，便可以迅速得出二维工程图，比用交互式绘图快得多；但参数绘图程序的软件编程工作量较大，一张图样对应一个参数绘图程序，代码较多，编程调试过程较复杂，通用性较差；程序写完后，图形的结构就确定了，若要改变结构，就要修改程序。但在大型专业机械产品 CAD 设计系统中，参数绘图模块已经成为一个必不可少的组成部分。参数绘图的难点主要有以下几点：

（1）确定合理正确的参数

参数绘图的思路是通过改变参数，得到不同的图样。因此，这里的参数尤其重要。它是能够唯一确定产品的尺寸参数，该参数不能多，也不能少。多了会出现冗余，尺寸会冲突，少了不能唯一地确定产品。因此，确定合理的参数是参数绘图的难点之一。

（2）几何尺寸模型分析正确

在参数绘图中，几何模型的分析非常重要，分析清楚产品的几何模型，进行尺寸链计算是参数绘图过程中至关重要的环节，尺寸链计算正确与否直接影响参数绘图的质量。几何模型分析合理，尺寸链计算正确，在参数绘图时，随着参数的改变，几何模型的其他结构尺寸会按照尺寸链的计算得出相应的结果，然后画出正确的图形。若尺寸链计算错误，在参数改变时，图形会出现一系列的问题，如干涉、割裂等。

（3）接口问题

较好的大型参数绘图系统通常是通过高级语言编程系统与图形支撑软件系统之间的接口来实现参数绘图的。那么，采用不同的图形支撑软件来出图，就需要有不同的接口来实现，接口不同就导致编程的思路、方法、调用机制的不同。因此，选择接口既是参数绘图的重点，也是难点。

5.2 参数绘图的几种实现方式

1. LISP 语言编程实现参数绘图

LISP 是 List Processor（表处理程序）的缩写，主要用于人工智能（AI）领域。AutoLISP 是人工智能语言 Common LISP 的简化版本，作为通用 LISP 语言的一个小子集，AutoLISP 严格遵循其语法和惯例，但又添加了许多针对 AutoCAD 的功能。在 AutoCAD 的二次开发工具中，它是唯一的一种解释型语言，使用 AutoLISP 可以直接调用几乎所有的 AutoCAD 命令。

AutoLISP 语言是 AutoCAD 系统中的一种嵌入式编程语言，其程序以 LSP 为扩展名，能在 AutoCAD 系统中运行。它与 AutoCAD 系统的联系非常密切（这一点既是优点也是缺点），用它来编程实现参数绘图，可以直接引用 AutoCAD 系统的数据和命令，能使某些处理变得非常简单。但 AutoLISP 语言是一种解释性语言，其执行的速度慢，程序的保密性差，程序比较零散，模块性差，不适合编写较大的程序。另外，AutoLISP 只能依附在 AutoCAD 系统上，没有自己独立的操作系统环境和软件界面，这种开发方式常用来为 AutoCAD 系统增加某些命令，属于 AutoCAD 系统的二次开发，自身没有什么独立性可言。

示例：用 Windows 的“记事本”或“写字板”编辑 TEST. LSP。

```
;画矩形
(
    defun C:JX();                                         //定义画矩形函数
    (setq b(getdist "Width:"));                           //提示并输入矩形的宽度
    (setq h(getdist "High:"));                            //提示并输入矩形的高度
    (setq pt1(list 1 1));                                 //第一点坐标(1,1)
    (setq pt2(list(car pt1)(+ h(cadr pt1))));             //计算第二点的坐标
    (setq pt3(list(+ b(car pt2))(cadr pt2)));             //计算第三点的坐标
    (setq pt4(list(+ b(car pt1))(cadr pt1)));             //计算第四点的坐标
    (command "line" pt1 pt2 pt3 pt4 pt1);                 //画矩形
    (command);                                            //结束画线命令
    (command "redraw");                                   //去掉标志点
)
```

使用操作：程序文本编辑保存（如 G 盘）后，在 AutoCAD 图形编辑状态下：

Command：（load"G：\\TEST. LSP"）；

或单击【工具】→【AutoLISP】→【加载…】。

2. 命令文件式参数绘图

命令文件式参数绘图是将命令文件作为一种接口，通过高级语言编程来生成命令文件，然后在 AutoCAD 系统中执行该命令文件得到图形。这种开发方式可以采用 Quick Basic 语言、Fortran 语言、C 语言等编译型高级语言来编程，采用 AutoCAD 系统作为其图形支撑软件，很好地完成二维参数绘图。

采用命令文件作为参数绘图接口的优点是形式直观，可以使用 AutoCAD 中的所有绘图命令，甚至图形编辑命令；其中有关计算机图形学方面的问题完全交由 AutoCAD 系统来处理，编程简单；参数绘图模块与图形支撑环境相对独立。缺点是必须以 AutoCAD 系统作为图形支撑软件。

采用命令文件作为参数绘图接口的另一个优点是其在编程方面与图形交换文件作为接口具有形式上的一致性。而图形交换文件的应用十分广泛，各种绘图软件均支持 AutoCAD 的图形交换文件，它早已成为事实上的工业标准。这使得所开发的专业机械 CAD 系统具有跨平台的通用性和独立性。

示例：TEST. cpp（画矩形）

本例较简单，且参数绘图本身是个哑程序，不需要什么界面，在该例中使用 C 语言程序简单示意，只是将其文件名由 TEST. C 直接改为 TEST. cpp，然后双击该文件，运行便可。这时，运行环境便由 TC 变为 VC 了。

```
#include "stdio. h"
void main(void)
{
    int b,h,x1,y1,x2,y2,x3,y3,x4,y4;                    //定义变量
    FILE *f1;                                           //命令文件指针
    f1 = fopen("jx. scr","w");                          //打开命令文件
    printf("Width:");scanf("%d",&b);                    //提示并输入矩形的宽
    printf("High:");scanf("%d",&h);                     //提示并输入矩形的高
    x1 = 1;y1 = 1;                                      //第一点赋初值
    x2 = x1;y2 = y1 + h;                                //第二点计算
    x3 = x2 + b;y3 = y2;                                //第三点计算
    x4 = x3;y4 = y1;                                    //第四点计算
    fprintf(f1,"line\n%d,%d\n%d,%d\n%d,%d\n%d,%d\n%d,%d\n",x1,y1,
        x2,y2,x3,y3,x4,y4,x1,y1);                       //画矩形
    fprintf(f1,"redraw");                               //去掉标志点
    fclose(f1);                                         //关闭命令文件
}
```

本程序在 VC ++6.0 环境下编译通过运行，在 AutoCAD 图形编辑状态下的命令行中输入 SCRIPT，按 <Enter> 键后找到 jx. scr 文件，打开即可。

3. 图形交换文件式参数绘图

为了与其他 CAD 系统交换信息，在 AutoCAD 系统中设置了图形交换文件。这种文件以

DXF 为扩展名，所以也被称为 DXF 文件。DXF 文件具有专门的格式，它有 ASCII 和二进制两种格式。一个 DXF 文件是由多个节组成的，每个节又是由多个组组成的。每个组占两行，第一行是组码，它是一个整数；第二行是组值。以 DXF 文件作为接口实现参数绘图的原理类似于命令文件式方法，软件可以有自己独立的操作系统环境和软件界面。DXF 文件由程序来生成，它在 AutoCAD 系统中的读入速度很快，只需要几秒钟，相当于装入现有的图形文件或执行一次 AutoCAD 的 REGEN 命令。

由于也是用高级语言来编程，因此程序的运行速度快，保密性好，模块性强。又因为图形交换文件已经是事实上的工业标准，软件市场上许多 CAD 绘图软件都支持这种格式，所以这种开发方式可以完全不依赖于 AutoCAD 系统，而采用其他图形支撑环境，独立性强。按照同样的思路，也可以开发采用其他图形交换文件的方式，如 IGES 方式等。

采用 DXF 文件作为接口的缺点是：在 DXF 文件中只能记录几何图素，不能使用任何 AutoCAD 系统的高级命令，编程比较复杂，应该尽量使用子函数。

示例：TEST1. cpp（画矩形）

该文件仍然是由 TEST1. C 更改扩展名而来的，具体原因与命令文件式参数绘图示例一样，运行环境同样也变为 VC。

```
#include "stdio.h"
FILE *f1;                                                     //命令文件指针
void line1(double x1,double y1,double x2,double y2)           //画直线子函数
{
    fprintf(f1,"□□0\n");
    fprintf(f1,"LINE\n");
    fprintf(f1,"□□8\n");
    fprintf(f1,"0\n");                                        //层名 0
    fprintf(f1,"□□10\n");
    fprintf(f1,"%.1f\n",x1);                                  //起点 x1
    fprintf(f1,"□□20\n");
    fprintf(f1,"%.1f\n",y1);                                  //起点 y1
    fprintf(f1,"□□11\n");
    fprintf(f1,"%.1f\n",x2);                                  //终点 x2
    fprintf(f1,"□□21\n");
    fprintf(f1,"%.1f\n",y2);                                  //终点 y2
}

void main(void)
{
    int b,h,x1,y1,x2,y2,x3,y3,x4,y4;                          //定义变量
    f1=fopen("jx.dxf","w");                                   //打开图形交换文件
    printf("Width:");scanf("%d",&b);                          //提示并输入矩形的宽
    printf("High:");scanf("%d",&h);                           //提示并输入矩形的高
```

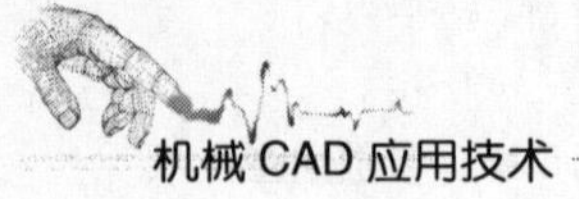


```
    x1 = 1;y1 = 1;                          //第一点赋初值
    x2 = x1;y2 = y1 + h;                    //第二点计算
    x3 = x2 + b;y3 = y2;                    //第三点计算
    x4 = x3;y4 = y1;                        //第四点计算
    fprintf(f1,"□□0\n");                    //产生 DXF 文件头
    fprintf(f1,"SECTION\n");
    fprintf(f1,"□□2\n");
    fprintf(f1,"ENTITIES\n");
    line1(x1,y1,x2,y2);                     //画矩形
    line1(x2,y2,x3,y3);
    line1(x3,y3,x4,y4);
    line1(x4,y4,x1,y1);
    fprintf(f1,"□□0\n");                    //产生 DXF 文件尾
    fprintf(f1,"ENDSEC\n");
    fprintf(f1,"□□0\n");
    fprintf(f1,"EOF\n");
    fclose(f1);                             //关闭图形交换文件
}
```


本程序中“□”代表空格，一个“□”代表一个空格，在输入时直接用英文半角空格，不要输入“□”。本程序在 VC ++6.0 环境下编译通过运行后，在 AutoCAD 图形编辑状态下的命令行中输入 DXFIN，按 <Enter> 键后找到 jx. dxf 文件，打开即可。

4. 通过编程接口实现参数绘图的方法

(1) 通过 VBA 接口实现参数绘图

VBA 是 Visual Basic for Application 的简称。它是一种基于 ActiveX Automation 技术的开发工具，ActiveX Automation 服务器应用程序通过自身对象的属性、方法、事件外显其功能。对象是服务器应用程序简单、抽象的代表。不管是用 VB、VC、OFFICE VBA 等从外部，还是用 AutoCAD- VBA 从内部对 AutoCAD 进行二次开发，都是通过调用 AutoCAD 的对象体系结构来进行的。例如，AutoCAD 2000 ActiveX Automation 技术将 AutoCAD 2000 的各种功能封装在 AutoCAD ActiveX 对象中，供编程使用。

ActiveX Automation 技术的完全面向对象化编程的特点，使其开发环境具备了强大的开发能力和简单易用的优良特点，开发工具的选择也具有很大的灵活性。所以，利用 ActiveX Automation 技术是极具潜力的一种开发手段。

示例：画矩形 drawrectg. dvb，在 AutoCAD 中单击菜单【工具】/【宏】/【Visual Basic 编辑器】命令，在编辑窗口中添加如下代码：

```
Option Explicit
Public Sub rectg()
    '定义变量
    Dim pt1(0 To 2)As Double
    Dim pt2(0 To 2)As Double
```

```
        Dim pt3(0 To 2)As Double
        Dim pt4(0 To 2)As Double
        Dim db,dh As Integer
        Dim ln1,ln2,ln3,ln4 As AcadLine
        Dim util As Object
        Set util = ThisDrawing. Utility
        db = util. GetDistance( ,"Rectang Width:")          '提示并输入矩形的宽
        dh = util. GetDistance( ,"Rectang High:")           '提示并输入矩形的高
        pt1(0) =1                                          '第一点赋初值
        pt1(1) =1
        pt1(2) =0
        pt2(0) =pt1(0)                                     '第二点计算
        pt2(1) =pt1(1) + dh
        pt2(2) =0
        pt3(0) =pt2(0) + db                                '第三点计算
        pt3(1) =pt2(1)
        pt3(2) =0
        pt4(0) =pt1(0) + db                                '第四点计算
        pt4(1) =pt1(1)
        pt4(2) =0
        Set ln1 = ThisDrawing. ModelSpace. AddLine(pt1,pt2)  '画矩形
        Set ln2 = ThisDrawing. ModelSpace. AddLine(pt2,pt3)
        Set ln3 = ThisDrawing. ModelSpace. AddLine(pt3,pt4)
        Set ln4 = ThisDrawing. ModelSpace. AddLine(pt4,pt1)
    End Sub
```

编辑完成后，按 <F5> 键，或单击【运行】按钮即可；如果将程序编辑后保存为 drawrectg. dvb 文件，跳出程序编辑窗口，则单击 AutoCAD 中的【工具】/【加载应用程序】，找到 drawrectg. dvb 文件，按提示加载，在 AutoCAD 系统命令行输入：vbarun，在图5-1 所示的对话框单击【运行】按钮即可。

（2）通过 ARX 接口实现参数绘图

ARX（AutoCAD Runtime extension）是继 AutoCAD R13 之后推出的一个以 C ++ 语言为基础的面向对象的开发环境和应用程序接口。ARX 程序本质上为 Windows 动态链接库（DLL）程序，与 AutoCAD 共享地址空间，直接调用 AutoCAD 的核心函数，可以直接访问 AutoCAD 数据库的核心数据结构和代码，以便能够在运行期间扩展 AutoCAD 固有的类及其功能，创建能够全面享受 AutoCAD 固有命令特权的新命令。ARX 程序与 AutoCAD、Windows 之间均采用 Windows 消息传递机制直接通信。

ObjectARX 应用程序以 C ++ 为基本开发语言，具有面向对象编程方式的数据可封装性、可继承性及多态性的特点，用其开发的 CAD 软件具有模块性好、独立性强、连接简单、使用方便、内部功能高效实现以及代码可重用性强等特点，并且支持 MFC 基本类库，能简捷

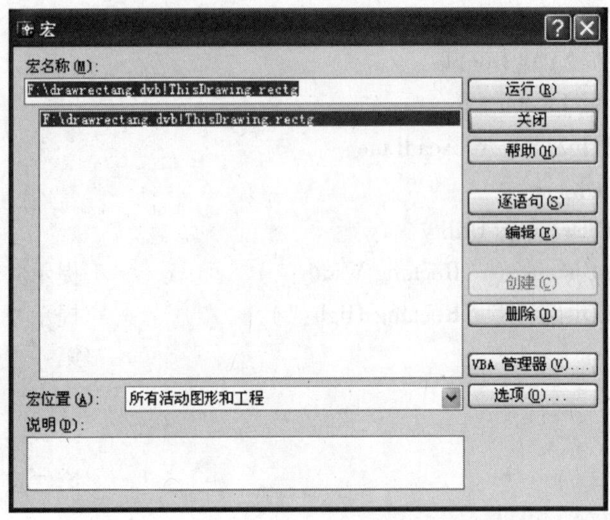

图 5-1　drawrectg. dvb 程序运行对话框

高效地实现许多复杂功能。可以说，AutoLISP 着眼于应用程序的交互性，而 ARX 则着眼于应用程序的智能性。

ARX（即 Object ARX）开发环境需要 C ++ 编译器和 Object ARX 开发包，由于 AutoCAD 版本的不同，也需要不同的开发环境与其相适应。例如，AutoCAD 2000 需要 Microsoft Visual C ++ 6.0 与 Object ARX 2000 开发环境。本例便是该环境下的程序，具体的实现方式如下：

1）启动 VC ++ 6.0，选择菜单【File】/【New】命令，系统会弹出图 5-2 所示的对话框。从项目列表中选择【ObjectARX 2000 AppWizard】选项，输入 CreateRectang 作为项目名称，指定适当的保存位置，单击【OK】按钮。

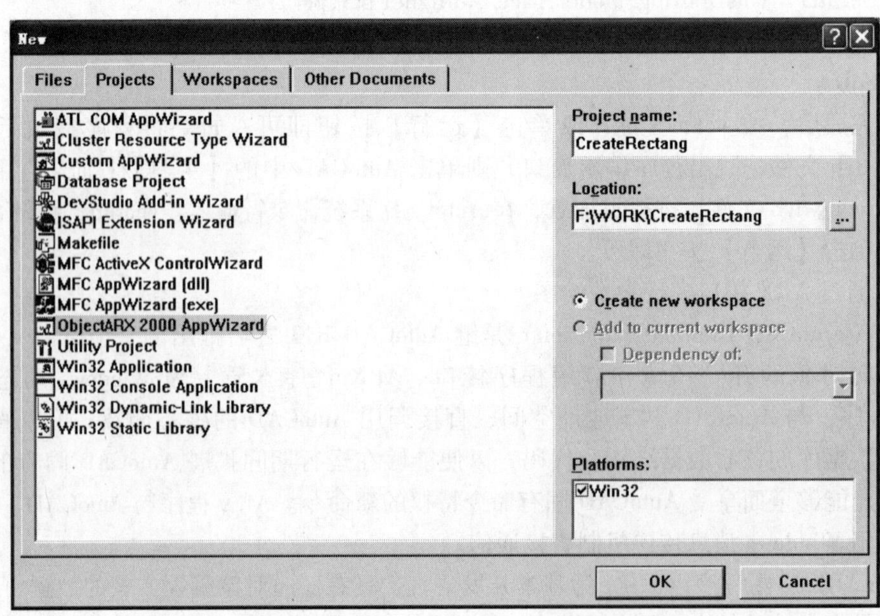

图 5-2　创建一个 ObjectARX 项目对话框

2）系统会弹出图5-3所示的对话框。输入注册名称（可以用公司名称或个人名称作为前缀，避免和其他工程在命名上的重复），其他选项使用默认值，单击【Finish】按钮。

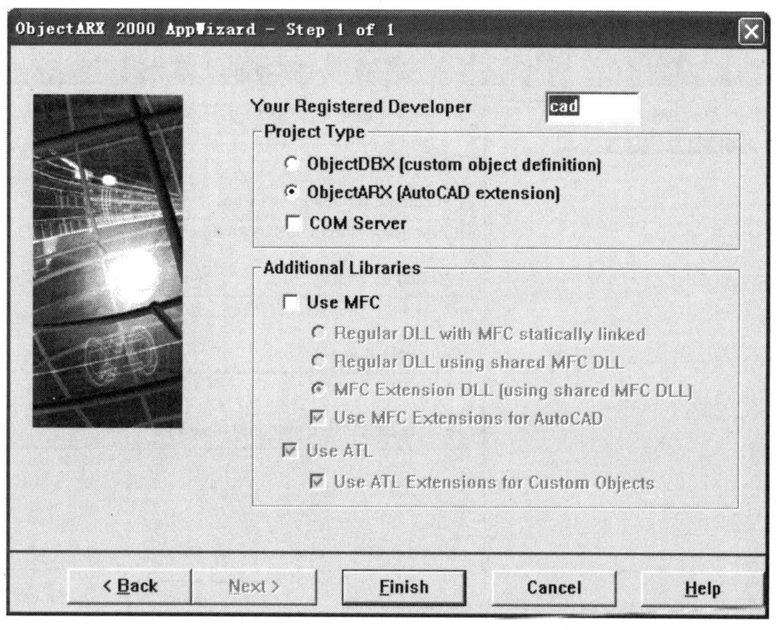

图5-3 输入注册名称对话框

3）系统会弹出图5-4所示的对话框，显示了已经创建的项目信息，包含了向导创建的各个文件及其作用。单击【OK】按钮，关闭对话框，完成项目的创建。

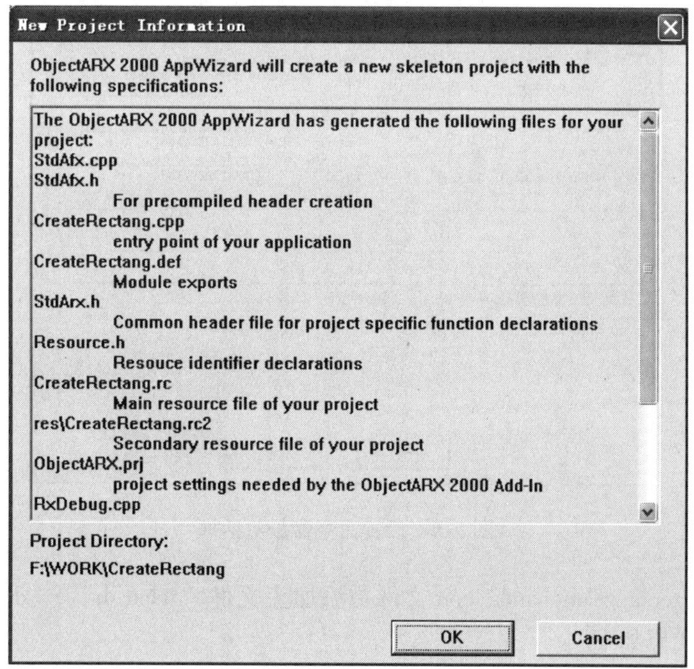

图5-4 项目信息对话框

4）然后选择菜单【Project】/【Settings】命令，切换到【Debug】选项卡，在【Executable for debug session】文本框中指定AutoCAD 2000的位置，如图5-5所示。这样，在第一次调试程序时，系统就不会提示用户指定可执行程序的位置了。

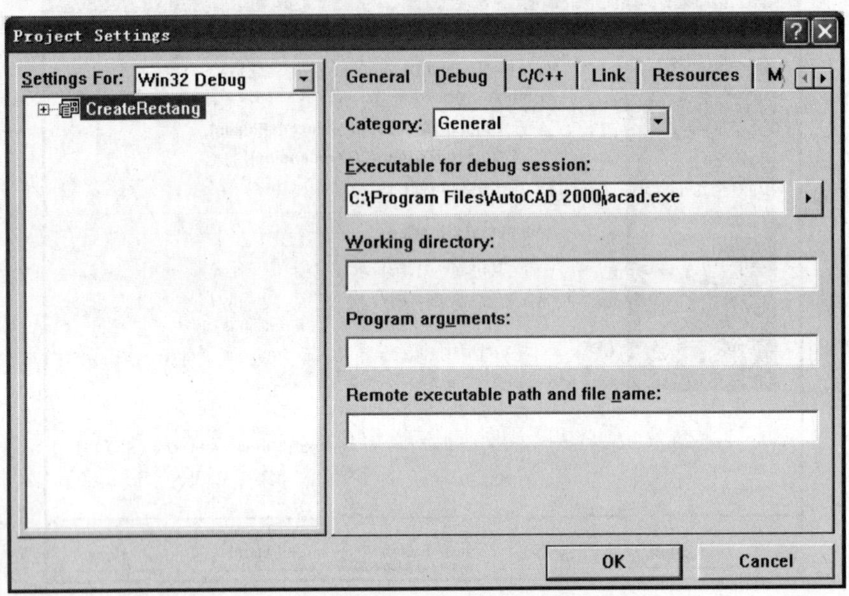

图5-5　指定AutoCAD 2000位置对话框

5）使用ObjectARX嵌入工具注册一个命令，命令的各项参数如图5-6所示。

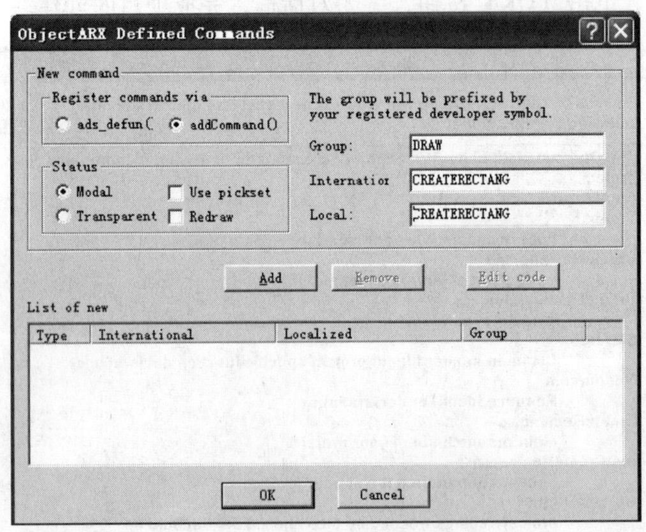

图5-6　设置命令参数对话框

6）在CreateRectangCommands. cpp文件中添加头文件“tchar. h”、“dbents. h”，然后创建画直线函数，代码如下：

// 画直线函数

```
static AcDbObjectId CreateLine(AcGePoint3d ptStart,AcGePoint3d ptEnd)
{
    // 在内存中创建一个新的 AcDbLine 对象
    AcDbLine *pLine = new AcDbLine(ptStart,ptEnd);
    // 获得指向块表的指针
    AcDbBlockTable *pBlockTable;
    acdbHostApplicationServices()->workingDatabase()
        ->getBlockTable(pBlockTable,AcDb::kForRead);
    // 获得指向特定的块表记录(模型空间)的指针
    AcDbBlockTableRecord *pBlockTableRecord;
    pBlockTable->getAt(ACDB_MODEL_SPACE,pBlockTableRecord,AcDb::kForWrite);
    // 将 AcDbLine 类的对象添加到块表记录中
    AcDbObjectId lineId;
    pBlockTableRecord->appendAcDbEntity(lineId,pLine);
    // 关闭图形数据库的各种对象
    pBlockTable->close();
    pBlockTableRecord->close();
    pLinc->close();
    return lineId;
}
```

再在 void caddrawcreaterectang()函数中添加代码如下:

```
void caddrawcreaterectang()
{
    // TODO: Implement the command
    AcGePoint3d pStart(1,1,0);                    //起点坐标
    AcGePoint3d pSecond,pThird,pEnd;              //定义变量
    double H,W;
    acedGetReal(_T("\n 输入矩形的宽:"),&W;
    acedGetReal(_T("\n 输入矩形的高:"),&H;
    pSecond.x = pStart.x + W;                     //计算第二点坐标
    pSecond.y = pStart.y;
    pThird.x = pSecond.x;                         //计算第三点坐标
    pThird.y = pSecond.y + H;
    pEnd.x = pStart.x;                            //计算第四点坐标
    pEnd.y = pStart.x + H;
    CreateLine(pStart,pSecond);                   //调用画直线函数画矩形
    CreateLine(pSecond,pThird);
    CreateLine(pThird,pEnd);
    CreateLine(pEnd,pStart);
```

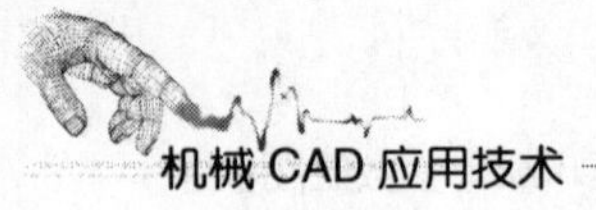

}

7)编译上述应用程序之后,在 AutoCAD 2000 中选择菜单【工具】/【加载应用程序】命令,从文件列表中选择所要加载的程序 cadCreateRectang. arx,单击【加载】按钮,就可以将选择的程序加载到 AutoCAD 2000 中,然后在 AutoCAD 2000 的命令行中输入 CreateRectang 命令即可。

5. VB 语言编程实现参数绘图

VB(Visual Basic)语言编程实现参数绘图是指直接用 VB 语言编程形成独立的界面及可执行程序,直接调用 AutoCAD 来实现参数绘图。它与命令文件式参数绘图、图形交换文件式参数绘图相比较,都具有独立的界面,独立的编程语言系统,不同的是,VB 不需要任何接口文件,可以直接调用 AutoCAD 来画图;它与 AutoLISP 语言、VBA、ARX 方式相比较,不需要在 AutoCAD 系统中打开编程界面,也不需要在 AutoCAD 内部运行程序,而是通过访问 AutoCAD 的根对象和文档对象来实现对 AutoCAD 的访问和控制的。

示例:(仍然以画一个矩形为例来说明用 VB 实现的简单参数绘图)

1)启动 VB,新建一标准工程,然后在菜单工具栏选择【Project】中的【Referrence】命令,在弹出的对话框中选中【AutoCAD 2004 Type Library】,单击【OK】按钮。

2)在窗体对话框中添加 command 控件,改名为 Rectang(见图 5-7),然后双击该按钮,添加程序如下:

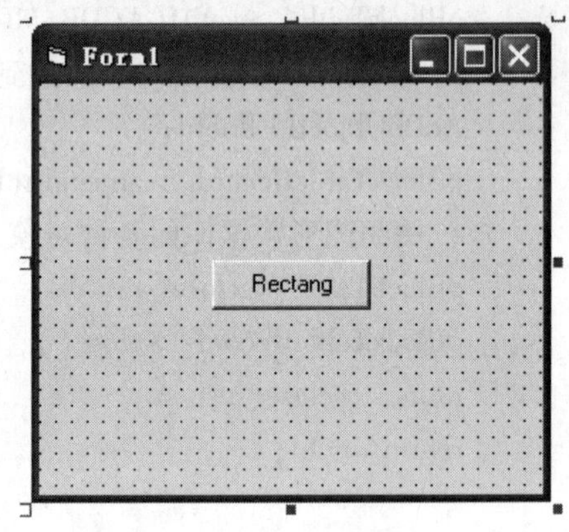

图 5-7 窗体对话框

```
Option Explicit
Private acadapp As Object
Public Static Sub line1(p1()As Double,p2()As Double)   '定义画直线函数
  Dim acaddoc As Object
  Dim obj As Object
  Dim mospace As Object
  Set acaddoc = acadapp. ActiveDocument
  Set mospace = acaddoc. ModelSpace
  acadapp. Visible = True
  Set obj = mospace. AddLine(p1,p2)
End Sub
Private Sub Command1_Click()
  Dim StartPoint(0 To 2)As Double                      '定义变量
  Dim SecondPoint(0 To 2)As Double
  Dim ThirdPoint(0 To 2)As Double
  Dim EndPoint(0 To 2)As Double
  Dim dh As Integer                                    '定义变量(矩形的宽、高)
```

```
    Dim dw As Integer
    dh =40                                  '为简单起见,给矩形的宽和高赋初值
    dw =50
    Set acadapp = CreateObject("autocad. application")
      StartPoint(0) =1                      '第一点坐标赋初值
      StartPoint(1) =1
      StartPoint(2) =0
      SecondPoint(0) =1 + dw                '计算第二点坐标
      SecondPoint(1) =1
      SecondPoint(2) =0
      ThirdPoint(0) =1 + dw                 '计算第三点坐标
      ThirdPoint(1) =1 + dh
      ThirdPoint(2) =0
      EndPoint(0) =1                        '计算第四点坐标
      EndPoint(1) =1 + dh
      EndPoint(2) =0
      Call line1(StartPoint,SecondPoint)    '调用画直线函数画图
      Call line1(SecondPoint,ThirdPoint)
      Call line1(ThirdPoint,EndPoint)
      Call line1(EndPoint,StartPoint)
End Sub
```

编辑完程序后直接编译运行，在弹出的窗体对话框（见图5-7）中单击【Rectang】按钮即可画出图来。其中，矩形的宽和高也可以用控件输入的方式，在这里不再介绍。

6. 各种方式的分析对比

通过上述各种参数绘图方法的介绍，大家对各种方法的特点已有所了解，各种方法的分析对比，见表5-1。从表中可以看出，命令文件式参数绘图方法较实用，且实现起来也较方便。因此，本章将着重讲解命令文件式参数绘图方法。

表5-1 各种参数绘图方法分析对比

参数绘图方式	编程语言	接口	独立界面	备注
LISP	LISP	嵌入直接控制	无	小规模，添加命令
命令文件式	不限	SCR接口文件	有	容易、方便、灵活
图形交换文件式	不限	DXF接口文件	有	独立性强，编程难
VBA	VB	嵌入软件接口	无	小规模，添加命令
ARX	VC	动态链接库	有	编程难
VB	VB	软件接口	有	小规模，编程容易

5.3 AutoLISP 语言式参数绘图

LISP 是计算机的表处理语言。AutoLISP 是 AutoCAD 内嵌的编程语言。它的典型应用是向 AutoCAD 中直接添加命令。

1. AutoLISP 数据类型与基本运算

(1) AutoLISP 数据类型

AutoLISP 语言的数据类型共有 10 种，分别是整型、实型、字符串、符号、表、文件描述符、实体名、选择集、子程序及外部函数。其中，前 5 种为基本数据类型，且整型、实型、字符串等数据类型与其他高级语言（如 C 语言）的语法规则相同，这里不再介绍。

1）符号：用来引用数据，大小写等价，可以由字母、数字与标注符号的任何序列来组成，但左、右括号，句号，单引号，双引号，分号等 6 种符号不能使用。

2）表：在一对相匹配的左右圆括号间元素的有序集合。表中的每一项称为表的元素，表中的元素常用空格隔开。元素可以是整型、实型、字符串、表。为处理图形中的点，AutoLISP 对二维点和三维点的坐标用表来表示。例如，二维点（x　y）（1.1　2.5），三维点（x　y　z）（1.3　3.5　5.8）。表的大小用长度表示，如（set a 6）长度为 3。

3）文件描述符：用来指定 AutoLISP 要打开的文件，通常系统将给该文件赋给一个符号即文件描述符。当 AutoLISP 函数需要读或写该文件时，直接引用该文件描述符对指定文件进行操作即可。如：

```
(setq f(open "myfile.dat" "w"))
(print "this is a ... " f)
```

4）实体名：AutoCAD 绘图过程中赋予所绘实体的一个符号。

5）选择集：包含一个或多个实体的集合。

6）子程序：AutoLISP 所提供的函数都是子程序，且都是内部函数。

7）外部函数：由 ARX、VBA 定义的子程序。

(2) AutoLISP 基本运算

1）数学运算。

在任何编程语言中，数学运算都是一种很重要的功能。绝大多数在编程和数学运算中使用的数学功能在 AutoLISP 中都可以实现。使用 AutoLISP 可以进行加、减、乘、除，还可以用弧度表示角度的正弦、余弦、反正切等。在 AutoLISP 中还有许多其他运算功能。

① 加、减、乘、除运算。

语法：(运算符号 num1 num2 num3 ...)

表示第一个操作数（num1）与其余操作数（num2，num3，…，numn）的运算结果，数值可以为整数或实数，若所有操作数为整数，则结果为整数；若操作数中有实数存在，则结果为实数。如（+ 3 6）返回：9；（/ 2.0 5）返回：0.4。

② 增、减量运算。

语法：(1+ number)　　(1- number)

增、减量函数对操作数加 1 或减 1 后返回，返回数的数值为操作数加 1 或减 1。若操作数为整数，则返回值为整数；若操作数为实数，则返回值为实数。如（1+ 10）返回：11；

(1--5.5) 返回：-6.5。

③ 绝对值运算。

语法：(abs number)

绝对值函数 (abs) 返回一个操作数的绝对值。操作数可以是整数或实数。如 (abs -20.5) 返回：20.5。

④ 三角函数。

正弦：(sin angle)；余弦：(cos angle)

分别计算用弧度表示的角度的正、余弦值。

反正切：(atan num1) (atan num1 num2)

计算操作数的反正切值，用弧度表示。若有第二个操作数，则计算 (num1/ num2) 的反正切值。

⑤ 角度计算。

语法：(angle (点1) (点2))

该函数求出由点1到点2的向量与x轴正向的夹角，单位为弧度，取值范围0～2π。如 (angle '(5 5) '(2 5))，结果为3.141593。

⑥ polar。

语法：(polar (点) (角度) (距离))

该函数按给定的点、角度、距离求出一个点。角度为已知点与待求点连线形成的向量与x轴正向的夹角，单位为弧度，可取正值或负值；距离为已知点与待求点之间的距离。如：(polar '(5.0 5.0) (/ pi 4) (sqrt 2)) 结果为 (6.0 6.0)。

2) 逻辑运算。

常用的逻辑运算有三个，即逻辑与、逻辑或、逻辑非。在这里，将比较运算也归到逻辑运算中，下面将一一介绍各种运算。

① 比较运算。

语法格式：(<比较运算符> atom1 atom2 ...)

比较运算符包括等于 (=)、不等于 (/ =)、小于 (<)、小于等于 (< =)、大于 (>)、大于等于 (> =) 等6种。若比较条件成立，返回T；否则返回nil。如果元素是字符串时，比较的是其ASCII码。如 (< "A" "b") 返回结果：T。

② 逻辑与 (And 表达式 表达式 ...)。

用途：测试各表达式的值是否都不为nil。如果是，返回T；否则返回nil。如 (Setq a 103 b nil C "string")，则 (And 1.5 a c) 返回结果：T，(And 1.5 a b c) 返回结果：nil

③ 逻辑或 (Or 表达式 表达式 ...)。

用途：测试各表达式的值是否不全为nil。如果是，则返回T；否则返回nil。如 (Or nil 45 '()) 返回结果：T，(Or nil '()) 返回结果：nil

④ 逻辑非 (Not 项)。

用途：测试“项”。若是空值，返回T；否则返回nil。

2. AutoLISP 相关函数

(1) AutoLISP 的基本函数

1) defun 函数。

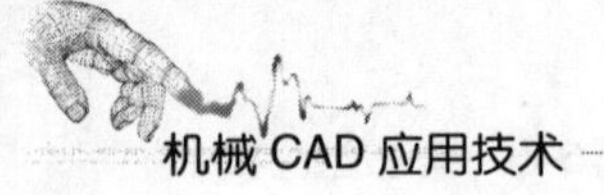

defun 函数用于在 AutoLISP 程序中定义一个函数，位于句首。其语法格式如下：

(defun func_ name (arguments/local variables))

其中，func_ name 是定义的函数名称，是必不可少的。函数名称后的括号内为 arguments（参数）与 local variables（局部变量）所组成的参数，它们之间用前后均有空格的“/”隔开，有时参数也可以省略。

如：(defun fivestar ())　　；表示定义一个没有参数的函数 fivestar

(defun adnum (a b c))；表示定义一个有三个参数 a、b、c 的 adnum 函数

(defun adnum (/ a b))；表示定义一个有两个局部变量 a 和 b 的 adnum 函数。

在 AutoLISP 中 defun 函数可以定义主函数和子函数。

① 由 defun 函数定义主函数。

使用“C:”来执行定义的函数。

如：defun C：fivestar ()

在函数名称前加“C:”，则指出该函数可以通过在 AutoCAD 的“Commend:”提示下输入函数名称来调用，只要在命令行中输入 fivestar 或（C：fivestar）即可

② 由 defun 定义的子函数不带“C:”

该类函数属于子程序，可以被其他函数所调用，如果在命令行中执行该程序，只要在命令行中输入（函数名）即可。

2）setq 函数。

setq 函数用于为一个变量赋值。其语法如下：

(setq Name Value ...)

其中，Name 为变量名，Value 为赋给变量的值，该变量值可以是数值、字符串、字母等。若是字符串，长度不能超过 100 个字符。

如：(setq X 10 Y 25)　；将 10 赋值给变量 X，25 赋值给变量 Y。

又如：(setq answer "NO")　；将字符串"NO"赋值给变量 answer。

setq 函数还可以与其他函数连接来为变量赋值。

如：(setq pt1 (getpoint "Enter start point:"))　//给点变量赋值。

注意：不能给 AutoLISP 使用的内置函数名和符号赋值。

3）用户输入函数。

AutoLISP 提供了用户输入函数，使得用户可以在应用程序的执行过程中实现交互式输入数据的功能。当程序执行到该函数时，都会暂停下来等待用户输入指定类型的数据。常用的用户输入函数的语法格式及功能参阅表 5-2，具体用法请参照本节的 3“AutoLISP 示例程序（Flange. LSP）”。

4）Commend 函数。

使用 Commend 函数可以在 AutoLISP 程序中执行标准的 AutoCAD 命令，这是在 AutoLISP 程序中调用 AutoCAD 命令进行绘图的唯一途径。AutoCAD 命令的名称和选项必须放在双引号中。例如，画直线命令函数（commend "line" p1 p2），当然，之前必须给点变量 p1 和 p2 赋值。

5）表处理函数。

由于 LISP 语言是表处理语言，所以表处理函数也是 AutoLISP 语言编程的一大特点。表处理函数，见表 5-3。

表5-2　用户输入函数

函数功能	调用格式
整型数输入	(getint [提示])
实型数输入	(getreal [提示])
字符串输入	(getstring [提示])
点的输入	(getpoint [基点] [提示])
距离的输入	(getdist [基点] [提示])
角点的输入	(getcorner [基点] [提示])
角度的输入	(getangle [基点] [提示])

表5-3　表处理函数

函数功能	调用格式	示例
引用函数	(quote 表达式)	(quote a) 返回：A
取表中第一个元素	(car 表)	(car '(a b c)) 返回：A
取子表	(cdr 表)	(cdr '(a b c)) 返回：(B C)
取表中最后一个元素	(last 表)	(last '(a b c)) 返回：C
取表中第n个元素	(nth n 表)	(nth 2 '(a b c)) 返回：C
创建表	(list 表)	(list (+ 1 5) 7) 返回：(6 7)
测表长	(length 表)	(length '(a b c)) 返回：3
连接表	(append 表1 表2...)	(append '(a b) '(c d)) 返回：(A B C D)
向表中添加元素	(cons 新元素表)	(cons 'a '(b c)) 返回：(A B C)
元素替换	(subst 新项 旧项表)	(subst 'q 'b '(a b c)) 返回：(A Q C)
表倒置	(reverse 表)	(reverse '(a b c)) 返回：(C B A)
关联表	(assoc 关键字 表)	(assoc 'a '((a 2) (b 3))) 返回：(A 2)

(2) 程序分支与循环函数

1) 条件函数if。

条件函数被用来测试其表达式的值，然后根据结果执行相应的操作。这里的条件函数指单一条件的两分支结构。语句格式为：

(if <测试表达式> <条件成立> <条件不成立>)

例如，(if (=4 6)"yes" "no")　结果为："no"

该函数常常与progn函数一起使用，progn函数依次连续执行多条语句，返回的是最后一个表达式的值。调用格式为：(progn [表达式1] [表达式2]...)。

如：

```
(if( > =a 3.0)
    (progn
        (setq r 5.0)
        (commend: "circle" ! pt1 r " ")
```

```
    )
  )
```

2）分支函数 cond。

cond 分支函数也叫多分支结构函数。语句格式为：

（cond（<测试表达式 1> <结果 1>...）（<测试表达式 2> <结果 2>...）...）

cond 函数可以取任意数目的表作为变量，每一个表称为一个分支，每个分支包含一个测试部分“测试表达式 i”和测试成功的结果部分“结果 i”。其求值的过程是从上到下逐个测试每个条件分支，每个分支仅“测试表达式 i”被求值。若求值过程中遇到了一个非 nil 的值，则这个分支便成为满足条件的分支，它后面的其他分支不再被求值。

3）重复函数 repeat。

语句格式为：（repeat（数）（表达式）...）

repeat 函数循环计算后面的若干个表达式（即循环体），循环次数由“数”来指定，其中的“数”必须是一个正整数。

4）循环函数 while。

语句格式为：（while（测试表达式）（表达式）...）

while 函数对测试表达式求值，若结果为 T，则执行后面的表达式，重复此过程，直到测试表达式的结果为 nil 为止，循环结束，返回最后计算的表达式的值。

（3）其他函数。

除了上述介绍的函数以外，还有一些函数，如字符串与数据类型转换函数、与文件操作相关的函数、与系统变量相关的函数等。由于本章的重点是命令文件式参数绘图，所以在这里不再详细介绍。

3. AutoLISP 示例程序

在这里，通过画法兰盘来说明用 AutoLISP 程序实现的参数绘图方法。

1）新建一个文本文件，将其命名为 Flange. LSP。

2）在该文件中添加如下程序：

```
(
    defun C:Flange()                                   ;定义函数名称
    (setvar "osmode" 0)                                ;设置系统变量
    (setq a(getpoint "\n 输入法兰中心位置:"))           ;提示输入参数
    (setq d1(getdist "\n 输入法兰盘外径:"))
    (setq d2(getdist "\n 输入法兰盘中心孔径:"))
    (setq n(getint "\n 输入螺栓个数:"))
    (setq d3(getdist "\n 输入螺栓直径:"))
    // 计算变量
    (setq ang(/(* 2 PI)n))
    (setq r( +(/ d2 2)(/(-d1 d2)4)))
    (setq r1(/ d1 2));                                 ;计算外圆半径
    (setq r2(/ d2 2));                                 ;计算中心孔半径
    (setq r3(/ d3 2))                                  ;计算螺栓半径
```

```
    (setq b 1)                                   ;画图
    (while( < =b n)
        (setq p0(polar a( *  ang b)r))
        (command "circle" p0 r3 "")              ;画螺栓孔
        (setq b( + 1 b))
    )
    (command "circle" a r1 "")                   ;画法兰外圆
    (command "circle" a r2 "")                   ;画法兰中心孔
    (command "redraw")                           ;去掉标志点
)
```

保存并关闭文件。

3）打开 AutoCAD 画图系统，然后单击菜单【工具】/【加载应用程序】命令，在弹出的对话框中找到 Flange. LSP 文件并打开，显示“已成功加载 Flange. LSP”后关闭该对话框。

4）在 AutoCAD 命令行中按提示输入相关参数后，便可以得到图 5-8 所示的法兰图。

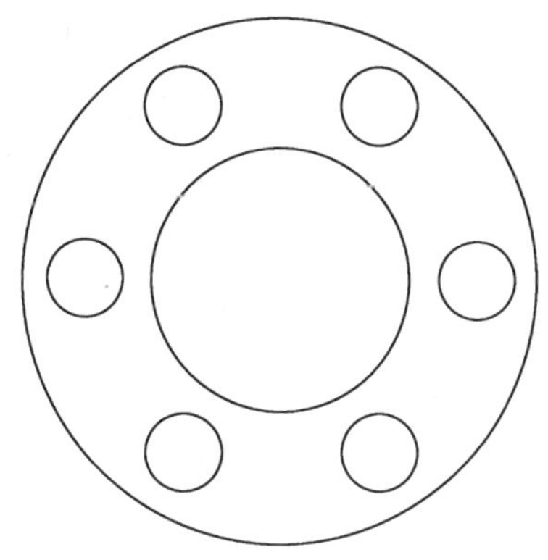

图 5-8　生成的法兰图

5.4　命令文件式参数绘图

1. 命令文件式参数绘图的意义及特点

命令文件是 AutoCAD 系统中的一种 ASCII 码文件。它其实就是把 AutoCAD 命令一条一条写下来，类似于 DOS 系统中的批处理文件。它以 SCR（SCRIPT 的缩写）为扩展名，所以也被称为 SCR 文件或脚本文件。从某种意义上来说，命令文件应该算是 AutoCAD 系统的程序了，即把一系列的 AutoCAD 命令和参数组合起来构成一组命令，调用时，按指定的顺序自动完成一系列操作。但是，在命令文件中不能有任何条件、循环等程序结构，只能顺序执行。因此，除了有时用来为 AutoCAD 系统作初始化外，一般很少有人手工编写这种“程序”。命令文件的格式非常严格，空格相当于回车，不能多一个，也不能少一个。例如，用画直线的方式画正方形的命令文件为：Line□50，50□50，100□100，100□100，50□c□，其中“□”表示一个空格或回车。

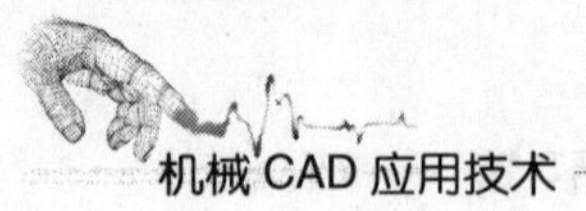

由于命令文件式参数绘图采用高级语言编程，因此程序的运行速度快，保密性好，模块性强，适于编写较大的程序。由于只是把AutoCAD系统作为其图形支撑软件，所以以命令文件作为接口的参数绘图模块和与之配套的设计软件可以拥有自己独立的操作系统环境和软件界面。因此，除了必须以AutoCAD系统作为其图形支撑软件外，这种开发方式具有一定的独立性。图5-9所示是这种开发方式的框图，其也是以参数绘图方式开发专业机械CAD软件的典型系统结构。在这里接口的概念非常重要，其中，数据文件是设计模块与参数绘图模块之间的接口，命令文件是参数绘图模块与图形支撑软件之间的接口，而图形文件则可以看做是图形支撑软件与绘图仪之间的接口。

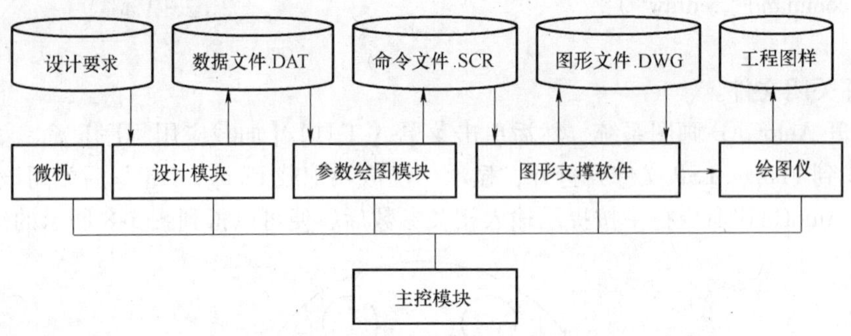

图5-9　命令文件式参数绘图原理

采用命令文件方式的另一个好处是能够使用全部AutoCAD系统命令，如半自动标注尺寸、画剖面线、截断等，这为编写参数绘图程序提供了很多方便。命令文件对命令的格式要求很严格，各种参数、选项都不能错，差一个空格都不行，因为空格在AutoCAD系统中是与回车等价的。命令文件的生成很快，但它在AutoCAD系统中是解释执行的，速度略慢，显示一张比较复杂的装配图大约需要1分多的时间。

采用命令文件式参数绘图方法的优点还在于可以增大参数化绘图的规模，使得整个产品从装配图到全套零件图，从几何图形到完整的尺寸、几何公差标注和明细表生成都实现参数化的尺寸驱动。采用这种方法开发某类产品的成套图样参数化出图系统时需要从产品的总图开始，自上而下确定整机、各部件、组件、零件的控制尺寸参数。必须从一开始就规划好所有的控制参数，确定相关零件的装配、协调关系，然后在编制出图软件的过程中依次引用这些参数，形成严密的尺寸控制体系。

2. 命令文件式参数绘图函数的编制

（1）编制函数的意义

编制函数是结构化编程的需要。它通过分层次，使难点分散、细节隐藏、有利于分工合作，同时有效地避免了诸如空格、逗号、回车等格式错误。通过编制函数，使具体技术与应用无关，对用户透明，让其把精力放到专业机械的具体结构上。同时，编制函数还是实现资源共享的一种方式，可与其他参数绘图方式（如DXF方式）实现在函数调用格式上的一致性。

编制专用函数可以绘制出各专业用户所需的特定图形。虽然一个函数可以实现绘制包含直线、圆、弧等基本图形对象及文本，但它是作为一个整体被操作的。工程图中有大量要多次重复使用的各种尺寸公差、粗糙度、零件序号以及各种制图符号、技术要求、标题栏、明细表、各种标准图幅等，如果把它们编成函数，并根据需要进行调用，则将大大减小编程工作量，提高编程效率，而且可以免去不必要的重复性键盘录入，避免程序中使用相同程序段造成的冗余和错误的可能性，实现一劳永逸。函数中所含内容越典型，被调用的次数越多，节约的时间就越多，效率就越高，编制函数的优越性也就越明显。

（2）编制函数的方法

参数绘图是通过编程实现的，而进行函数编制能极大地减少编程工作量，所以函数编制成为实现参数绘图的一个重要方法。绘图时只需给出相应的结构参数，调用函数即可生成图形。由于命令文件的内容就是 AutoCAD 的命令及其参数，因此在编写函数的程序代码前，应先在键盘上用交互式绘图的方式将整个过程操作一遍，确定其输入的格式、选项及参数后，把其中的数据作为函数的参数，然后将其用写文件的函数把 AutoCAD 中的命令按命令文件格式写出来即可。例如，画直线的函数为：

```
//FILE *f1;
void line(double x1,double y1,double x2,double y2)
{ // x1,y1 为直线起点坐标,x2,y2 为直线终点坐标
    fprintf(f1,"line\n%.1f,%.1f\n%.1f,%.1f\n\n",x1,y1,x2,y2);
}
```


（3）编制函数的要点

编制函数的要点如下：

① 输出字符串中的空格与回车是等价的，在生成命令文件时要严格注意，不能有任何多余的空格或空行。

② 变量应该在本函数前面部分集中定义，不能即用即定义，使程序显得凌乱且不便于检查修改。

③ 函数编制中用到的常数应定义成变量，在本函数前面部分赋值后再行引用，这样当用户对该数值有不同需求时，就无需在函数中所有使用该数值的地方进行修改，而只需在函数前面部分对变量值进行一次性修改即可。

④ 函数定义及调用中参数的类型、个数与顺序应与函数声明体中严格对应。即使特殊情况下确实需要，也应用强制类型转换法实现。

⑤ 将直角坐标和相对极坐标结合使用，如起点用绝对直角坐标，其他点用相对极坐标，可避免使用绝对直角坐标所必需的繁琐换算，减少程序代码。

⑥ 熟知在 AutoCAD 尺寸标注中，常用特殊字符的控制码输入方法，如：%%C——直径代号；%%P——正/负公差代号；%%d——度的符号。

⑦ 函数编制中改变了的系统变量的默认值如影响到之后的使用时，应及时用语句将系统变量恢复到原来的默认设置值。

⑧ 剖面线是视图的重要组成部分。AutoCAD 规定：剖面线必须在封闭的图形内画出，或在一封闭的图形内填充图案。封闭图形边界线只能由 line、arc、circle、ellipse、rectang 和 polygon 等命令构成。所以，正确定义剖面线的封闭边界是画剖面线的关键。有时在图形中看似封闭的图形，其实只是因为与其他封闭图形有公共边，而并未用画矩形命令将其画出，此时用编制的矩形剖面线命令将无法正确选中绘制区域。另外，对于复杂图形或图形小且集中的情况标注剖面线时，实际的绘图程序由于显示的比例较小，而对象选择框相对较大，所

选中的图线可能除了封闭边界的图线之外还有其他的图线，造成 AutoCAD 不能正确标注。此时，用编制的矩形剖面线命令也无法正确选中绘制区域，为了解决这个问题，还必须结合使用图形缩放命令，以实现对该复杂图形的局部放大，观察它的局部细节，有效选中图形的边界。待选中标注的图形并实现标注后，再运用图形缩放命令全屏显示出所有图形。

⑨ 尽可能多加注释，增强程序的可读性，并帮助程序员更加熟悉每部分的作用。

3. 命令文件式参数绘图函数集

命令文件式参数绘图的编程过程与 AutoCAD 的交互式绘图过程一致，即定义点、计算坐标、调用命令进行绘图，而参数绘图的编程过程只不过是用语句来描述这个过程，与交互式绘图的顺序完全一致。其中，调用命令进行绘图就是在主程序中调用一系列的绘图函数生成命令文件，这一系列的绘图函数便构成了绘图函数集，并且这个绘图函数集在任何命令文件式参数绘图系统中都通用，它也是所有命令文件式参数绘图系统的核心。

编制一个参数绘图模块就是要构造一个特殊的映射。它的定义域是给定的参数及其变化范围，值域则是能够在 AutoCAD 系统中生成某一零件或部件图形文件的命令文件。构造这样一个映射就是编写一个函数，它需要调用一些基本函数来实现，也就是所谓的参数绘图函数集。这里给出包含参数绘图初始化、画直线、画矩形、标注水平尺寸、标注垂直尺寸、标注文本、图层设置、关闭命令文件等函数的函数集，熟悉 C 语言及 AutoCAD 系统命令格式的读者对这些函数的格式是很容易看明白的。读者还可以根据自己的需要编写其他函数。以下便是简单的 VC ++ 函数集。

```
//SCR.cpp
#include "stdafx.h"
FILE *f1; // 命令文件指针
void layer(char LayerName[],int red,int green,int blue,char LineType[],double LWeight)
{ // 图层设置
    fprintf(f1,"-layer\nm\n%s\nc\nt\n%d,%d,%d\n%s\nl\n%s\n%s\nlw\n%.2f\n%s\n\n",
    LayerName,red,green,blue,LayerName,LineType,LayerName,LWeight,LayerName);
}
void rectang(double x1,double y1,double x2,double y2)
{ // 画矩形
    fprintf(f1,"rectang\n%.1f,%.1f\n%.1f,%.1f\n",x1,y1,x2,y2);
}
void pline1(double x1,double y1,double x2,double y2)
{ // 画复线
    fprintf(f1,"pline\n%.1f,%.1f\n%.1f,%.1f\n\n",x1,y1,x2,y2);
}
void pline4(double x1,double y1,double x3,double y3)
{ // 画复线方框
    fprintf(f1,"pline\n%.1f,%.1f\n%.1f,%.1f\n%.1f,%.1f\n%.1f,%.1f\nc\n",
        x1,y1,x3,y1,x3,y3,x1,y3);
```

```
}
void hor(double x1,double y1,double x2,double y2,double x3,double y3,double d)
{ // 水平尺寸标注
    fprintf(f1,"dim1\nhor\n%.1f,%.1f\n%.1f,%.1f\n%.1f,%.1f\n%.0f\n",
        x1,y1,x2,y2,x3,y3,d);
}
void ver(double x1,double y1,double x2,double y2,double x3,double y3,double d)
{ // 垂直尺寸标注(数值格式)
    fprintf(f1,"dim1\nver\n%.1f,%.1f\n%.1f,%.1f\n%.1f,%.1f\n%.0f\n",
        x1,y1,x2,y2,x3,y3,d);
}
void ver1(double x1,double y1,double x2,double y2,double x3,double y3,char context[])
{ // 垂直尺寸标注(文本格式)
    fprintf(f1,"dim1\nver\n%.1f,%.1f\n%.1f,%.1f\n%.1f,%.1f\n%s\n",
        x1,y1,x2,y2,x3,y3,context);
}
void text1(double x1,double y1,double h,double a,char context[])
{ // 文本标注
    fprintf(f1,"text\n%.1f,%.1f\n%.1f\n%.1f\n%s\n\n",x1,y1,h,a,context);
}
void end(void)
{ // 关闭命令文件
    fprintf(f1,"redraw\n");
    fprintf(f1,"zoom\ne\n");
    fclose(f1);
}
void init(char File[40],int A,int T,char Code[40],char Name[40],double Scale)
{ // 参数绘图初始化
    double x0,y0,x1,y1,x2,y2,x3,y3;
    char n0[40];
    double xy[6]={1189,841,594,420,297,210};
    if((A<0)||(A>4))A=3;
    if(T==1){x0=xy[A+1];y0=xy[A];}
    else {x0=xy[A];y0=xy[A+1];}
    if((f1=fopen(File,"w"))==NULL)
    {AfxMessageBox("Open File error");exit(1);}
    fprintf(f1,"erase\nall\n\n");
    fprintf(f1,"limits\n0,0\n%d,%d\nzoom\na\n",(int)x0,(int)y0); //定图纸边界
    fprintf(f1,"ltscale\n10\ndim\ndimscale\n25\n");             //定线型比例和尺寸比
```

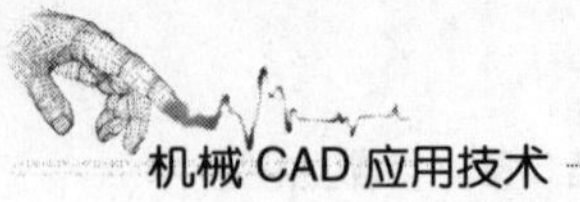


```
    fprintf(f1,"dimtih\n0\ndimtoh\n0\ndimtad\n1\nexit\n");        //定尺寸标注变量
    fprintf(f1,"dimasz\n0.08\ndimtxt\n0.10\n");
    fprintf(f1,"dimexo\n0.02\ndimexe\n0.08\nexit\n");
    fprintf(f1,"pline\n10,10\nw\n0.5\n0.5\n10,10\n\n");           //定复线宽度
    x1 =25;y1 =10-5 * (int)(A/3 +0.1);                           //内框左下点
    x2 =x0-10 +5 * (int)(A/3 +0.1);y2 =y0-10 +5 * (int)(A/3 +0.1); //内框右上点
    x3 = x2-180;y3 = y1;                                          //标题栏基点
    line4(0,0,x0,y0);                                             //画外框
    pline4(x1,y1,x2,y2);                                          //画内框
    text1(x3 +145,y3 +7,4,0,Code);                                //标图号
    sprintf(n0,"1:%d",(int)(Scale +0.5));
    text1(x3 +120,y3 +20,3,0,n0);                                 //标比例
    text1(x3 +145,y3 +25,5,0,Name);                               //标名称
}
```

为了使用方便，还需要形成一个头文件，编写参数绘图程序时把它包含上，就可以方便地调用函数集中的函数了。


```
//SCR.h
void layer(char LayerName[],int red,int green,int blue,char LineType[],double LWeight);
//图层设置
void rectang(double x1,double y1,double x2,double y2);            //画矩形
void pline1(double x1,double y1,double x2,double y2);             //画复线
void pline4(double x1,double y1,double x3,double y3);             //画复线方框
void hor(double x1,double y1,double x2,double y2,double x3,double y3,double d);
//水平尺寸标注
void ver(double x1,double y1,double x2,double y2,double x3,double y3,double d);
//垂直尺寸标注
void text1(double x1,double y1,double h,double a,char context[]); //文本标注
void end(void);                                                   //关闭命令文件
void init(char File[40],int A,int T,char Code[40],char Name[40],double Scale);
// 初始化
```

按照面向对象编程的惯例，更多情况下是将这些参数绘图函数集变成相应的参数绘图类。把参数绘图类定义到一个头文件 *.h 中，把参数绘图类中成员函数的具体实现定义到相应的 *.cpp 文件中，编写参数绘图程序时把这个头文件 *.h 包含上，就可以定义对象并使用其成员函数了。例如，VC++参数绘图类 draw 包含参数绘图初始化、画直线、画矩形、标注水平尺寸、标注垂直尺寸、标注文本、图层设置、关闭命令文件等函数的函数集，将其定义到 SCR.h 的头文件中：

```
//SCR.h
class draw
{
```

```
    public:
    FILE  *f1;                                              // 命令文件指针
    void layer(char LayerName[],int red,int green,int blue,char LineType[],double LWeight); //图层设置
    …
    //与上述VC++函数集一样(略)
};
```

相应的，将成员函数的具体实现定义到SCR.cpp文件中：

```
//SCR.cpp
#include "stdafx.h"
#include " SCR.h "
void draw::layer(char LayerName[],int red,int green,int blue,char LineType[],double LWeight)
{//图层设置
fprintf(f1,"-layer\nm\n%s\nc\nt\n%d,%d,%d\n%s\nl\n%s\n%s\nlw\n%.2f\n%s\n\n",
    LayerName,red,green,blue,LayerName,LineType,LayerName,LWeight,LayerName);
    …
    //其余几个函数的实现同上(略)
}
```

然后，在视类的头文件中把头文件“SCR.h”包含上，再定义类“draw”的对象后，便可以调用其成员函数了。

4. 命令文件式参数绘图的步骤

（1）准备工作阶段（定义变量，声明函数）

首先应定义各种变量，如参数变量，非参数从属几何变量，非参数结构变量，非参数工艺变量，几何坐标点变量，工作变量，循环变量，常数变量，文件指针等。其次应声明函数，给变量赋初值，如非参数结构变量，非参数工艺变量，常数变量等。

（2）编制函数

在参数绘图中，函数的编制是一个主要的部分，其中包含基本绘图函数、基本标注函数、基本编辑函数等，这些都属于基本函数，还有一些专用函数如绘制表面粗糙度符号、剖视图的标注、标注对称极限偏差、焊缝标注等，都是利用基本函数来实现的。

（3）计算坐标

计算坐标，如计算非参数从属几何变量、计算全部几何坐标点等。另外，一张图样上的各个视图及剖视图，均应选定一个坐标基点，同一个视图中所有的位置坐标值均换算成基点坐标的函数，这样便于以后灵活地调整每一个视图的位置，以达到一张图样中所有视图的位置合理分布。考虑到将来时间长了修改时可能记不清坐标的定义方法，所以可采用在程序中添加注释语句，留下详细的坐标布点图等方法。由于坐标布点图记在笔记本等地方时，可能会因时间长了而遗失，因此最好把坐标布点图放在程序内部，方便查看。

（4）调用函数画图及标注

在布好点、计算完坐标后，打开命令文件*.scr，然后按照交互式绘图的顺序调用各绘

图类中的成员函数，生成一系列的绘图命令，等待执行。

(5) 输出命令文件

在调用函数进行画图、标注、填写标题栏等（每个语句画一个图素）结束后，关闭命令文件 *. scr，然后通过系统调用语句直接启动 AutoCAD 并调用 *. scr 文件将图画出。

5.5 参数绘图示例

本章重点讲述命令文件式参数绘图方法，因此以下两个例子都是用命令文件式参数绘图方法实现的。

1. 起重机主梁截面的参数绘图

在这里，以画一个起重机箱型主梁截面示意图为例，介绍 VC ++6.0 操作和参数绘图的实现。

1）启动 VC ++6.0；在【File】菜单中选择【New...】命令；在弹出的【New】对话框中选择【Projects】选项卡，从项目列表中选择【MFC AppWizard［exe］】选项，在【Location】文本框中输入路径，如 F:\ WORK\ ,在【Project Name】文本框中输入工程名 Test，单击【OK】按钮，在弹出的对话框中选择【Single document】，然后单击【Finish】按钮，再在弹出的对话框单击【OK】按钮。

2）在工作区中单击【FileView】，在【Source Files】和【Header Files】中，单击鼠标右键的快捷菜单分别加入已录入的 SCR. cpp 和 SCR. h 文件，内容参见 5. 4 节。

3）在工作区中单击【ResourceView】，在【Dialog】中，单击鼠标右键的快捷菜单【Insert Dialog】增加一个对话框，用来输入梁高、梁宽、板厚等参数，界面如图 5-10 所示。

4）双击图 5-10 所示的对话框，建立对话框类 Dialog，并建立 4 个与 Edit 控件对应的变量 m_ h、m_ w、m_ d1、m_ d2，均为双精度型，初值在 Dialog. cpp 中设定。

5）在工作区中单击【ResourceView】，在【Menu】中，双击【IDR_ MAINFRAME】，打开主菜单资源，用鼠标右键单击菜单空白处，选择【Properties（属性）】，依次建立如图 5-11 所示的菜单项。

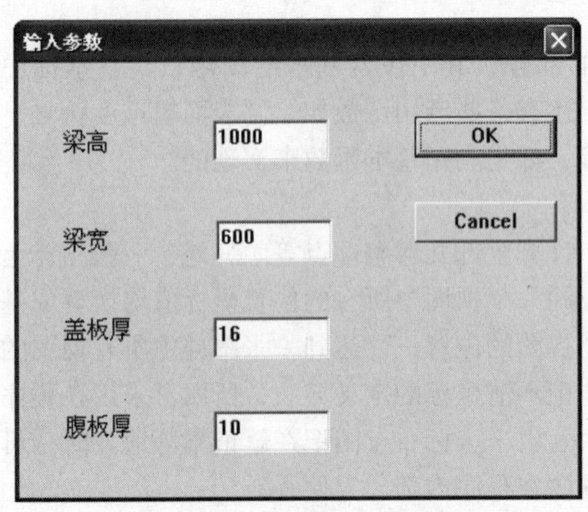

图 5-10 输入起重机主梁的参数对话框

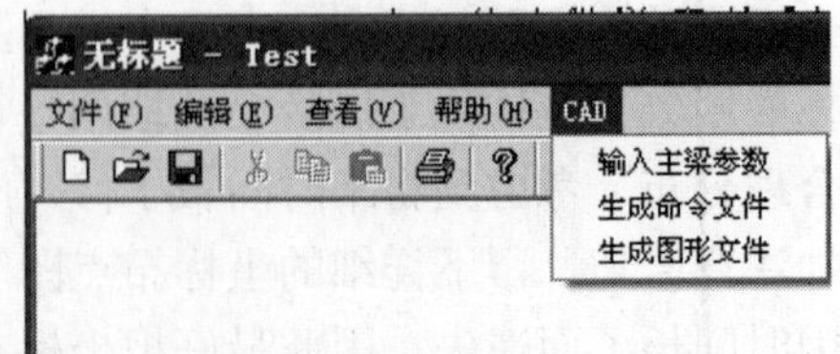

图 5-11 新增菜单（一）

6）用鼠标右键单击第一个子菜单项，选择【ClassWizard（类向导）】，选择【Message Maps（消息循环）】选项卡，把基类定义在视类上（CTestView），在【Object IDs】中选中 ID_ MENUITEM32771，在【Messages】中选中 COMMEND，单击【Add Function】按钮，建立该子菜单项的消息响应函数。按此方法依次建立第二个、第三个子菜单项的消息响应函数。

7）在视类的头文件中定义对象：

```
// TestView. h : interface of the CTestView class
#include "Dialog. h"
#include "SCR. h"
…
class CTestView : public CView
{
…
public:
        CTestDoc * GetDocument( );
        Dialog InDat;                  // 定义输入对话框对象
        draw mSCR;                     // 定义参数绘图对象
…
}
```

8）在 TestView. cpp 文件中添加代码，即分别在三个子菜单项的消息响应函数中添加代码。

```
void CTestView::OnMenuitem32771( )          //菜单项"输入主梁参数"的响应函数
{// TODO: Add your command handler code here
    InDat. DoModal;                         //调用输入对话框
}
void CTestView::OnMenuitem32772( )          //菜单项"生成命令文件"的响应函数
{// TODO: Add your command handler code here
//布点
//
//
//
//
//
//
//
//
    // 定义变量
    double x1,y1,x2,y2,x3,y3,x4,y4,x5,y5,x6,y6,x7,y7,x8,y8;
    double L3 =30-InDat. m_d2,j =25,bl =10;
    //计算坐标
```

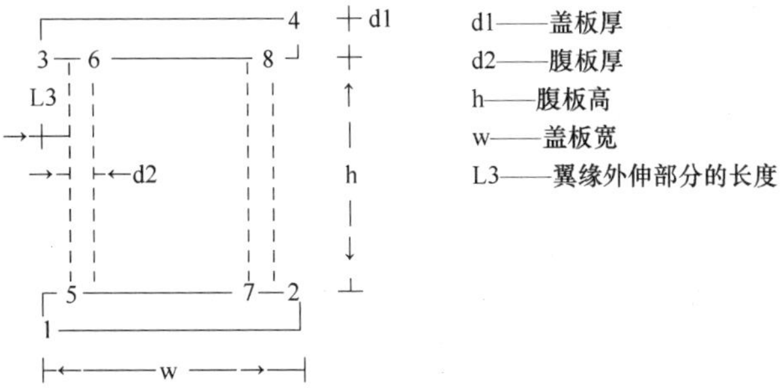

```
    x1 = 100;y1 = 100;
    x2 = x1 + InDat. m_w/bl;y2 = y1 + InDat. m_d1/bl;
    x3 = x1;y3 = y2 + InDat. m_h/bl;
    x4 = x2;y4 = y3 + InDat. m_d1/bl;
    x5 = x1 + L3/bl;y5 = y2;
    x6 = x5 + InDat. m_d2/bl;y6 = y3;
    x7 = x4- L3/bl- InDat. m_d2/bl;y7 = y2;
    x8 = x4- L3/bl;y8 = y6;
    //生成命令文件
    mSCR. init("Test. scr",3,0,"T. 01. 02","Beam Section",bl);        //画图
    mSCR. line4(x1,y1,x2,y2);
    mSCR. line4(x3,y3,x4,y4);
    mSCR. line4(x5,y5,x6,y6);
    mSCR. line4(x7,y7,x8,y8);
    mSCR. hor(x1,y1,x2,y1,x1,y1-j,InDat. m_w);                    //标注尺寸
    mSCR. ver(x2,y2,x2,y8,x2 + j,y8,InDat. m_h);
    mSCR. end();
    AfxMessageBox("已生成命令文件");
}
void CTestView::OnMenuitem32773()
//菜单项"生成图形文件"的响应函数
{
    // TODO: Add your command handler code here
    system("start Auto /b Test test");
}
```


上述程序在简体中文 Windows XP、英文 VC + + 6.0、简体中文 AutoCAD 2004 下调试通过。生成的 AutoCAD 图形，如图 5-12 所示。

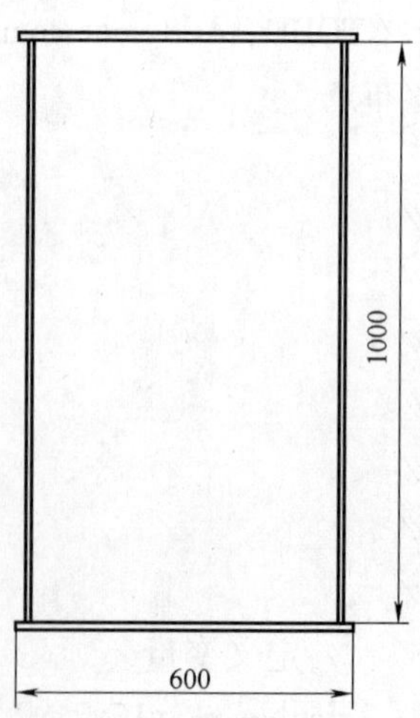

图 5-12　生成的 AutoCAD 图形

2. 梯子的参数绘图

该例以画一个简易梯子示意图为例，介绍 VC + + 6.0 操作和参数绘图的实现。

1）与上例相同建立名为 Ladder 的单文档工程。

2）在工作区中单击【FileView】，在【Source Files】和【Header Files】中，单击鼠标右键的快捷菜单分别加入已录入的 SCR. cpp 和 SCR. h 文件，内容参见 5.4 节。

3）在工作区中单击【ResourceView】，在【Dialog】中，单击鼠标右键的快捷菜单【Insert Dialog】增加一个对话框，用来输入总长度、总宽度、两档间的距离等参数，界面如图 5-13 所示。

4）双击图5-13所示的对话框，建立对话框类Dialog，并建立5个与Edit控件对应的变量m_ h、m_ w、m_ d、m_ r、m_ d1，均为双精度型，初值在Dialog. cpp中设定。

5）在工作区中单击【ResourceView】，在【Menu】中，双击【IDR_ MAINFRAME】，打开主菜单资源，用鼠标右键单击菜单空白处，选择【Properties(属性)】，依次建立如图5-14所示的菜单项。

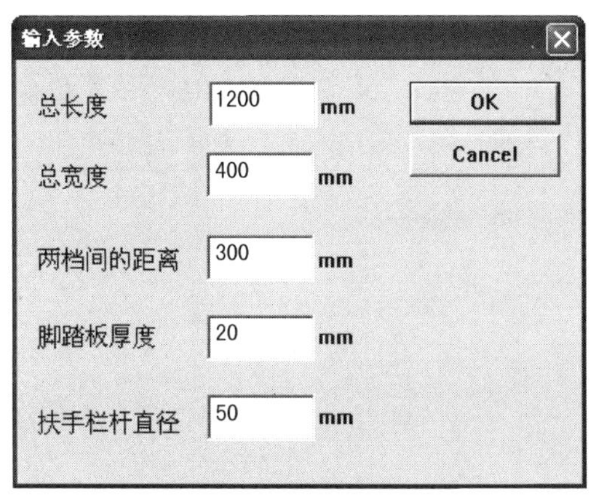

图5-13　输入梯子的参数对话框

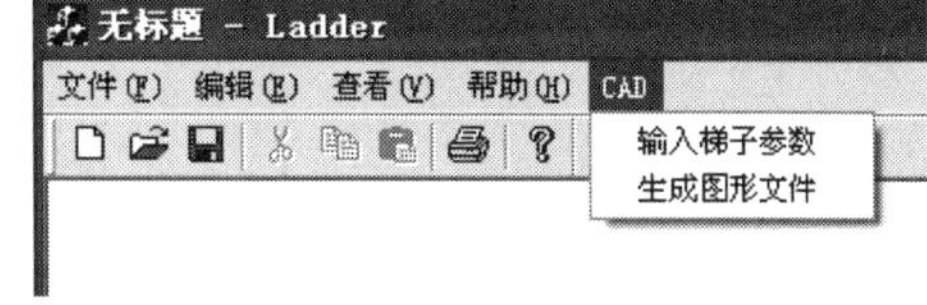

图5-14　新增菜单（二）

6）用鼠标右键单击第一个子菜单项，选择【ClassWizard（类向导）】，选择【Message Maps（消息循环）】选项卡，把基类定义在视类上（CLadderView），在【Object IDs】中选中ID_ MENUITEM32771，在【Messages】中选中COMMEND，单击【Add Function】按钮，建立该子菜单项的消息响应函数。按此方法建立第二个子菜单项的消息响应函数。

7）在视类的头文件中定义对象：

```
// TestView. h : interface of the CTestView class
#include "Dialog. h"
#include "SCR. h"
class CLadderView : public CView
{
public:
    CLadderDoc * GetDocument( );
    Dialog Input;              //定义输入对话框对象
    draw mSCR;                 //定义参数绘图对象
}
```

8）在LadderView. cpp文件中添加代码，即分别在两个子菜单项的消息响应函数中添加代码。

```
void CLadderView::OnMenuitem32771( )       // 子菜单"输入梯子参数"的消息响应函数
{
    // TODO:Add your command handler code here
    Input. DoModal( );
}
```

```
void CLadderView::OnMenuitem32772()      //子菜单"生成图形文件"的消息响应函数
{
// TODO:Add your command handler code here
//布点
//          2      4                    h——总长度
//                                      w——总宽度
//                                      d——两档之间的距离
//                                      dl——脚踏板厚度
//                                      r——扶手栏杆直径
//                         d1
//
//
//        r                      h
//
//
//                         d
//
//              w
//          1      3
    //定义变量
    double x1,y1,x2,y2,x3,y3,x4,y4,bl,e1,e2;
    double j =20;
    if(Input.m_h <3000)bl =10;
    else if(Input.m_h < =3000&&Input.m_h <6000)bl =20;
    else if(Input.m_h < =6000&&Input.m_h <9000)bl =30;
    else bl =40;
    if(Input.m_h/bl >300)AfxMessageBox("梯子长度超限,请重新输入");
    if(Input.m_r/bl <1)e1 =1; else e1 = Input.m_r/bl;
    if(Input.m_d1/bl <0.8)e2 =0.8; else e2 = Input.m_d1/bl;
    int i,n;
    if(fmod(Input.m_h,Input.m_d) = =0)n =(int)(Input.m_h/Input.m_d)-1;
    else n =(int)(Input.m_h/Input.m_d);
    char temp[81];
    sprintf(temp,"%dx%.0f",n,Input.m_d);
    //计算坐标
    x1 =100;y1 =100;
    x2 = x1 + e1;y2 = y1 + Input.m_h/bl;
    x3 = x2 + Input.m_w/bl;y3 = y1;
    x4 = x3 + e1;y4 = y2;
    //生成命令文件
    mSCR.init("Test.scr",3,0,"T.01.02","Beam Section",bl); //画图
```

```
        mSCR.line4(x1,y1,x2,y2);
        mSCR.line4(x3,y3,x4,y4);
        for(i=1;i<=n;i++)
        mSCR.line4(x2,y1+Input.m_d/bl*i,x3,y1+Input.m_d/bl*i+e2);
        mSCR.hor(x2,y1,x3,y3,x2,y1-j,Input.m_w);     //标注尺寸
        mSCR.ver1(x4,y3,x4,y3+n*Input.m_d/bl,x4+j,y3,temp);
        mSCR.ver(x4,y3,x4,y4,x4+2*j,y3,Input.m_h);
        mSCR.zoom(x1,y1,x4,y3+Input.m_d/bl+e2);
        mSCR.hor(x1,y1,x2,y1,x1,y1-j,Input.m_r);
        mSCR.ver(x2,y1+Input.m_d/bl,x2,y1+Input.m_d/bl+e2,x2-j,y1+Input.m_d/
bl,Input.m_d1);
        //关闭命令文件
        mSCR.end();
        system("start Auto /b Test test");//调用 AutoCAD 画图
    }
```

上述程序在简体中文 Windows XP、英文 VC++6.0、简体中文 AutoCAD 2004 下调试通过。生成的 AutoCAD 图形，如图 5-15 所示。

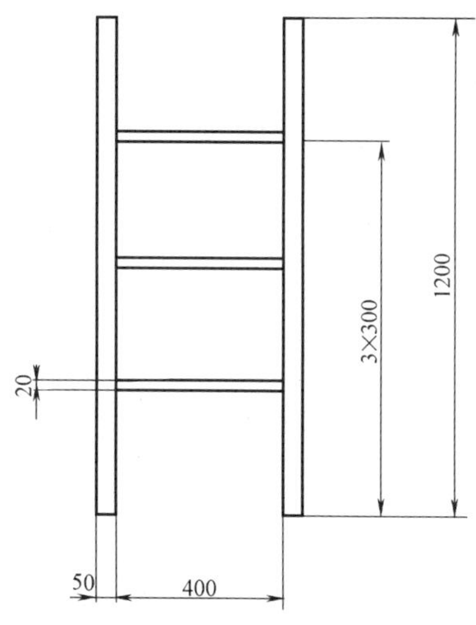

图 5-15 生成的 AutoCAD 图形

5.6 参数绘图编程中常见的问题

这里的参数绘图仍然是指命令文件式参数绘图。在按照命令文件式参数绘图方法进行参数绘图或者按照本章中的命令文件式参数绘图示例进行编程时，大家会发现，编译后没有错误提示，但运行时总会出现一些问题，如不能按预期计划画出图来，画出的图已超出图幅等。下面将对参数绘图编程中常见的问题进行介绍。

1. 基本设置问题

这些问题是由参数设置不当引起的。例如，在按默认设置进行参数绘图时，画出来的图往往很凌乱，看起来并不是按照命令文件中的命令执行得来的。此时，需要将AutoCAD打开，选择【工具】菜单下的【选项】命令，在弹出的对话框中选择【用户系统配置】选项卡，在【坐标输入的优先级】选项区中选择【键盘输入】，单击【应用】按钮，如图5-16所示。然后，关闭AutoCAD，重新运行参数绘图程序，此时该图形便可正确画出。

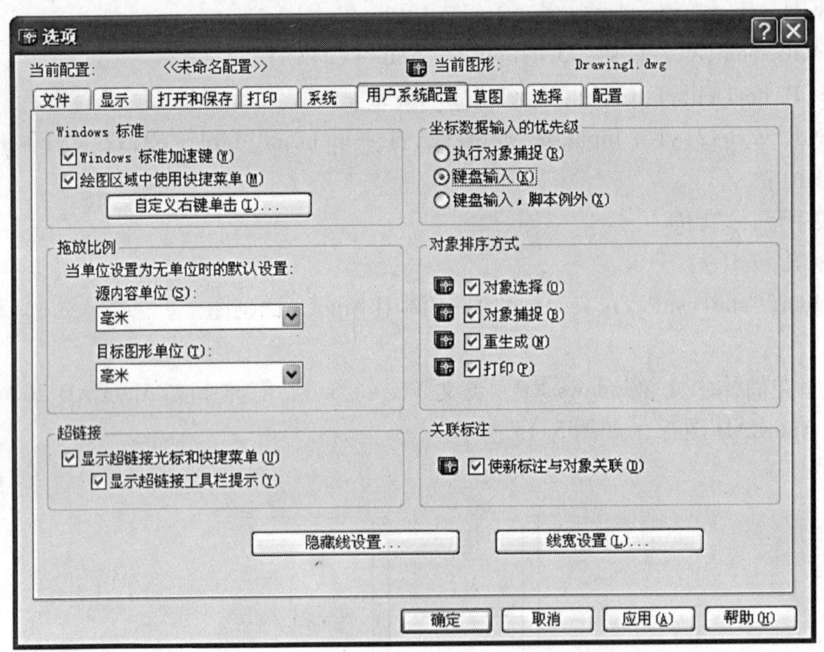

图5-16　AutoCAD系统设置对话框

此外，其他一些诸如线型比例、尺寸标注比例等设置也与命令文件的正确执行和生成的图形有关。这些设置可以在命令文件的前部通过插入设置命令来解决。需要注意的是，这些设置与AutoCAD的版本有关。处理这类问题的另一方法是，在参数绘图的工程文件夹中放一个图形文件（该文件中已将画图时的各项设置都设置好），在参数绘图时，先调用该图形文件，然后在该图形文件中执行命令文件，这样也可以生成正确的图形。

2. 夸大画法的处理

无论是交互式绘图还是参数绘图，这类问题都会存在。由于图形整体轮廓尺寸较大，在画图时选取的缩放比例较大，而图形的局部尺寸（如板厚等）又较小，再按选取的比例尺缩小后的尺寸近似成为一条直线。这样，画出来的工程图是不符合实际要求的。因此，在画图时，需将该类尺寸夸大画。在参数绘图时，程序中可以将该类问题进行处理，用条件语句判断，具体方法参照5.5节2程序中的e1和e2的处理办法。

3. 图形干涉问题

图形干涉问题经常出现在参数绘图中，尤其是将参数改变后，各种视图就有可能发生干涉。该问题的主要原因在于编程时没有将各个视图布置好。处理该问题的办法是在编程时，一张图取一个基点，然后再在该基点上取每个视图的基点，此时就把各个视图的位置确定了。位置确定之后，各个视图中各点的坐标再按照各自的基点来计算。随着参数的变化，只需要变换比例尺即可。

4. 图形超界问题

图形超界问题也是参数绘图中常出现的问题，主要是在参数改变后，图形便超出图幅。该问题的原因主要是基准点与比例尺的选取不合理。处理该问题的方法是不管参数如何变，基准点可以不变，但前提是必须选合适。随着参数的变化，比例尺必须改变。大的参数选取大的比例尺，参数值较小的选小比例尺。这里需要强调的是，比例尺不可能随时换（即变一个参数换一个比例尺），而是要根据参数的取值范围来选取适当的比例尺，即将参数值分为不同的几段，每一段都有上限与下限，编程人员需要将每一段参数值范围（上下限）与图幅的尺寸进行合理的计算，然后再确定适当的比例尺。在程序中是通过用条件语句判断来实现的（参见5.5节2程序中bl值的确定），这样才能够保证改变参数时图形不会超界。

5. 变量误用为常量问题

变量误用为常量问题在参数绘图初学者中经常发生，无论是参数变量、非参数从属几何变量、非参数结构变量，还是非参数工艺变量、几何坐标点变量，都是变量，不可以定义为常量，一旦定义为常量，便会发生一系列的问题。例如，改变参数值，图形不变；改变参数值，图形画错等。处理该问题的方法是在编程时先定义所有变量，即使有些变量取常数，也按照先定义变量然后赋初值的办法来解决（如5.5节2程序中j的定义），以免在后面编程中出现不必要的错误。在编程时，尤其要注意计算坐标点时，切忌出现常数。

6. 启动AutoCAD及其设置

前面已经介绍过，命令文件式参数绘图本身是个哑程序，即不需要任何界面，只要读取到参数，生成命令文件即可。但根据VC++的特点，小的程序可以通过对话框输入界面传递参数值，大的程序将通过读数据文件来传值。为了实现完全自动化，通过程序启动AutoCAD，调用命令文件直接画图。而要实现这一步，不只是程序中多一条语句（如5.5节2程序中的system ("start Auto/b Test test");），还要在工程文件夹中添加文件并进行设置。需要指出的是，不同的AutoCAD版本，其设置方式不同。在这里，仍然以AutoCAD 2004为例来进行说明。首先，在Windows系统桌面【开始】菜单的【程序】中找到AutoCAD 2004图标，复制该图标，粘贴到实现命令文件式参数绘图的工程文件夹下，将其名字改为Auto（与system ("start Auto/b Test test")；中的名字一致）；然后，右击该图标，单击【属性】选项，将其【起始位置】改为"C：\ Program Files \ AutoCAD 2004;"（见图5-17），再单击【应用】按钮，关闭对话框即可。

图5-17　AutoCAD快捷方式设置对话框

7. 画图中断问题

画图中断问题也是参数绘图初学者经常遇到的问题。检查程序没有错误，生成的命令文件也没有问题，但是在AutoCAD调用命令文件时画图到中间就停止了。命令行会提示：选择对象无效或命令无效。这时，很可能是因为在执行画图命令时，所选对象无效。由于执行命令文件实际上是在自动地进行交互式操作，因此如果屏幕上图形的显示比例不合适，也会发生类似于交互式操作时选不上对象的问题。此时，需在程序中断处添加缩放窗口命令（如5.5节画梯子示例中的mSCR. zoom（x1，y1，x4，y3 + Input. m_ d / bl + e2）;），然后再执行之后的画图命令即可。遇到命令无效时，则多半是由于插入了多余的空格。在AutoCAD中执行命令文件时，空格是被当做与回车等价的，而回车有时会重复上一条命令，这就使得整个命令与参数系列乱套了。因此，在调试参数绘图函数时需要格外注意，所输出的命令文件当中不能有任何多余的空格。另外，要检查异常中断的命令文件后面的情况时，可以在AutoCAD中断处的命令行输入resume，然后按<Enter>键。如果其后的命令文件没问题，则会接着画图，在哪儿中断，在哪儿输入该命令，直到画图结束为止。

第6章

变量化三维建模技术

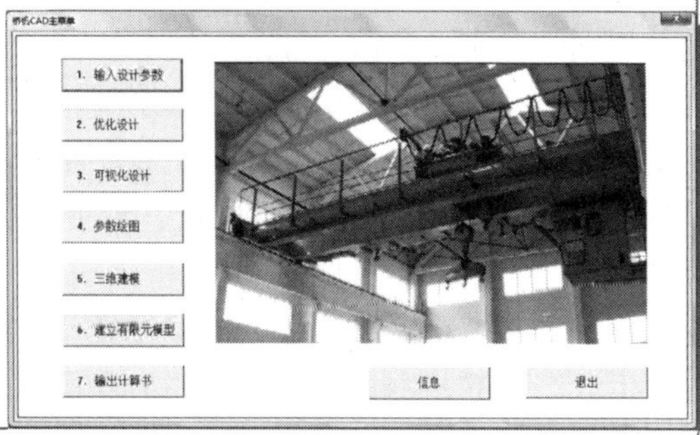

6.1 变量化三维建模的概念

1. 三维模型本身的参数化功能

利用 SolidWorks 等三维绘图软件所建立的零件三维模型本身是具有参数化功能的，可以通过设计树在草图阶段、生成三维模型的阶段或变更标注的尺寸进行模型修改，并立即看到效果。

2. 变量化三维建模的意义

对于某些结构固定的产品，需要根据一些主要的尺寸参数，快速地生成整个产品的三维模型，就需要用到变量化三维建模技术。虽然三维模型本身具有参数化功能，但对于整机装配体来说，仍需要解决配合尺寸的相关调整、避免几何干涉等问题。另外，若要利用三维模型本身的参数化功能，只能交互式地手动调整，无法利用程序自动生成。因此，变量化三维建模是指根据一些主要参数，通过程序运行，经过与三维支撑软件的接口，指挥其自动生成产品三维模型的技术，类似于二维参数绘图技术。

变量化三维建模的实现通常借助于对商品化三维绘图软件的二次开发。通过二次开发，可以扩展原软件的功能并使其用户化、专业化、本土化，以提高该软件的附加值与工作效率。

变量化三维建模技术用于专业机械 CAD 软件开发，可以根据优化设计得出的参数，快速地自动生成产品的基本模型，得到一个直观的产品设计方案。

变量化三维建模的意义：追求更高的设计自动化水平，避免手工交互式建模；追求更少的输入参数，取得类似于专家系统的效果；提高建模速度，更好地与 CAE、CAM 结合。

3. 变量化三维建模的方法

实现变量化三维建模通常有两种方法。第一种方法是通过编程接口直接控制三维造型软件生成三维模型。该类方法有通过 VB 控制 SolidWorks，通过 VC 控制 SolidWorks，或通过 VC 控制 Pro/E 等。编程接口是面向对象程序设计中通行的一种软件开发方法，有利于软件重用。

另一种方法是通过图形交换文件，如 IGES、STEP 等，生成交换文件，然后在三维支撑软件中生成三维模型。实际上是把图形交换文件作为一种接口文件，通过这种文件间接地实现变量化三维建模。采用接口文件的优点是变量化三维建模程序的独立性强，受开发软件和三维造型软件版本的影响较小。

6.2 COM 接口简介

为了二次开发方便，许多软件预留了接口。例如，通过系统提供的接口函数，可以在 VC 程序中直接控制 SolidWorks，调用其绝大部分功能，完成变量化三维建模。

1. COM 接口

COM（Component Object Model）的含义是组件对象模型，是一个接口类中的一组方法（函数）的集合，用户可以通过该接口调用这些函数。COM 是 Microsoft 生成软件组件的标准，是构造二进制兼容软件组件的规范。COM 接口是一组编好的函数实现体，已经编译成了二进制格式，通过一定的规则应用程序可以调用这些函数完成特定的工作，实现在二进制级别上的共享代码，可以是一个动态链接库 DLL（Dynamic Link Library），也可以是一个可执行程序 EXE。而且 COM 接口是一种跨语言的共享二进制代码的方法，是一类应用程序接口（API），允许一个程序访问另一个程序中的数据和函数。C++中的虚函数与 COM 接口的标准一致。

API（Application Programming Interface）应用程序（编程）接口的目的是提供给开发人员在应用程序中访问基于某软件或硬件的一组函数的能力，而又无需访问源码，或无需理解内部工作机制的细节。Windows API 是指用来控制 Windows 的各个部件的外观和行为的一套预先定义的 Windows 函数，以 DLL 文件的形式存放在 Windows 系统目录下。SolidWorks API 函数则是 SolidWorks 系统预留的接口函数集，是为用户提供的二次开发工具。

OLE（Object Linking and Embedding）对象链接与嵌入技术，定义和实现了一种允许应用程序作为软件“对象”（数据集合和操作数据的函数）彼此进行“连接”的机制，这种连接机制和协议称为组件对象模型（Component Object Model），简称 COM。OLE 是一种面向对象的技术，利用该技术可以开发可重复使用的软件组件（COM），或者说 OLE 使用了 COM 技术。

接口的含义：一个软件系统不希望别人随便访问其数据，于是在类中把数据成员定义成私有的或保护类型的，把数据隐藏起来，称为数据封装，然后在类中定义了一些成员函数，用来访问这些被隐藏起来的数据，而访问这些数据的函数就称为接口。

例如，在SolidWorks中，就通过 COM 技术定义了一批SolidWorks API 函数，这些函数以 OLE 的机制，提供了完全面向对象的类体系。程序员可以在自己的程序中派生这些类，定义对象，运行对象中的方法或修改对象的属性，从而获得控制SolidWorks和访问SolidWorks数据库的能力，可以在程序中完成零件草图的绘制、三维模型的建立和修改。

2. IUnKnown 接口

IUnKnown 是一个接口。所有 COM 接口都继承 IUnKnown。

3. 类树

部分 API 函数与 SldWorks 类的关系，如图 6-1 所示。

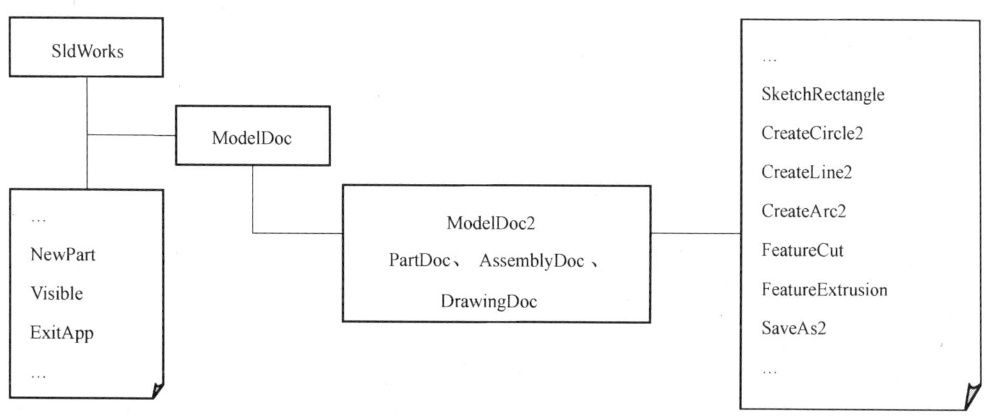

图 6-1　类树

6.3 用 VB 进行 SolidWorks 二次开发

Visual Basic 是可视化、面向对象和事件驱动的结构化高级语言，可用于开发 Windows 环境下的各类应用程序。在 VB 环境下，利用事件驱动的编程机制、新颖易用的可视化设计工具，使用 Windows 内部的广泛应用程序接口（API）函数、动态链接库（DLL）、对象的链接与嵌入（OLE）、组件对象模型（COM）、开放式数据连接（ODBC）等技术，可以高效、快速地开发 Windows 环境下功能强大、图形界面丰富的应用软件系统。

用 VB 对 SolidWorks 进行二次开发具有简单易学，界面设计方便，开发周期短的优点。这里介绍采用 OLE Automation 方式操控 SolidWorks 的方法。

1. 编程环境

计算机上安装有 VB6.0 和 SolidWorks 即可。

2. 部分 SolidWorks API 函数

（1）启动 SolidWorks

Dim swApp As Object '定义 OLE 对象变量 swApp,用于保存 SolidWorks 对象

Set swApp = CreateObject("SldWorks.Application")'创建 SolidWorks 对象

swApp.Visible = True '使 SolidWorks 可见

（2）建立新零件

Dim Part As Object '定义 OLE 对象变量 Part

Set Part = swApp.NewPart() '打开一个被自动命名的新零件

（3）绘制草图

Part.SketchRectangle 0,0,0,L,B,0,1 '画矩形,位置(0,0,0),宽 L,高 B

Part.CreateCircle X0,Y0,Z0,R,0,0 '画圆,圆心为(X0,Y0,Z0),过点(R,0,0)

Part.CreateLine2 X1,Y1,Z1,X2,Y2,Z2 '画直线,从点(X1,Y1,Z1)到点(X2,Y2,Z2)

Part.CreateArc2 X0,Y0,Z0,X1,Y1,Z1,X2,Y2,Z2,1 '画弧,圆心为(X0,Y0,Z0),起点为(X1,Y1,Z1),终点为(X2,Y2,Z2),方向 1——逆时针

（4）拉伸

Part.FeatureExtrusion True,False,False,0,0,H * 0.001,0,False,False,False,False,0,0,False,False '拉伸成实体零件

（5）切割

Part.FeatureCut True,False,True,0,0,L * 0.001,0,True,False,False,False,0,0,False,False '切割

（6）保存文件

Part.SaveAs2 CurDir + "\Part2.SLDPRT",0,False,True '保存

（7）退出 SolidWorks 系统

swApp.ExitApp '退出

3. 说明

SldWorks 类中有许多函数可以用于 VB 开发 SolidWorks，上面只列出了几个。这些函数的名称都遵循匈牙利命名法，其用途一看便知，可以通过 SolidWorks 的 API 帮助主题查询。

每个函数往往有不同的版本，如CreateArc1与CreateArc2，后面的函数可以取代前面的函数，其功能可能比前面的稍强一些，或者参数略有不同。

编写生成模型的VB程序还可以参照SolidWorks录制的宏脚本，其中使用的是VBA语言，相当于VB程序。

启动SolidWorks，单击菜单【工具（T）】/【宏操作（A）】/【录制（R）】命令，用鼠标键盘交互式地建立零件模型，完成后单击菜单【工具（T）】/【宏操作（A）】/【停止（S）】命令，弹出另存为对话框，保存后单击菜单【工具（T）】/【宏操作（A）】/【编辑（E）】命令，出现编辑宏打开文件的对话框，选择文件后单击“打开”按钮，就能看到刚才录制的宏代码了。

上述VBA宏代码可以通过剪切、粘贴的方式应用到VB二次开发SolidWorks的程序当中。这些代码有些是重复的，有些需要经过适当修改，不过还是可以获得许多参考和启发。

4. 编程示例

下面给出一个创建立方体、圆台、画直线与圆弧综合性示例的操作过程。

1）启动VB：单击菜单【开始】/【所有程序】/【Microsoft Visual Studio 6.0】/【Microsoft Visual Basic 6.0】。

2）选择Standard EXE，打开。

3）在窗体界面Form1的左侧绘制标签Lable，用鼠标右键单击该标签，选择属性Properties，在属性窗口中把标题Caption改为“长度L”。

4）在该标签的右侧绘制文本框TextBox，用鼠标右键单击该标签，选择属性Properties，在属性窗口中把名称（Name）改为“L”，内容Text改为50。

5）同上绘制宽度B、高度H、半径R的提示标签和输入文本框，文本框的默认值分别取40、30和10，如图6-2所示。

6）在窗体界面Form1的右侧绘制命令按钮CommandButton，改名为“立方体”。

7）同上绘制命令按钮“圆台”、“线框”、“保存”。

8）双击各命令按钮，填入相应的代码。

程序界面如图6-2所示，执行效果如图6-3～图6-5所示。

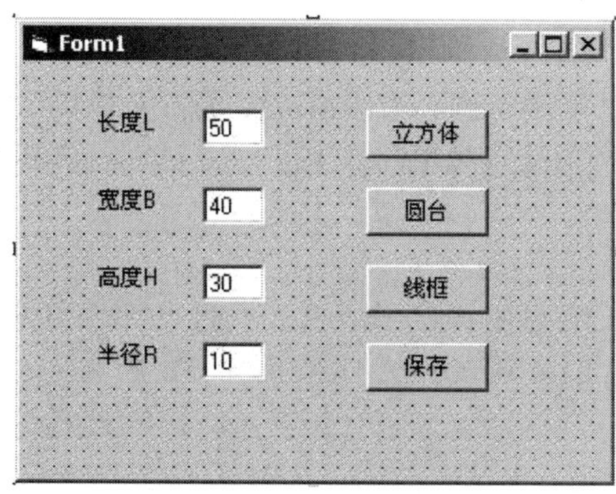

图6-2　程序界面

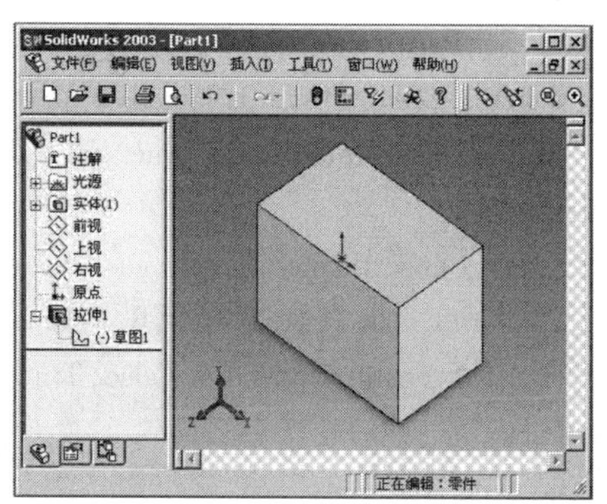

图6-3　立方体

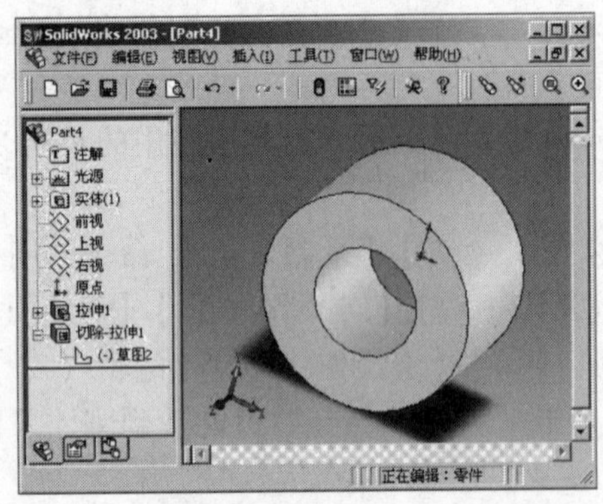
图6-4 圆台

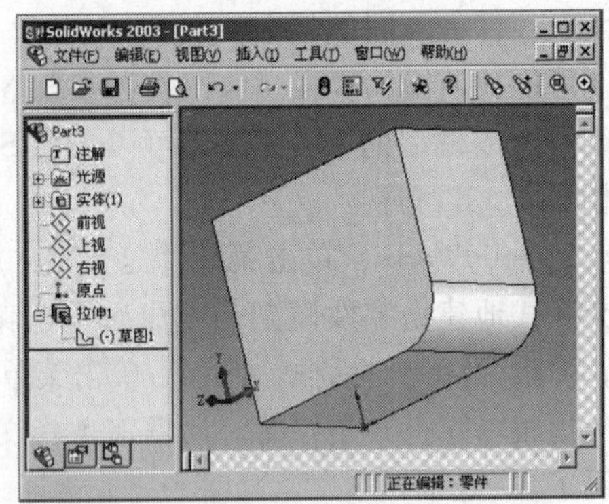
图6-5 线框

程序代码如下：

```
Option Explicit '确保每个变量先定义后使用
Dim swApp As Object '定义 OLE 对象变量,对应 SldWorks 对象
Dim Part As Object '定义 OLE 对象变量,对应 Part 对象

Private Sub Command1_Click()'立方体
    Set swApp = CreateObject("SldWorks.Application")'创建 SldWorks 对象(启动)
    swApp.Visible = True '使被启动的 SolidWorks 可见
    Set Part = swApp.NewPart()'创建一个新零件
    Part.SketchRectangle 0,0,0,L * 0.001,B * 0.001,0,1 //画矩形
    Part.FeatureExtrusion True,False,False,0,0,H * 0.001,0,False,False,False,False,0,
0,False,False
End Sub

Private Sub Command2_Click()'圆台
    Set swApp = CreateObject("SldWorks.Application")
    swApp.Visible = True
    Set Part = swApp.NewPart()
    Part.CreateCircle 0,0,0,B * 0.001,0,0 '画圆,圆心为(0,0,0),过点(B,0,0)
    Part.FeatureExtrusion True,False,False,0,0,L * 0.001,0,False,False,False,False,0,
0,False,False
    Part.InsertSketch2 True
    Part.CreateCircle 0,0,0,B * 0.0005,0,0 '画圆,圆心为(0,0,0),过点(B/2,0,0)
    Part.FeatureCut True,False,True,0,0,L * 0.001,0,True,False,False,False,0,0,
False,False
End Sub

Private Sub Command3_Click()'线框
```

```
        Set swApp = CreateObject("SldWorks.Application")
        swApp.Visible = True
        Set Part = swApp.NewPart()
        Part.InsertSketch2 True
        Part.CreateLine2 0,0,0,(L-R)*0.001,0,0 '画直线
        Part.CreateArc2(L-R)*0.001,R*0.001,0,(L-R)*0.001,0,0,L*0.001,R
*0.001,0,1 '弧
        Part.CreateLine2 L*0.001,R*0.001,0,L*0.001,B*0.001,0 '画直线
        Part.CreateLine2 L*0.001,B*0.001,0,0,B*0.001,0 '画直线
        Part.CreateLine2 0,Val(B.Text)*0.001,0,0,0,0 '画直线
        Part.FeatureExtrusion True,False,False,0,0,H*0.001,0,False,False,False,False,0,
0,False,False
    End Sub

    Private Sub Command4_Click()'保存
        Part.SaveAs2 CurDir + "\Part2.SLDPRT",0,False,True '保存成 Part2.SLDPRT,不
提示
        swApp.ExitApp '退出 SolidWorks
    End Sub
```

5. 修改模板的二次开发方式

用 VB 来开发 SolidWorks 还可以通过修改模板的方式。即打开现有的零件模型，编辑修改尺寸参数，然后保存并关闭 SolidWorks。

（1）建立模板

启动 SolidWorks，绘制一个矩形草图，标注该矩形长和宽的尺寸。在标注尺寸时单击尺寸对话框下面的“更多属性（R）…”按钮，可以看到该尺寸的名称，如图 6-6 所示。标注好尺寸后通过拉伸形成立方体，保存成 Part2.SLDPRT 文件，放到 VB 程序同一个目录下。

（2）编制 VB 程序

窗体界面如图 6-7 所示。修改前的零件如图 6-3 所示。修改后的零件如图 6-8 所示。

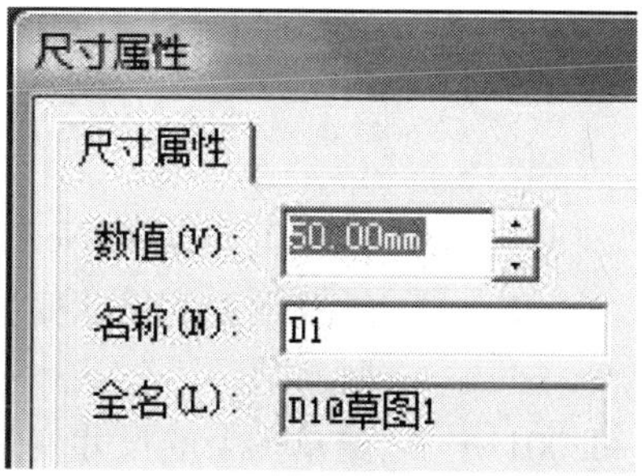

尺寸属性
尺寸属性
数值(V):
50.00mm
名称(N):
D1
全名(L):
D1@草图1

图 6-6　尺寸变量的名称

Form1
长度L
100
读入零件
宽度B
100
修改尺寸
高度H
30
保存

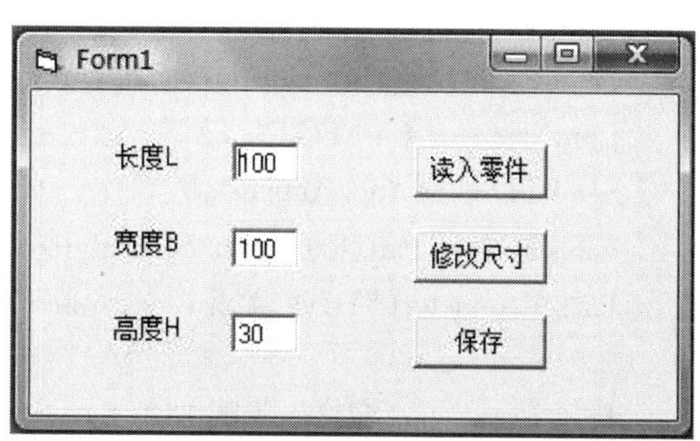

图 6-7　窗体界面

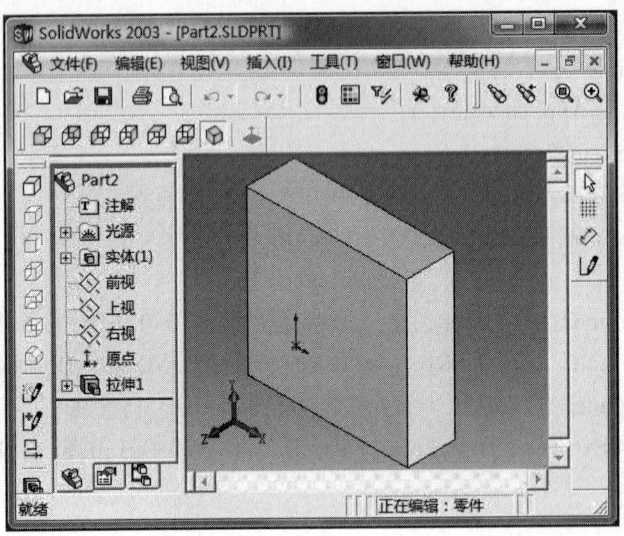

图 6-8　修改后的零件

程序代码如下：

```
Option Explicit
Dim swApp As Object
Dim Part As Object

Private Sub Command1_Click()'读入零件
    Set swApp = CreateObject("SldWorks.Application")
    swApp.Visible = True
    Set Part = swApp.NewDocument(CurDir + "\Part2.SLDPRT",0,0,0)'打开模型
End Sub

Private Sub Command2_Click()'修改尺寸
    Dim CurCFG As Object
    Dim ConfName As String
    Dim boolstatus As Boolean
    Set CurCFG = Part.GetActiveConfiguration()
    ConfName = CurCFG.Name
    Set Part = swApp.ActiveDoc
    boolstatus = Part.Extension.SelectByID("草图1","SKETCH",0,0,0,False,0,Nothing)
    Part.Parameter("D1@草图1").SystemValue = 0.001 * L '给草图1的尺寸变量D1
                                                        赋新值
    Part.Parameter("D2@草图1").SystemValue = 0.001 * B '给草图1的尺寸变量D2
                                                        赋新值
    boolstatus = Part.Extension.SelectByID("拉伸1","SKETCH",0,0,0,False,0,Nothing)
```

```
    Part.Parameter("D1@拉伸1").SystemValue = 0.001 * H '给拉伸1的尺寸变量D1
                                                        赋新值
    Part.EditRebuild '重新生成模型
    Part.ViewZoomtofit2 '按合适的大小显示模型
End Sub

Private Sub Command3_Click()'保存
    Part.SaveAs2 CurDir + "\Part2.SLDPRT",0,False,False '保存成 Part2.SLDPRT,有
                                                        提示
    swApp.ExitApp
End Sub
```

6.4　用 VC 进行 SolidWorks 二次开发

采用 VC 对 SolidWorks 进行二次开发通常有两种形式：第一种是独立应用程序，用户程序作为一个独立的应用程序（ *.exe)，通过 API 接口调用 SolidWorks 提供的服务，完成对 SolidWorks 的控制和操作；第二种是插件形式，用户程序作为一个插件（ *.dll）集成到 SolidWorks 中去。在插件形式下，用户可以在 SolidWorks 中添加自己的菜单、工具栏、属性页等。由于插件程序与 SolidWorks 运行在同一进程空间，插件程序的异常会导致 SolidWorks 程序的不稳定。而独立应用程序与 SolidWorks 程序运行在不同的进程空间，客户程序的异常不会影响 SolidWorks，只是效率会相对比较低。本书只讨论独立应用程序的二次开发形式。

1. 编程环境

1）开发平台：由于 COM 技术与 C ++ 中虚拟函数的调用规则是一致的，因此许多人采用 VC ++6.0 作为开发平台。

2）开发对象：SolidWorks 有不同的版本，如 SolidWorks2003，SolidWorks2007 等，其 COM 接口是不兼容的。只能针对 SolidWorks 特定版本的 COM 接口对其进行二次开发。

3）相关文件：与 COM 接口相关的一些宏定义和类与函数的声明存放在几个文件中，如 sldworks_i.c、amapp.h、swconst.h。这三个文件可以在 SolidWorks 的安装目录下找到（如 C:\ Program Files \ SolidWorks \ samples \ appComm)，将其复制到工程中即可。注意，这些文件与 SolidWorks 的版本有关，不是通用的。

4）OLE 初始化：在与工程同名的 cpp 文件中，应用程序类的初始化成员函数 InitInstance（）当中调用第一个函数的语句后面增加：

AfxOleInit();

5）建立自己的类：通常将 SolidWorks 提供的 API 函数改写成方便使用的格式。根据面向对象编程的惯例，把含有这些改写后的成员函数的 CSldWorks 类定义在一个头文件中，编写参数化建模的程序时只要把头文件包含进去，就可以定义对象并调用其成员函数了。受篇幅限制，这里只介绍了几个主要的函数，其他函数可以自己编写。

2. 头文件（函数的用途和参数见类的实现体）

// SldWorks.h

```
#include "amapp. h"
#include "swconst. h"
class CSldWorks
{
    public:ISldWorks * m_pSldWorks;IModelDoc * m_pModelDoc;
    HRESULT Start();
    HRESULT NewPart(IPartDoc ** pPartDoc);
    HRESULT InsertSketch();
    HRESULT Rectangle(double x1,double y1,double x2,double y2);
    HRESULT Extrusion(double d1 =0. 01,bool sd = true,bool flip = false,long t1 =0,
        long t2 =0,double d2 =0,bool Draft1 = false,bool DraftDir1 = true,
        double DraftAngle1 =0,bool Draft2 =false,bool DraftDir2 =true,double DraftAngle2 =0);
    HRESULT Cut(double d1,bool sd,bool flip,bool dir,long t1,long t2,double d2);
    HRESULT SelectByID(BSTR selID,BSTR selParams,double x,double y,double z);
    HRESULT NameAllFace(BSTR Name);
    long SaveFile(BSTR Path);
    HRESULT NewAssembly(IAssemblyDoc ** pAssemDoc);
    HRESULT AddComponent(BSTR FileName,double x,double y,double z,
        IComponent ** pComponent);
    HRESULT ZoomToFit();
    HRESULT SelectComponentFaceByName(BSTR Name,IComponent * pComponent);
    HRESULT AddMate(long mateType =0,long align =2,bool flip = false,double dist =0,
        double angle =0);
    VARIANT_BOOL NameFace(BSTR Name);
    HRESULT ViewRotateminsx(int i);
    HRESULT ViewRotateminsy(int i);
    HRESULT ViewRotateminsz(int i);
};
```


3. 类的实现体

```
// SldWorks. cpp
#include "stdafx. h"
#include "SldWorks. h"
#include "amapp. h"
#include "swconst. h"
#include "sldworks_i. c"

HRESULT CSldWorks::Start()
{ // 启动 SolidWorks
    HRESULT hr = CoCreateInstance(CLSID_SldWorks,NULL,CLSCTX_LOCAL_SERVER,
```

```
        IID_ISldWorks,(void ** )(&m_pSldWorks));
    ASSERT(hr == S_OK&&m_pSldWorks! = NULL);
    m_pSldWorks-> put_Visible(true);
    return hr;
}

HRESULT CSldWorks::NewPart(IPartDoc **  pPartDoc)
{ // 新建零件文件
    HRESULT hr = m_pSldWorks-> INewPart(&( * pPartDoc));
    ASSERT(hr == S_OK&&( * pPartDoc)! = NULL);
    hr = ( * pPartDoc)-> QueryInterface(IID_IModelDoc,(void ** )&m_pModelDoc);
    ASSERT(hr == S_OK&&m_pModelDoc! = NULL);
    return hr;
}

HRESULT  CSldWorks::InsertSketch()
{ // 插入草图
    HRESULT hr = m_pModelDoc-> InsertSketch2(true);
    ASSERT(hr == S_OK);
    return hr;
}

HRESULT CSldWorks::Rectangle(double x1,double y1,double x2,double y2)
{ // 生成矩形
    VARIANT_BOOL ret = NULL;
    HRESULT hr = m_pModelDoc-> SketchRectangle(x1,y1,0,x2,y2,0,ret);
    ASSERT(hr == S_OK);
    return hr;
}

HRESULT CSldWorks::Extrusion(double d1,bool sd,bool flip,long t1,long t2,
    double d2,bool Draft1,bool DraftDir1,double DraftAngle1,
    bool Draft2,bool DraftDir2,double DraftAngle2)
{ // 拉伸生成实体
    IPartDoc *  pPartDoc = NULL;
    HRESULT hr = m_pModelDoc-> QueryInterface(IID_IPartDoc,(void ** )&pPartDoc);
    ASSERT(hr == S_OK&&pPartDoc! = NULL);
    hr = pPartDoc-> FeatureExtrusion(sd,false,flip,t1,t2,
        d1,d2,Draft1,Draft2,DraftDir1,DraftDir2,
```

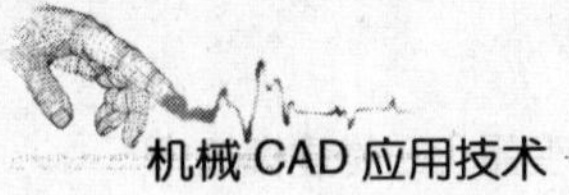


```
        DraftAngle1,DraftAngle2,false,false);
    ASSERT(hr == S_OK);
    pPartDoc->Release();
    return hr;
}

HRESULT CSldWorks::Cut(double d1,bool sd,bool flip,bool dir,
    long t1,long t2,double d2)
{ // 切除实体
    HRESULT hr = m_pModelDoc->FeatureCut(sd,flip,dir,t1,t2,d1,d2,
        false,false,false,false,0,0,false,false);
    ASSERT(hr == S_OK);
    return hr;
}

HRESULT CSldWorks::SelectByID(BSTR selID,BSTR selParams,double x,double y,double z)
{ // 选择实体
    short ret =0;
    HRESULT hr = m_pModelDoc->SelectByID(selID,selParams,x,y,z,&ret);
    ASSERT(hr == S_OK&&ret! =0);
    return hr;
}

HRESULT CSldWorks::NameAllFace(BSTR Name)
{ // 命名零件所有面
    VARIANT_BOOL ret;
    int i;
    long count;
    IPartDoc * pPartDoc = NULL;
    IBody * pBody = NULL;
    IFace * pFace = NULL;
    IFace2 * pFace2 = NULL;
    IEntity * pEntity = NULL;
    CString StrFaccName(Name),StrI,LinShiStr;LinShiStr = StrFaceName;
    COleVariant var;
    BSTR FaceName = NULL;

    HRESULT hr = m_pModelDoc->QueryInterface(IID_IPartDoc,(void **)&pPartDoc);
    ASSERT(hr == S_OK&&pPartDoc! = NULL);
```

```
    hr = pPartDoc-> IBodyObject( &pBody) ;// 获得实体
    ASSERT( hr == S_OK) ;
    hr = pBody-> IGetFirstFace( &pFace) ;// 获得实体的第一个面
    ASSERT( hr == S_OK) ;
    pFace-> QueryInterface( IID_IFace2 , ( void ** ) &pFace2) ;// 查询 IFace2 接口
    ASSERT( hr == S_OK || pFace2 ! = NULL) ;
    pFace2-> QueryInterface( IID_IEntity , ( void ** ) &pEntity) ;// 查询 IEntity 接口
    ASSERT( hr == S_OK || pEntity ! = NULL) ;
    hr = pBody-> GetFaceCount( &count) ;// 获得实体的面数
    ASSERT( hr == S_OK) ;
    for( i =0 ;i < count ;i ++ )// 遍历实体的面
    {   StrFaceName = LinShiStr;
        StrI. Format( " % d" ,i) ;
        StrFaceName = StrFaceName + StrI;
        var = StrFaceName;
        FaceName = var. bstrVal;
        hr = pEntity-> Select( true ,&ret) ;// 选择面
        ASSERT( hr == S_OK) ;
        ret = NameFace( FaceName) ;// 命名面
        ASSERT( ret == 1) ;
        if( i == count- 1) break;
        hr = pFace-> IGetNextFace( &pFace) ;// 获得下一个面
        ASSERT( hr == S_OK) ;
        hr = pFace-> QueryInterface( IID_IFace2 , ( void ** ) &pFace2) ;// 查询 IFace2 接口
        ASSERT( hr == S_OK) ;
        hr = pFace2-> QueryInterface( IID_IEntity , ( void ** ) &pEntity) ;// 查询 IEntity 接口
        ASSERT( hr == S_OK) ;
    }

    SysFreeString( FaceName) ;
    pFace-> Release( ) ;
    pFace2-> Release( ) ;
    pBody-> Release( ) ;
    pEntity-> Release( ) ;
    return hr;
}

long CSldWorks::SaveFile( BSTR Path)// Path——文件路径及文件名
{ // 保存文件
```

```
    HRESULT hr;
    long ret =0;
    hr = m_pModelDoc-> SaveAsSilent( Path, false, &ret) ;// 保存
    ASSERT( hr == S_OK) ;
    return ret;
}

HRESULT CSldWorks: :NewAssembly( IAssemblyDoc ** pAssemDoc)// pAssemDoc 装配体指针
{ // 新建装配体文件
    HRESULT hr = m_pSldWorks-> INewAssembly( &( * pAssemDoc) ) ;// 新建装配体文件
    ASSERT( hr == S_OK&&( * pAssemDoc) ! = NULL) ;
    // 查询 IModelDoc 接口
    hr = ( * pAssemDoc) -> QueryInterface( IID_IModelDoc, ( void ** ) &m_pModelDoc) ;
    ASSERT( hr == S_OK&&m_pModelDoc! = NULL) ;
    return hr;
}

HRESULT CSldWorks: :AddComponent( BSTR FileName, double x, double y, double z,
    IComponent ** pComponent)
// FileName——零件文件路径和文件名   x, y, z——插入点坐标   pComponent——返回的
   组件对象
{ // 向装配体添加零件
    IAssemblyDoc * pAssemDoc = NULL;
    // 查询接口
    HRESULT hr = m_pModelDoc-> QueryInterface( IID_IAssemblyDoc, ( void ** ) &pAssemDoc) ;
    ASSERT( hr == S_OK&&pAssemDoc! = NULL) ;
    hr = pAssemDoc-> IAddComponent2( FileName, x, y, z, &( * pComponent) ) ;// 添加组件
    ASSERT( hr == S_OK&&( * pComponent) ! = NULL) ;
    pAssemDoc-> Release( ) ;
    return hr;
}

HRESULT CSldWorks: :ZoomToFit( )
{ // 将当前视图充满屏幕
    HRESULT hr = m_pModelDoc-> ViewZoomtofit( ) ;
    ASSERT( hr == S_OK) ;
    return hr;
}
```

```
HRESULT CSldWorks::SelectComponentFaceByName(BSTR Name,IComponent * pComponent)
// Name——面名字  pComponent——指针型组件对象
{ // 使用名字选择面
    VARIANT_BOOL ret;
    int i;
    long count;
    IBody * pBody = NULL;
    IFace * pFace = NULL;
    IFace2 * pFace2 = NULL;
    IEntity * pEntity = NULL;
    CString CFaceName,CName(Name);
    BSTR FaceName = NULL;

    HRESULT hr = pComponent-> IGetBody(&pBody);// 获得实体
    ASSERT(hr == S_OK);
    hr = pBody-> IGetFirstFace(&pFace);// 获得实体的第一个面
    ASSERT(hr == S_OK);
    pFace-> QueryInterface(IID_IFace2,(void ** )&pFace2);// 查询 IFace2 接口
    ASSERT(hr == S_OK||pFace2! = NULL);
    pFace2-> QueryInterface(IID_IEntity,(void ** )&pEntity);// 查询 IEntity 接口
    ASSERT(hr == S_OK||pEntity! = NULL);
    hr = m_pModelDoc-> IGetEntityName(pEntity,&FaceName);// 获得面名字
    ASSERT(hr == S_OK);
    CFaceName = FaceName;
    hr = pBody-> GetFaceCount(&count);// 获得实体的面数
    ASSERT(hr == S_OK);
    for(i =0;i < count;i ++ )// 遍历实体的面
    {
        if(CFaceName == CName)// 若面名字和 Name 相同,选择该面
        {
            hr = pEntity-> Select(true,&ret);// 选择面
            ASSERT(hr == S_OK);
            break;
        }
        if(i == count-1)break;
        hr = pFace-> IGetNextFace(&pFace);// 获得下一个面
        ASSERT(hr == S_OK);
        hr = pFace-> QueryInterface(IID_IFace2,(void ** )&pFace2);// 查询 IFace2 接口
        ASSERT(hr == S_OK);
```

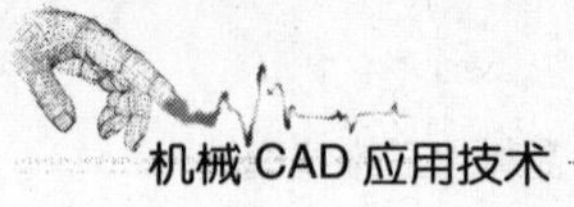


```
        hr = pFace2-> QueryInterface(IID_IEntity,(void ** )&pEntity);// 查询 IEntity 接口
        ASSERT(hr == S_OK);
        hr = m_pModelDoc-> IGetEntityName(pEntity,&FaceName);// 获得面名字
        ASSERT(hr == S_OK);
        CFaceName = FaceName;
    }
    SysFreeString(FaceName);
    pFace-> Release();
    pFace2-> Release();
    pBody-> Release();
    pEntity-> Release();
    return hr;
}

HRESULT CSldWorks::AddMate(long mateType,long align,bool flip,double dist,double angle)
//mateType——装配类型,取值为:swMateCOINCIDENT,swMateCONCENTRIC,
//swMatePERPENDICULAR,swMatePARALLEL,swMateTANGENT,
//swMateDISTANCE,swMateANGLE,swMateUNKNOWN
//align——排列类型,取值为:swMateAlignALIGNED,swMateAlignANTI_ALIGNED,
//swMateAlignCLOSEST
//flip——反转组件
//dist——使用 swMateDISTANCE 装配类型时 DISTANCE 的值
//angle——使用 swMateANGLE 装配类型时 Angle 的值
{ // 装配
    IAssemblyDoc *  pAssemDoc = NULL;
    // 查询接口
    HRESULT hr = m_pModelDoc-> QueryInterface(IID_IAssemblyDoc,(void ** )&pAssemDoc);
    ASSERT(hr == S_OK&&pAssemDoc! = NULL);
    hr = pAssemDoc-> AddMate(mateType,align,flip,dist,angle);// 装配
    ASSERT(hr == S_OK);
    pAssemDoc-> Release();
    return hr;
}

VARIANT_BOOL CSldWorks::NameFace(BSTR Name)// Name——面名字
{ // 命名面
    VARIANT_BOOL ret;
    HRESULT
hr = m_pModelDoc-> SelectedFaceProperties(192192192,1,0.9,0.6,0.1,0,0,true,Name,&ret);
```

```
    return ret;
}

HRESULT CSldWorks::ViewRotateminsx(int i=2)
{ //逆时针绕x轴旋转
    HRESULT hr;
    int j=0;
    for(j=0;j<=i;j++)
    {       hr = m_pModelDoc->ViewRotateminusx();
            ASSERT(hr == S_OK);
    }
    return hr;
}

HRESULT CSldWorks::ViewRotateminsy(int i=2)
{ //逆时针绕y轴旋转
    HRESULT hr;
    int j=0;
    for(j=0;j<=i;j++)
    {       hr = m_pModelDoc->ViewRotateminusy();
            ASSERT(hr == S_OK);
    }
    return hr;
}

HRESULT CSldWorks::ViewRotateminsz(int i=2)
{ //逆时针绕z轴旋转
    HRESULT hr;
    int j=0;
    for(j=0;j<=i;j++)
    {       hr = m_pModelDoc->ViewRotateminusz();
            ASSERT(hr == S_OK);
    }
    return hr;
}
```

4. 立方体编程示例

1）启动 VC++6.0。

2）单击菜单【File】/【New...】命令/选择【MFC AppWizard [exe]】，输入工程名 Project name：TestSW，单击【OK】按钮（以下同）。

3）选择文档 Single document，单击【Next】按钮（以下同），去掉 Docking toolbar 浮动工具条和 Printing and print preview 打印选项单击【Next】按钮选择静态连接库 As a statically linked library，单击【Next】/单击【Finish】/单击【OK】/单击【!】按钮试运行一下，出现标准 Windows 窗口。

4）翻开 ResourceView 页，通过“+”打开资源树，在 Dialog 上单击鼠标右键，选择【Insert Dialog】，在对话框窗体上单击鼠标右键，选择【ClassWizard...】/【Create a new class】，单击【OK】按钮输入类名 Name：DLG/OK/OK。

5）在工具栏上单击 Aa（Static Text），在对话框上画出静态文本框，用鼠标右键单击，选择 Properties，将 Caption 改为“长度”，在工具栏上单击 ab|（Edit Box），在静态文本框“长度”的右侧画出编辑框。用同样的方法添加“宽度”、“高度”静态文本框和编辑框。在【OK】按钮上单击鼠标右键，把 Caption 由【OK】改为【建立模型】，同样把【Cancel】按钮改为【退出】，如图 6-9 所示。

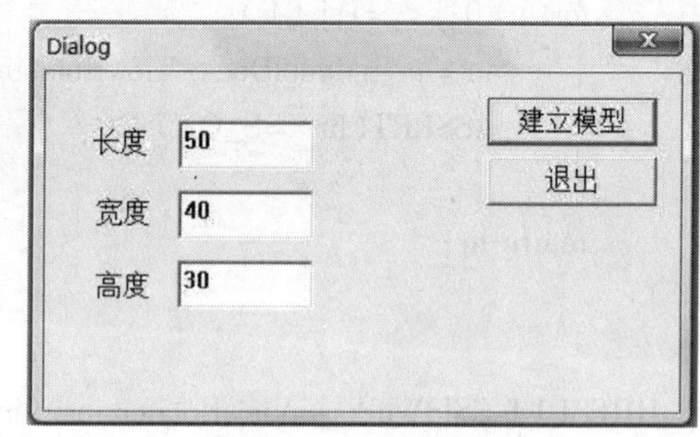

图 6-9　立方体对话框

6）在对话框窗体上单击鼠标右键/选择【ClassWizard...】，翻到 Member Variables 页，双击 IDC_EDIT1/输入 Member varible name 变量名：m_L，选择 Category 类别：Value，选择 Variable type 变量类型：double，单击【OK】按钮。用同样的方法建立双精度变量 m_B 和 m_H，单击【OK】按钮。

7）翻到 FileView 页，通过“+”打开 Souce Files，双击打开 TestSWView.cpp，加入包含头文件的语句#include " DLG.h"，在构造函数 CTestSWView 中增加调用对话框的语句：

```
CTestSWView::CTestSWView()
{
    // TODO:add construction code here
    DLG D1;
    D1.DoModal();
    exit(0);
}
```

8）在文件 DLG.cpp 的构造函数 DLG 中，给输入变量赋初值：

```
DLG::DLG(CWnd * pParent /* =NULL */)
    :CDialog(DLG::IDD,pParent)
{
    //{{AFX_DATA_INIT(DLG)
    m_L = 50.0;
    m_B = 40.0;
    m_H = 30.0;
    //}}AFX_DATA_INIT
}
```

9）在工程目录中加入文件 sldworks_i. c、amapp. h、swconst. h（从 SolidWorks 的安装目录中找）。

10）在工程目录中建立文件 SldWorks. h、SldWorks. cpp，内容见编程环境。

11）在菜单中选择【Project】/【Add To Project】/【Files】命令，加入 SldWorks. h、SldWorks. cpp。

12）翻到 FileView 页，打开 SourceFiles，在 TestSW. cpp 的 InitInstance 函数中调用第一个函数的语句后面加入一个语句：

```
AfxOleInit();
```

13）在对话框文件 DLG. cpp 中加入包含头文件#include " SldWorks. h"。

14）在对话框资源上双击【OK】按钮，建立其消息响应函数 OnOK，填入代码：

```
void DLG::OnOK()
{
    // TODO:Add extra validation here
    CSldWorks SW;                                   // 定义对象
    SW.Start();                                     // 启动 SolidWorks
    IPartDoc * pPartDoc = NULL;
    SW.NewPart(&pPartDoc);                          // 新建零件文件
    SW.InsertSketch();                              // 插入草图
    SW.Rectangle(0,0,0.001 * m_L,0.001 * m_B);      // 生成矩形
    SW.Extrusion(0.001 * m_H,true,false,0,0,0,false,true,0,false,true,0);
                                                    // 拉伸
// CDialog::OnOK();
}
```

15）注释掉原来的 CDialog:: OnOK（）；语句，单击【!】按钮试运行，出现图 6-9 所示的对话框（【OK】按钮已改为【建立模型】按钮，【Cancel】按钮已改为【退出】按钮），单击【建立模型】按钮，程序会调用 SolidWorks 建立图 6-3 所示的立方体模型。

5. 装配编程示例

1）启动 VC ++6.0，工程名为 TestAsm，选择文档，静态连接库。

2）建立对话框 Dialog，设置变量梁宽 m_B、梁高 m_H、盖板厚 m_d1、腹板厚 m_d2、梁长 m_L、伸出 m_t、并给定初值，把【OK】按钮改成【建模】按钮，把【Cancel】按钮改成【退出】按钮，如图 6-10 所示。

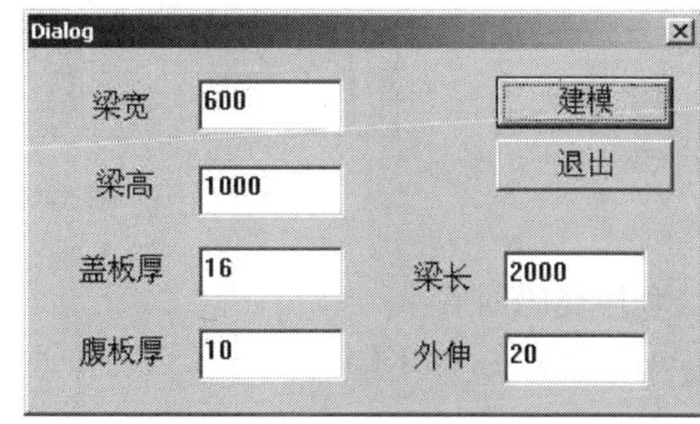

图 6-10 梁截面对话框

3）在 TestAsmView. cpp 中加入包含头文件的语句#include " DLG. h"，在构造函数 CTestAsmView 中增加调用对话框的语句，使其成为：

```
CTestAsmView::CTestAsmView()
```

```
{
    // TODO:add construction code here
    DLG D1;
    D1.DoModal();
    exit(0);
}
```

4）在工程目录中加入文件 sldworks_i. c、amapp. h、swconst. h（从 SolidWorks 的安装目录中找）。

5）在工程目录中建立文件 SldWorks. h、SldWorks. cpp，内容见编程环境。

6）在菜单中选择【Project】/【Add To Project】/【Files】命令，加入 SldWorks. h、SldWorks. cpp。

7）翻到 FileView 页，打开 SourceFiles，在 TestAsm. cpp 的 InitInstance 函数中调用第一个函数的语句后面加入一个语句：

AfxOleInit();

8）在对话框文件 DLG. cpp 中加入包含头文件#include " SldWorks. h"。

9）在对话框资源上双击【OK】按钮，建立其消息响应函数 OnOK。程序的运行结果如图 6-11 所示。

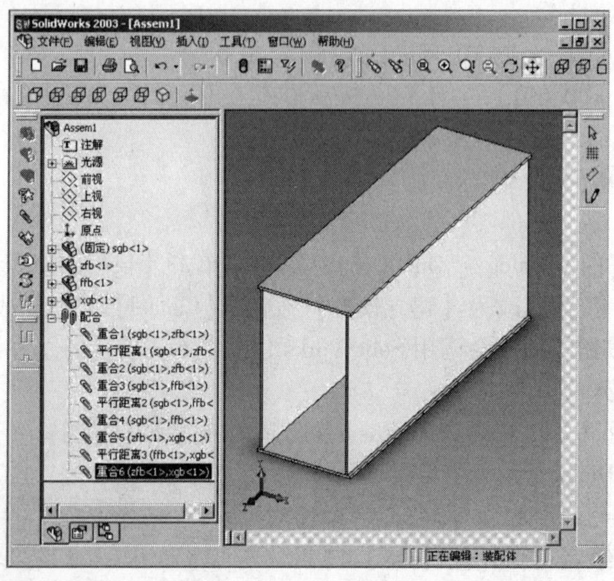

图 6-11　梁装配结果

程序代码如下：

```
void DLG::OnOK()
{
    // TODO:Add extra validation here
    UpdateData(true);
    BSTR Part1,Part2,Part3,Part4,Asm1;// 文件名
```

```
BSTR FaceName,FaceName1,FaceName2;// 面名
CSldWorks SW;
IPartDoc * pPartDoc = NULL;
IAssemblyDoc * pAssemDoc;
IComponent * pComponent1 = NULL;
IComponent * pComponent2 = NULL;
IComponent * pComponent3 = NULL;
IComponent * pComponent4 = NULL;
SW.Start();// 启动

Part1 = SysAllocString(L"sgb.sldprt");// 上盖板
SW.NewPart(&pPartDoc);// 新建零件文件
SW.InsertSketch();// 插入草图
SW.Rectangle(m_B/1e3,m_d1/1e3,0,0);// 画矩形
SW.Extrusion(m_L/1e3);// 拉伸
FaceName = SysAllocString(L"sgb");
SW.NameAllFace(FaceName);
SW.SaveFile(Part1);// 保存
pPartDoc->Release();// 释放零件对象

Part2 = SysAllocString(L"xgb.sldprt");// 下盖板
SW.NewPart(&pPartDoc);// 新建零件文件
SW.InsertSketch();// 插入草图
SW.Rectangle(m_B/1e3,m_d1/1e3,0,0);// 画矩形
SW.Extrusion(m_L/1e3);// 拉伸
FaceName = SysAllocString(L"xgb");
SW.NameAllFace(FaceName);
SW.SaveFile(Part2);// 保存
pPartDoc->Release();// 释放零件对象

Part3 = SysAllocString(L"zfb.sldprt");// 主腹板
SW.NewPart(&pPartDoc);// 新建零件文件
SW.InsertSketch();// 插入草图
SW.Rectangle(m_H/1e3,m_d2/1e3,0,0);// 画矩形
SW.Extrusion(m_L/1e3);// 拉伸
FaceName = SysAllocString(L"zfb");
SW.NameAllFace(FaceName);
SW.SaveFile(Part3);// 保存
pPartDoc->Release();// 释放零件对象
```

```
Part4 = SysAllocString(L"ffb.sldprt");// 副腹板
SW.NewPart(&pPartDoc);// 新建零件文件
SW.InsertSketch();// 插入草图
SW.Rectangle(m_H/1e3,m_d2/1e3,0,0);// 画矩形
SW.Extrusion(m_L/1e3);// 拉伸
FaceName = SysAllocString(L"ffb");
SW.NameAllFace(FaceName);
SW.SaveFile(Part4);// 保存
pPartDoc->Release();// 释放零件对象

Asm1 = SysAllocString(L"zl.sldasm");// 主梁装配
SW.NewAssembly(&pAssemDoc);// 新建装配体文件
SW.AddComponent(Part1,0,0,0,&pComponent1);// 插入零件
SW.AddComponent(Part3,0.1,0.1,0.1,&pComponent2);// 插入零件
SW.ZoomToFit();
FaceName1 = SysAllocString(L"sgb3");// 定义面:上盖板下面
FaceName2 = SysAllocString(L"zfb0");// 定义面:主腹板上面
SW.SelectComponentFaceByName(FaceName1,pComponent1);// 选面
SW.SelectComponentFaceByName(FaceName2,pComponent2);// 选面
SW.AddMate();// 装配1:重合
SysFreeString(FaceName1);SysFreeString(FaceName2);// 释放面名称

SW.ZoomToFit();
FaceName1 = SysAllocString(L"sgb2");// 定义面:上盖板左侧面
FaceName2 = SysAllocString(L"zfb1");// 定义面:主腹板左侧面
SW.SelectComponentFaceByName(FaceName1,pComponent1);// 选面
SW.SelectComponentFaceByName(FaceName2,pComponent2);// 选面
SW.AddMate(swMateDISTANCE,swMateAlignALIGNED,0,m_t/1e3);// 装配2
SysFreeString(FaceName1);SysFreeString(FaceName2);// 释放面名称

FaceName1 = SysAllocString(L"sgb4");// 定义面:上盖板前面
FaceName2 = SysAllocString(L"zfb4");// 定义面:主腹板前面
SW.SelectComponentFaceByName(FaceName1,pComponent1);// 选面
SW.SelectComponentFaceByName(FaceName2,pComponent2);// 选面
SW.AddMate();// 装配3
SysFreeString(FaceName1);SysFreeString(FaceName2);// 释放面名称

SW.AddComponent(Part4,0.1,0.1,0.1,&pComponent3);//插入零件
SW.ZoomToFit();
```

```
FaceName1 = SysAllocString(L"sgb3");// 定义面:上盖板下面
FaceName2 = SysAllocString(L"ffb2");// 定义面:副腹板上面
SW.SelectComponentFaceByName(FaceName1,pComponent1);// 选面
SW.SelectComponentFaceByName(FaceName2,pComponent3);// 选面
SW.AddMate();// 装配4:重合
SysFreeString(FaceName1);SysFreeString(FaceName2);// 释放面名称

FaceName1 = SysAllocString(L"sgb0");// 定义面:上盖板右侧面
FaceName2 = SysAllocString(L"ffb1");// 定义面:副腹板右侧面
SW.SelectComponentFaceByName(FaceName1,pComponent1);// 选面
SW.SelectComponentFaceByName(FaceName2,pComponent3);// 选面
SW.AddMate(swMateDISTANCE,swMateAlignALIGNED,0,m_t/1e3);// 装配5
SysFreeString(FaceName1);SysFreeString(FaceName2);// 释放面名称

FaceName1 = SysAllocString(L"sgb4");// 定义面:上盖板前面
FaceName2 = SysAllocString(L"ffb4");// 定义面:副腹板前面
SW.SelectComponentFaceByName(FaceName1,pComponent1);// 选面
SW.SelectComponentFaceByName(FaceName2,pComponent3);// 选面
SW.AddMate();// 装配6
SysFreeString(FaceName1);SysFreeString(FaceName2);// 释放面名称

SW.AddComponent(Part2,0.1,0.1,0.1,&pComponent4);// 插入零件
FaceName1 = SysAllocString(L"xgb1");// 定义面:下盖板上面
FaceName2 = SysAllocString(L"zfb2");// 定义面:主腹板下面
SW.SelectComponentFaceByName(FaceName1,pComponent4);// 选面
SW.SelectComponentFaceByName(FaceName2,pComponent2);// 选面
SW.AddMate();// 装配7
SysFreeString(FaceName1);SysFreeString(FaceName2);// 释放面名称

FaceName1 = SysAllocString(L"ffb1");// 定义面:副腹板右侧面
FaceName2 = SysAllocString(L"xgb0");// 定义面:下盖板右侧面
SW.SelectComponentFaceByName(FaceName1,pComponent3);// 选面
SW.SelectComponentFaceByName(FaceName2,pComponent4);// 选面
SW.AddMate(swMateDISTANCE,swMateAlignALIGNED,0,m_t/1e3);// 装配8
SysFreeString(FaceName1);SysFreeString(FaceName2);// 释放面名称

FaceName1 = SysAllocString(L"zfb4");// 定义面:主腹板前面
FaceName2 = SysAllocString(L"xgb4");// 定义面:下盖板前面
SW.SelectComponentFaceByName(FaceName1,pComponent2);// 选面
```

```
    SW.SelectComponentFaceByName(FaceName2,pComponent4);// 选面
    SW.AddMate();// 装配 9
    SW.ViewRotateminsy(1);
    SW.ViewRotateminsx(1);
    SW.ZoomToFit();

    SysFreeString(FaceName1);
    SysFreeString(FaceName2);
    // 释放面名称
    SysFreeString(Part1);
    SysFreeString(Part2);
    SysFreeString(Part3);
    SysFreeString(Part4);
    UpdateData(false);

//  CDialog::OnOK();
}
```

6.5 图形交换标准

1. 图形交换的需求

由于历史的原因和不同的用途以及技术上的保密，各种 CAD/CAM 软件所生成的图形文件记录数据的格式都不相同。每个系统有自己的数据格式，所以相同的信息必然在多个系统中多次存储，这会导致信息的冗余和错误。为了在几大二维、三维图形支撑软件平台之间共享和交换产品信息（如工程图样），以及在三维建模软件和有限元分析软件、运动与动力学分析软件之间进行模型的转换，产生了对图形交换标准的需求。

如果每种图形支撑软件都要考虑与别的图形支撑软件兼容，则用于转换接口方面的开销将很大。图 6-12 所示是有 6 种图形支撑软件的情况，如果 A 软件要与其他 5 种软件相兼容，则需要有 10 种接口（A 转 B 和 B 转 A 是两个接口），总共需要 $n(n-1)=6\times(6-1)=30$ 种相互转换接口。图 6-13 所示是采用标准的、统一的接口文件，这时每种软件只需要将其输出的图形文件转换成标准的接口文件，即可被其他软件所识别，总共只需要 $12(2n=2\times6)$ 种相互转换接口即可。因此，采用标准的图形交换文件是一种很好的选择。把某种软件的内部格式数据转化为标准格式文件的接口称为前处理器，而把标准格式的中性文件转化为另一种软件的内部格式数据的接口称为后处理器。

2. 图形交换文件（DXF）

图形交换文件（Drawing eXchange File，DXF）是 AutoCAD 系统中用来在不同版本之间传递图样的一种交换文件格式。由于 AutoCAD 的广泛应用，使得 DXF 文件格式被许多图形支撑软件平台所接受，成为一种事实上的工业标准。例如，SolidWorks 就可以通过 DXF 文件输入设计草图。

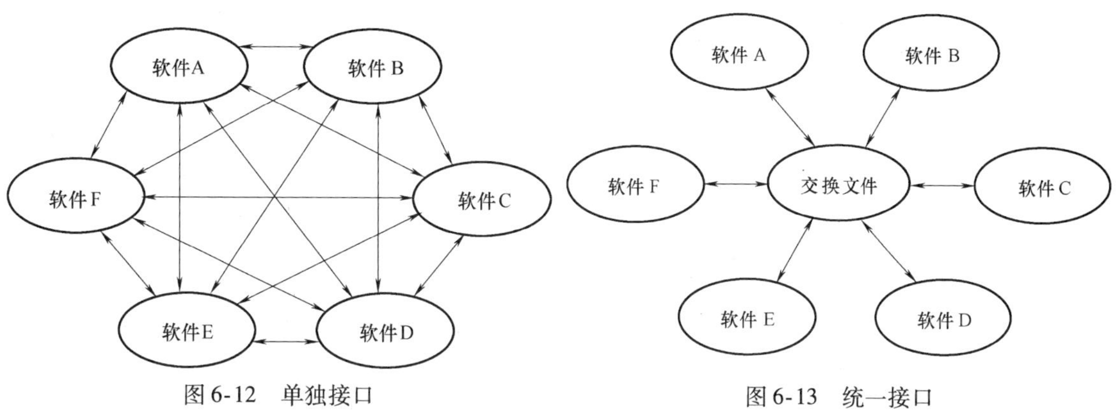

图 6-12 单独接口

图 6-13 统一接口

DXF 文件是一种以 DXF 为扩展名的纯文本文件，由以下几个段组成：

1）标题段：记录 AutoCAD 系统变量的值。

2）表段：记录图中包含的线型、图层、字体式样、视图等信息。

3）块段：记录图中块的定义及组成各块的实体，所有尺寸标注也属于块。

4）实体段：记录图形的全部实体，如直线、圆弧、标注等，这是最重要的一个段。

5）结束段：文件结束标记（EOF）。

DXF 文件的每个段又包含若干个组，组是 DXF 文件的基本单位。每组两行，第一行是组码，第二行是组值，类似于一行注释一行数据的结构。

1）组码：三位非负整数代码，右对齐，用来指示下一行组值所代表的含义。

2）组值：字符或数值。

在 AutoCAD 系统中，可以通过 DXFOUT 命令输出当前图形的 DXF，文件名默认为 Drawing1. dxf。

表 6-1 是一个 R12 版 DXF 文件的简化示例，实际的文件中只有内容，没有行号和含义。AutoCAD 系统允许输入只有实体段和结束段的 DXF，其他系统变量等参数自动取默认值。该文件代表一条通过点 P1(x1,y1,z1)＝(100,100,0)和点 P2(x2,y2,z2)＝(300,200,0)的直线（线段）。

表 6-1 DXF 文件示例

行 号	内 容	含 义	行 号	内 容	含 义
1	0	段、实体等的开始	13	30	Z 坐标值（初始点）
2	SECTION	段开始	14	0	z1
3	2	段、实体等的名字	15	11	X 坐标值（终点）
4	ENTITIES	实体段	16	300	x2
5	0	段、实体等的开始	17	21	Y 坐标值（终点）
6	LINE	直线	18	200	y2
7	8	图层名	19	31	Z 坐标值（终点）
8	0	0 层	20	0	z2
9	10	X 坐标值（初始点）	21	0	段、实体等的开始
10	100	x1	22	ENDSEC	段结束
11	20	Y 坐标值（初始点）	23	0	段、实体等的开始
12	100	y1	24	EOF	文件结束

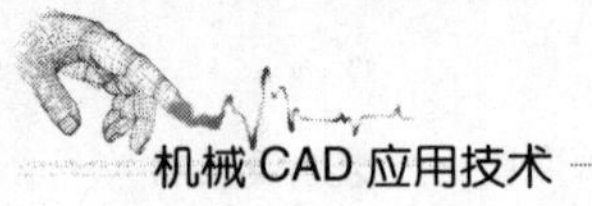

在 AutoCAD 系统中，可以通过 DXFIN 命令输入 DXF 文件。在 SolidWorks 系统中，可以通过文件（F）/打开（O），文件类型（T）选择 DXF（＊.dxf），打开时选输入到零件，数据单位选毫米，即可将 DXF 输入为草图。

3. IGES 标准

IGES（Initial Graphics Exchange Specification，初始图形交换规范）最初是企业标准，后来成为美国国家标准，现在 IGES 几乎被所有有影响的 CAD/CAM 系统接受，成为当今应用最广泛的产品数据交换标准。我国现行相应的标准为国家标准 GB/T 14213—2008，相当于美国的 IDT US PRO/IPO-100：1998（IGES 6.0 版本），替代 GB/T 14213—1993。

IGES 文件一般是一种以.IGS 为扩展名的纯文本文件。在 IGES 标准中定义了 5 类元素：

曲线和曲面几何元素、构造实体几何 CSG 元素、边界 B-Rep 实体元素、标注元素以及结构元素。一个 IGES 文件可以包含任意类型、任意数量的元素，每个元素在元素索引段和参数数据段各有一项，索引项提供了一个索引以及包含一些数据的描述性属性；参数数据项提供了特定元素的定义。元素索引段中的每一项格式是固定的，参数数据段的每一项是与元素有关的，不同的元素其参数数据项的格式和长度也不同。每个元素的索引项和参数数据项通过双向指针联系。

固定长的 IGES 文件每行为 80 个字符，整个文件分为 5 段，每段若干行。每行的第 1 ~ 72 个字符为该段的内容，段标识符位于每行的第 73 列，第 74 ~ 80 列指定为用于每行的段的序号。序号都以 1 开始，且连续不间断，其值对应于该段的行数。

纯文本的 IGES 文件由以下 5 个段组成：

1）开始（START）段：代码为 S，为版本号等注释性内容，IGES 文件至少有一行开始记录。

2）全局（GLOBAL）段：代码为 G，包含由前置处理器写入、后置处理器处理该文件所需的信息。每行的长度仍为 80 列，但参数以自由格式输入，用逗号分隔，用分号结束一个记录。主要参数有文件名、前处理器版本、单位、文件生成日期、作者姓名及单位、IGES 的版本、绘图标准代码等。

3）元素索引（DIRECTORY ENTRY）段：代码为 D，每一种元素对应一个索引，每个索引记录含有 20 项，每一项占 8 个字符，每个索引在元素索引段中占两行。

4）参数数据（PARAMTER DATA）段：代码为 P，该段记录了每个元素的几何数据，其格式不固定，根据每个元素参数数据的多少，决定它在参数数据段中有几行。

5）结束（TERMINATE）段：代码为 T，只有一行 80 列。在前 32 个字符里，分别用 8 个字符记录了开始段、全局段、元素索引段和参数数据段的段码和每段的总行数。第 33 ~ 72 个字符没有用到。最后 8 个字符为结束段的段码和行数。

IGES 标准的优点是推出时间较长，使用比较广泛。它的缺点是格式比较繁琐，文件冗长（这也是一般图形交换标准的共性问题），复杂模型的转换时间比较长；有些定义不够严密，造成无法转换，丢失信息；只能包含几何信息，不含有产品制造加工等其他信息。

4. STEP 标准

为了克服 IGES 标准中的一些缺陷，人们着手制定一种不依赖具体系统的中性的通用标准。STEP（STandard for the Exchange of Product model data）产品模型数据交换标准是国际标准化组织制定的描述整个产品生命周期内产品信息的标准（ISO-10303），是一个正在完善中的标准。STEP 标准不是一项标准，而是一组标准的总称。

在 STEP 标准体系中，有描述方法，实现方法，应用协议等。其实现方法中规定了中性文件（ISO 10303-21）：中性文件采用自由格式结构，不依赖于列的信息（不规定每行的长度），且无二义性，便于软件处理。中性文件格式是信息交换与共享的基础。

STEP 标准利用应用协议（AP）来保证中性文件语义的一致性，建立一种中性机制解决不同系统之间的数据交换。其中 AP203 是最早成为 ISO 标准的应用协议之一，限于产品的设计阶段，适用于机械零件与部件，主要描述产品的配置信息和三维几何形状信息，如实体模型以及实体模型装配体的数据。

AP214 过去被称为"汽车机械设计过程的核心数据"，最初由汽车制造厂家参与开发，后来国际化标准组织将其改名为"机械设计过程核心数据"，使 AP214 成为支持机械产品设计开发全过程的国际标准。

其他如 AP209 用于有限元分析，AP224 用于工艺过程设计，AP238 用于数控机床加工。

目前，主流 CAD 系统，如 Pro/E、UG、SolidWorks 等，都提供 AP203/AP214 文件的支持。基于 AP203/AP214 协议的 STEP 文件成为产品设计阶段重要的中性转换文件。

5. 图形交换标准的应用

在不同的图形支撑软件或 CAD 与 CAE、CAM 平台之间交换数据，采用图形交换文件是很方便的，甚至是唯一的途径。例如，可以在 AutoCAD 平台下绘制图形，输出图形交换文件（DXF），将其导入 SolidWorks 中作为草图，经过拉伸后成为三维零件，也可以在 SolidWorks 平台下制作三维模型，输出 IGES 文件，将其导入 ANYSY 中进行有限元分析。

新开发的图形支撑软件应符合图形交换标准，才能保护用户过去的设计资源，便于用户在不同支撑平台下交换数据，有利于软件的推广应用。

开发专业机械变量化三维建模应用软件时，若采用符合某种标准的图形交换文件作为接口，则具有以下特点：

1）标准化程度高，不依赖特定的图形支撑软件，使用灵活。

2）软件的独立性强，有自己的界面，不涉及图形支撑软件版权问题。

3）图形交换文件的格式往往很繁杂，软件开发的工作量大。

4）要处理许多计算机图形学方面的基础工作，软件开发的难度大。

第 7 章

参数化计算书技术

7.1 设计计算书的意义

1. 不可或缺的技术文件

设计计算书是同图样一样重要的技术文件，无论是对于新产品设计、新产品鉴定，还是申办生产许可证、产品的设计监检、型式试验等都是不可缺少的技术文件。

2. 核查设计的依据

图样是设计的表达，反映的是产品的结构与尺寸，用来指导加工生产。计算书则反映为什么要采用这样的尺寸，以及采用这样的尺寸是否满足强度、刚度、稳定性及产品性能的要求，是设计的依据，也是核查设计是否正确的依据。一旦产品出现问题，首先要检查其设计计算书，看其设计是否合理，以便区分是设计问题，还是生产工艺或使用不当而产生的问题。

计算机的应用为工程设计提供了强有力的工具，诸如有限元分析、优化设计、各种专用的 CAD 软件，能够快速地得出计算结果。事实上，随着计算机的应用日益广泛，计算机也逐渐脱去了神秘的色彩，许多漏洞层出不穷，既然软件是人编写的，发生错误也就不足为奇了。

因此，设计必须是可核查的，如果不可核查，那么这个设计将无人敢用。而核查的途径就是检查设计计算书，所以设计计算书是必不可少的技术文件，其重要程度并不亚于产品图样。

3. 自动生成设计计算书的意义

回顾手工设计的过程，通常只看到画图。其实，设计师是不可能凭空画出设计图样的，实际的设计过程应该是算一算，画一画，再算一算，再画一画，直到完成整个产品的设计。画的结果是设计图样，而算的结果，经过整理就是一份设计说明书。画图很费劲，所以要采用参数绘图技术，让计算机辅助画图。计算也很费劲，所以要采用优化设计等技术，让计算机辅助计算。但问题是，还应该让计算机把计算的过程和结果保存下来，以便核对，这就是参数化计算书技术。采用参数化计算书技术，能够像参数绘图自动生成图样那样自动地生成产品的设计计算书，让计算机辅助设计的全过程，让 CAD 软件的设计结果可核查。

当然，与参数绘图技术一样，参数化计算书技术也有它的局限性，那就是只能改变参数，不能改变计算书的格式（版式），另外，编程也比较繁琐，因此一般限于在专业机械中使用。

7.2 实现参数化计算书的方法

所谓参数化的计算书是指针对特定机械产品，根据有限的参数，通过编程、接口和文本编辑软件自动生成具有固定格式计算书文本的技术。

利用文本编辑软件，如 Word 或 WPS，可以手工录入一份设计计算书，但这并不是我们的目的，这只是类似于交互式绘图的交互式录入。我们追求的是“参数化”和“自动生成”，所以必须通过编程来实现，而实现的方法则有很多种，最简单的是生成纯文本文件。

1. 纯文本文件方式

利用C或C++语言的文件功能，不难生成一个txt格式的纯文本文件，作为设计计算书。

（1）生成过程

1）输入参数，可以由函数的参数传递，通过对话框输入，或从数据文件中读入。

2）打开计算书文件——规定路径、文件名、扩展名用txt，以写的方式打开。

3）根据参数计算有关强度、刚度、稳定性等指标。

4）用fprintf语句（函数）向文件中写入设计说明书的内容。其中，文字部分（可以用汉字）是固定的，数值部分则由参数数据（数组）中的相应变量（下标变量）及计算结果来决定，数值部分是可变的。设计说明书的每一行都用一个fprintf语句（函数）来生成。

5）关闭计算书文件。

6）调用记事本（notepad. exe），打开文件供用户查看、使用。

（2）软件框图

纯文本文件方式框图，如图7-1所示。

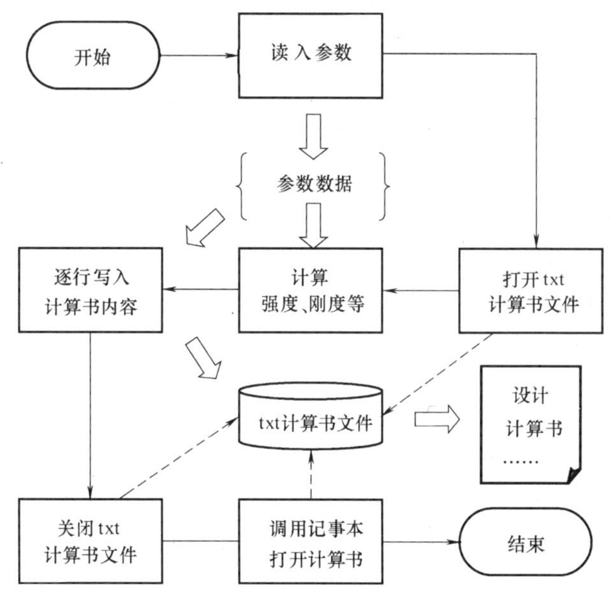

图7-1　纯文本文件方式框图

（3）特点

纯文本（txt）格式的计算书不能规定字体、字号，也不能插入一般的图形和表格，只能插入由制表符构成的简单图形和表格，格式比较单调。但这种方式简单直观，所生成的txt文本文件直接双击就能打开，使用方便，编程也容易，可以满足客观记录设计过程的基本要求，使设计可核查。所输出的计算书文本还可以利用文本编辑软件作进一步的交互式处理，稍加修饰，就是一份漂亮的设计计算书了。

（4）程序示例

为了简单起见，仅以计算矩形面积为例，本例采用函数的参数传递设计参数。

1）建立单文档框架。启动 VC ++6.0，在 File 文件菜单中单击【New 新建】命令，在【Projects】中选择 MFC AppWizard ［exe］，在 Location 位置窗口中选择保存工程文件夹的位置，在 Project name 名称窗口中输入工程的名称，如 TestTXT。该名称是工程文件夹的名称，也是可执行文件的名称，及程序名称的组成部分。

在向导的第一步选单文档界面，单击【Next】按钮；第二步和第三步均取默认设置，直接单击【Next】按钮；第四步可以去掉 Docking toolbar 浮动工具条和 Printing and print preview 打印选项，单击【Next】按钮；第五步选择 As a statically linked library，把 MFC 库作为静态连接库，使可执行文件能够在没有安装 VC 的计算机上运行，单击【Next】按钮，单击【Finish】按钮，单击【OK】按钮。

2）录入函数。翻到 FileView 页，展开文件树，双击 TestTXTView. cpp，在构造函数 CTestTXTView 之前插入一个自己编写的函数：

```
void Specification(char OutFileName[],double Width,double Height)
{// 计算书函数(文件名,宽度,高度)
    FILE  * OutFilePoint;// 定义计算书文件指针
    OutFilePoint = fopen(OutFileName,"w");// 打开计算书文件
    fprintf(OutFilePoint,"计算矩形面积:\n");// 写入标题
    fprintf(OutFilePoint,"      矩形面积 S = 宽 W × 高 H\n");// 写入公式
    fprintf(OutFilePoint,"      = %.3f × %.3f\n",Width,Height);  // 写入计算过程
    fprintf(OutFilePoint,"      = %.3f(mm^2)\n",Width * Height);// 写入计算结果
    fclose(OutFilePoint);// 关闭计算书文件
    char Command[100];      // 定义命令字符数组
    strcpy(Command,"notepad ");  // 复制命令
    strcat(Command,OutFileName);// 组装命令参数
    WinExec(Command,SW_SHOW);      // 执行命令
}
```

3）调用函数。在构造函数 CTestTXTView 的// TODO：add construction code here 语句之后，插入函数调用语句和退出语句：

```
Specification("TestTXT.txt",3,7);// 调用计算书函数
exit(0);// 退出程序
```

4）运行程序。单击【!】按钮，编译、连接、运行程序，结果如图 7-2 所示。修改调用语句中的参数，可以看到不同的计算结果。

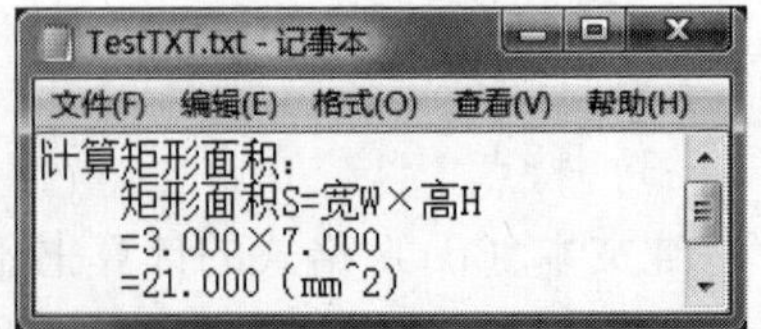

图 7-2　纯文本文件方式运行结果

2. 参数绘图方式

采用第 5 章中参数绘图的方式也能生成参数化的设计计算书。例如，采用命令文件方式，用标注技术要求的方法来形成计算书中的文本与数字，而用参数绘图的方式来形成计算书中的插图，从而解决了设计计算书图文并茂的要求，而且这里的插图也是可以随参数变化的，如某些图形的尺寸和曲线的形状。这种计算书是通过 AutoCAD 来输出的，有点儿像过去的工艺卡片。

（1）生成过程

1）输入参数，可以由函数的参数传递，通过对话框输入，或从数据文件中读入。

2）打开命令文件——规定路径、文件名、扩展名用 scr，以写的方式打开。

3）根据参数计算有关强度、刚度、稳定性等指标。

4）用文本标注函数向命令文件中写入文本标注命令。其中，被标注文本的字符部分（可以用汉字）是固定的，数值部分则由参数数据（数组）中的相应变量（下标变量）及计算结果来决定，数值部分是可变的。设计说明书的每一行都用一个函数调用语句来生成。

5）用绘图函数绘制计算书中的插图，图形的尺寸由参数来控制。

6）关闭命令文件。

7）调用 AutoCAD 系统并执行上述命令文件，生成作为计算书的图样，供用户查看、使用。

（2）软件框图

参数绘图方式框图，如图 7-3 所示。

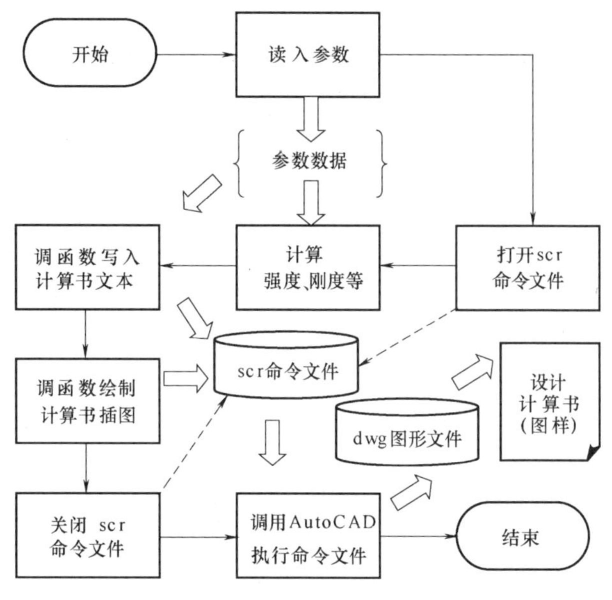

图 7-3　参数绘图方式框图

（3）特点

参数绘图式的计算书可以控制文字的大小，也可以插入由线条和圆弧画成的图形，格式丰富了不少。但这种方式的计算书的每一页其实都是一张图样，需要借助于 AutoCAD 系统才能打印出来，无法采用一般的文本编辑软件作进一步的加工处理。

（4）程序示例

为了简单起见，仍以计算矩形面积为例。本例采用对话框输入参数：

1）建立单文档框架。

2）建立对话框。

翻到 ResourceView 页，展开资源树，在 Dialog 上单击鼠标右键，选择【Insert Dialog】；调整对话框资源的大小，在新添的对话框上单击鼠标右键，选择 ClassWizard 类向导，单击

【OK】按钮同意为新添的对话框建立类，给这个新的对话框类起一个名字，如DLG，单击【OK】按钮，再单击【OK】按钮。

3）调用对话框。

翻到FileView页，展开文件树，双击DLG.cpp，复制“#include " DLG.h"”，双击TestSCRView.cpp，在一串包含文件语句的后面复制刚才复制的“#include " DLG.h"”，在构造函数CTestSCRView的// TODO：add construction code here语句之后插入：

```
DLG D1;D1.DoModal();exit(0);
```

单击【!】按钮，编译、连接、运行程序，出现对话框。

不直接采用基于对话框的工程，而选择在单文档框架中调用对话框，这是为了扩展方便。

4）在对话框上添加控件。

翻到Resource View页，打开Dialog，双击IDD_DIALOG1调出对话框资源界面，单击控件工具栏上的【Aa】按钮，在对话框资源界面上绘制Static Text静态文本控件，用鼠标右键单击该控件，选择Properties，翻到General页，把Caption标题窗口中的“Static”改成“宽W（mm）”，必要时用鼠标左键拉伸修改控件的大小。

单击控件工具栏上的【ab|】按钮，在对话框资源界面上“宽W（mm）”静态文本控件的右侧绘制Edit Box编辑框控件，必要时用鼠标左键调整控件的位置，拉伸修改控件的大小。

用同样的方法添加“高H（mm）”静态文本控件，并在它的右侧添加编辑框控件。

5）为编辑框控件建立变量。

在对话框资源界面上单击鼠标右键，选择ClassWizard类向导，翻到“Member Variables”页，双击IDC_EDIT1，Member variable name类变量名称取m_W，Category种类选择Value，Variable type变量型取double，单击【OK】按钮。用同样的方法建立m_H双精度变量。

6）给变量赋初值。

翻到FileView页，展开文件树，双击DLG.cpp，在对话框的构造函数DLG中给变量m_W和m_H赋初值：

```
DLG::DLG(CWnd* pParent /*=NULL*/)
    :CDialog(DLG::IDD,pParent)
{
    //{{AFX_DATA_INIT(DLG)
    m_W = 3.0;
    m_H = 7.0;
    //}}AFX_DATA_INIT
}
```

7）录入函数。

在对话框DLG.cpp文件中插入两个自己编写的函数（OnOK函数之前）：

```
void Text(FILE *FilePoint,double x,double y,double h,char text[])// 标注文字函数
{
```

```
    fprintf(FilePoint,"text\n%.1f,%.1f\n%.1f\n0\n%s\n",x,y,h,text);
}
void Line4(FILE *FilePoint,double x1,double y1,double x2,double y2)// 画矩形函数
{
    fprintf(FilePoint,"rectang\n%.1f,%.1f\n%.1f,%.1f\n",x1,y1,x2,y2);
}
```

8）改造【OK】按钮。

在对话框资源界面的【OK】按钮处单击鼠标右键，选择 Properties，翻到 General 页，把 Caption 标题窗口中的“OK”改成“计算书”。双击该按钮，同意其消息响应函数为 OnOK，单击【OK】按钮，把 OnOK 函数改写为如下函数：

```
void DLG::OnOK()// 计算书
{
    // TODO:Add extra validation here
    FILE *fp;  // scr 文件指针
    double k =5;// 插图比例(放大倍数)
    double x0,y0,x1,y1,x2,y2,x3,y3;// 标注和画图坐标
    char temp[100];  // 临时字符数组
    UpdateData(true);// 读入编辑框数据
    x0 =20;y0 =200;// 设置计算书基准点坐标
    x1 =x0;y1 =y0;  // 设置文字左上角坐标
    x2 =x1 +90;y2 =y1 +5;          // 计算插图左上角坐标
    x3 =x2 +m_W *k;y3 =y2-m_H *k;// 计算插图右下角坐标
    fp =fopen("TestSCR.scr","w");  // 打开 scr 文件
    fprintf(fp,"erase\nall\n\n");// 清除图中原有内容
    Text(fp,x1,y1,5,"计算矩形面积:");// 写入标题
    Text(fp,x1,y1-10,5,"      矩形面积 S =宽 W×高 H");// 写入公式
    sprintf(temp,"        =%.3f×%.3f",m_W,m_H);// 计算过程存临时字符数组
    Text(fp,x1,y1-20,5,temp);// 写入计算过程
    sprintf(temp,"        =%.3f(mm^2)",m_W *m_H);// 计算结果存临时字符数组
    Text(fp,x1,y1-30,5,temp);// 写入计算结果
    Line4(fp,x2,y2,x3,y3);      // 画插图
    fprintf(fp,"zoom\ne\n");  // 放大图形
    fclose(fp);// 关闭 scr 文件
    system("start ACAD /b TestSCR TestSCR");// 启动 AutoCAD 并运行 scr 文件
    CDialog::OnOK();
}
```

9）关于调用 AutoCAD 系统（以 2004 版为例）。

从【开始】/【程序】/【Autodesk】/【AutoCAD 2004】中把快捷方式 AutoCAD 2004 复制到当前目录中并改名为 ACAD，在其上单击鼠标右键，选择属性，把起始位置的后半段截掉，

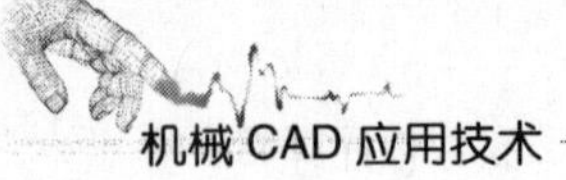

改成" C:\ Program Files \ AutoCAD 2004;" (结尾处加分号)，如图 7-4 所示。注意，不要输入汉字的符号。

图 7-4 改造后的快捷方式

事先调用 AutoCAD，创建新字体 style1，宋体，保存图形文件 TestSCR. DWG 到当前目录。然后就可以单击【!】按钮，编译、连接、运行程序了。运行结果如图 7-5 所示，生成的计算书如图 7-6 所示。运行后应先关闭 AutoCAD 再运行下一次。

3. 接口文件方式（rtf 文件方式）

接口文件方式类似于参数绘图的 DXF 文件方式。Windows 的附件中除了有记事本（notepad. exe）之外，还有一个写字板（wordpad. exe），用写字板来编辑文件时是可以设置字体、字号的，其保存文件的格式就是 rtf 格式，又称为富文本格式（Rich Text Format）。rtf 接口文件方式就是通过编程，生成采用 rtf 格式编码的计算书文件。

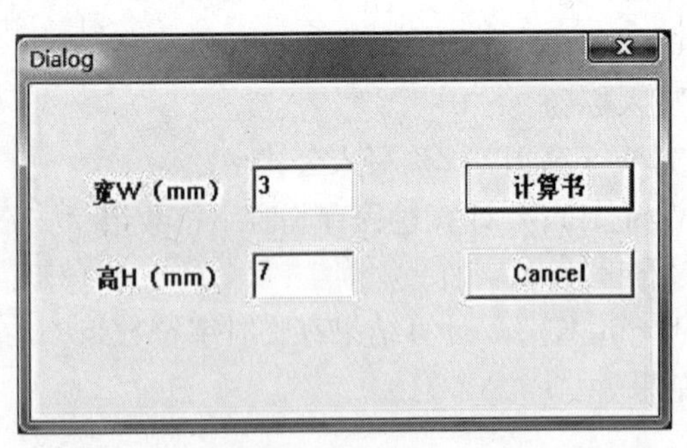

图 7-5 运行时的输入界面

图 7-6 生成的计算书

(1) 生成过程

1) 输入参数，可以由函数的参数传递，通过对话框输入，或从数据文件中读入。

2) 打开作为接口的 rtf 文件——规定路径、文件名、扩展名用 rtf，以写的方式打开。

3) 根据参数计算有关强度、刚度、稳定性等指标。

4) 用书写函数向 rtf 文件中写入代码。其中，被写入的字符部分（可以用汉字）是固定的，数值部分则由参数数据（数组）中的相应变量（下标变量）及计算结果来决定，数值部分是可变的。设计说明书的每一行都用一个函数调用语句来生成。

5）关闭 rtf 文件。

6）调用 Wordpad 或 Word 等文本编辑软件并打开上述 rtf 文件，供用户查看、使用。

（2）软件框图

rtf 接口文件方式框图，如图 7-7 所示。

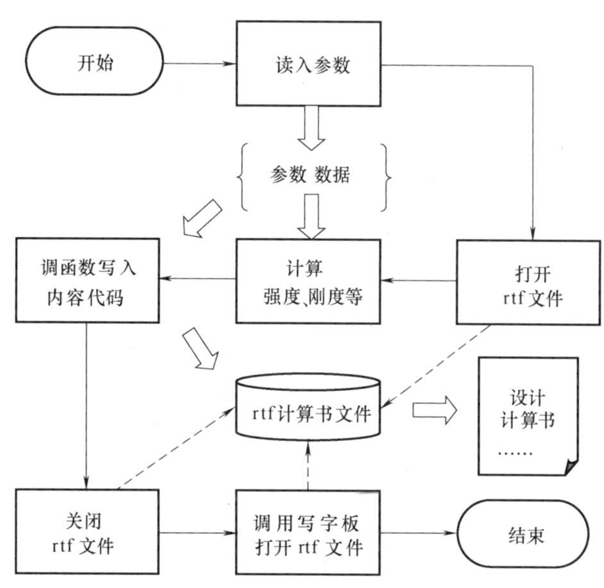

图 7-7　rtf 接口文件方式框图

（3）特点

富文本（rtf）格式的计算书可以控制字体、字号，也可以插入简单的图形，格式很丰富，还可以直接用 Word 打开，并作进一步的加工处理，使用很方便。但是这种格式的编码很复杂，需要编写许多函数来生成。

（4）程序示例

为了简单起见，仍以计算矩形面积为例。本例也采用对话框输入参数，可以设置宋体正常和黑体加粗两种字体，没有绘制图形。

1）建立单文档框架。

2）建立对话框，参见图 7-5。

3）录入函数。

在对话框 DLG. cpp 文件中插入三个自己编写的函数（OnOK 函数之前）：

```
void Head(FILE *FilePoint)// 文件头(预设宋体正常和黑体加粗两种字体)
{
    fprintf(FilePoint,"{\\rtf1\\ansi\\ansicpg936\\deff0\\deflang1033\\deflangfe2052{");
    fprintf(FilePoint,"\\fonttbl{\\f0\\fmodern\\fprq6\\fcharset134 \\ćb\\će\\ćc\\é5;}");
    fprintf(FilePoint,"{\\f1\\fmodern\\fprq1\\fcharset134 \\ƀa\\d́a\\ćc\\é5;}}\n");
    fprintf(FilePoint,"{\\*\\generator Msftedit 5.41.21.2509;}\\viewkind4\\uc1\\pard\\
lang2052\\f0");
```

```
}

void AddText(FILE * FilePoint,int Style,int Size,char Text[])// 添加一行字符,FilePoint 文件指针
{//Style 字体:0——宋体正常,1——黑体加粗;Size 字号——磅,Text 文本字符数组
    int i;// 循环变量
    int Length = strlen(Text);// 测字符串长度
    if(Style == 1)fprintf(FilePoint,"\\b\\f1");  // 写入黑体加粗字体信息
    else          fprintf(FilePoint,"\\b0\\f0"); // 写入宋体正常字体信息
    fprintf(FilePoint,"\\fs%d ",2 * Size);// 写入字号信息,注意有一个空格
    for(i = 0;i < Length;i ++)// 逐个处理字符
    {
        if(Text[i] < 0)fprintf(FilePoint,"\\%x",Text[i] + 256);// 处理汉字
        else fprintf(FilePoint,"%c",Text[i]);// 处理非汉字
    }
    fprintf(FilePoint,"\\par\n");// 写入行结束符
}

void End(FILE * FilePoint)// 文件尾
{
    fprintf(FilePoint,"}\n");
}
```


4）改造【OK】按钮。

把【OK】按钮改成【计算书】按钮。把 OnOK 函数改为如下函数：

```
void DLG::OnOK()// 计算书
{
    // TODO:Add extra validation here
    FILE * fp;          // rtf 文件指针
    char temp[100];   // 临时字符数组
    UpdateData(true);// 读入编辑框数据
    fp = fopen("TestRTF.rtf","w");// 打开 rtf 文件
    Head(fp);// 写入文件头
    AddText(fp,1,24,"计算矩形面积");            // 写入标题(黑体加粗,24 磅)
    AddText(fp,0,10,"      矩形面积 S = 宽 W × 高 H");// 写入公式(宋体正常,10 磅)
    sprintf(temp,"      = %.3f × %.3f",m_W,m_H);  // 计算过程存临时字符数组
    AddText(fp,0,10,temp);// 写入计算过程
    sprintf(temp,"      = %.3f(mm^2)",m_W * m_H);// 计算结果存临时字符数组
    AddText(fp,0,10,temp);// 写入计算结果
    End(fp);     // 写入文件结束符
```

```
    fclose(fp);// 关闭 rtf 文件
    WinExec("wordpad TestRTF.rtf",SW_SHOW);//用 wordpad 打开 rtf 文件
    CDialog::OnOK();
}
```

5）运行。

事先把 wordpad.exe 复制到当前目录中，单击【!】按钮，编译、连接、运行程序。运行结果如图 7-8 所示。

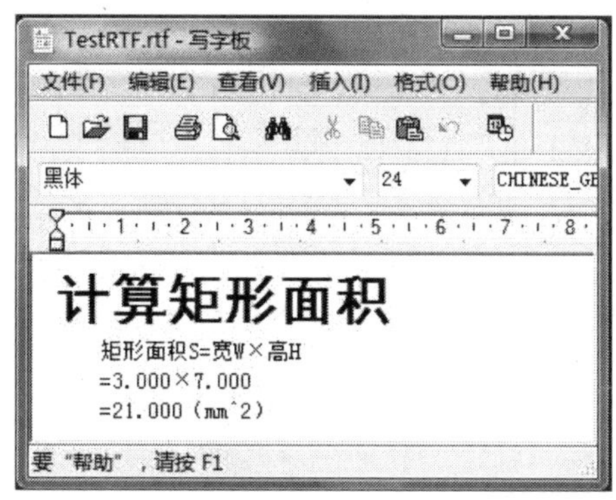

图 7-8　生成的 rtf 格式计算书

4. 软件接口方式（直接控制文本编辑软件的方式）

软件接口方式类似于参数绘图的 VBA 接口方式或 ARX 接口方式。它不是通过接口文件，而是采用 COM 软件接口（Component Object Model，组件对象模型），编制程序控制指挥 Word 文本编辑软件，生成计算书文档。

（1）生成过程

1）输入参数，可以由函数的参数传递，通过对话框输入，或从数据文件中读入。

2）调用有关函数，通过 COM 接口启动 Word，打开计算书文件。

3）根据参数计算有关强度、刚度、稳定性等指标。

4）调用有关函数，通过 COM 接口指挥 Word，向文件中写入内容。其中，被写入的字符部分（可以用汉字）是固定的，数值部分则由参数数据（数组）中的相应变量（下标变量）及计算结果来决定，数值部分是可变的。设计说明书的每一行都用一个函数调用语句来生成。

5）调用有关函数，通过 COM 接口指挥 Word，在文件中绘制所需要的图形。

6）所生成的计算书可以直接供用户查看、编辑、使用。

7）保存所生成的 doc 计算书文件。

（2）软件框图

COM 软件接口方式框图，如图 7-9 所示。

（3）特点

Word 文本编辑软件 doc 格式的计算书可以控制字体、字号，也可以插入各种图形，格式非常丰富，还可以在 Word 中作进一步的加工处理，使用非常方便。但是，COM 接口的编程比较复杂，需要编写许多函数来控制 Word 软件，而且编程与 Word 的版本有关。

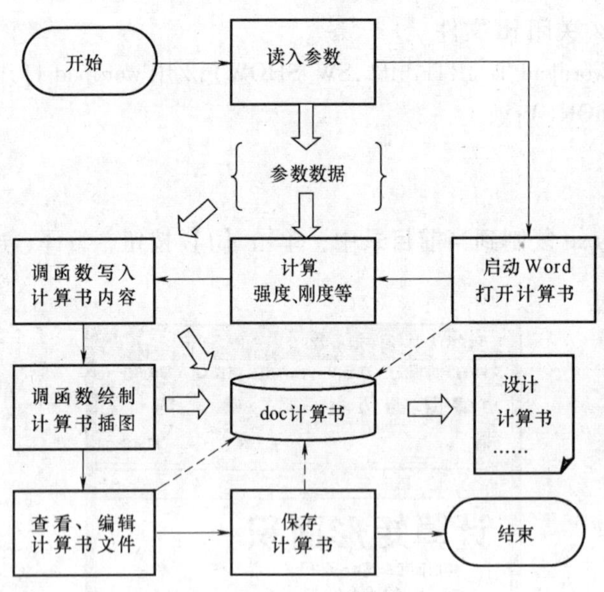

图 7-9　COM 软件接口方式框图

(4) 程序示例

为了简单起见，以简单拉伸强度计算为例。本例采用数据文件输入参数：

1) 建立单文档框架 TestDOC。

2) 加入用来操作 Word 的外部类。

在程序中单击鼠标右键，在快捷菜单中选择 ClassWizard…启动类向导，翻到 Automation 页，单击【Add Class】按钮右边的小箭头，选择 From a type Library... 从外部类库添加，浏览找到 office 的安装目录，如 C:\ Program Files \ Microsoft Office，进入 OFFICE11 子目录，选中 MSWORD. OLB 库文件，单击【打开】按钮，选中全部类，单击【OK】按钮，再单击类向导的【OK】按钮。这时工程中会出现 msword. h 和 msword. cpp 两个文件，其中包含的就是所选中的可操作 Word 的类。

3) 录入函数。

打开 TestDOC. cpp 文件，在 BOOL CTestDOCApp::InitInstance ( ) 初始化函数的前部添加：

```
if(! AfxOleInit())// COM 接口,很关键
{
    AfxMessageBox("初始化失败");
    return FALSE;
}
```

在 TestDOCView. cpp 中包含头文件#include " msword. h"，在其构造函数中添加语句：

```
CTestDOCView::CTestDOCView()
{
    // TODO:add construction code here
    FILE *fp;// 文件指针
```

```
    double D;// 直径
    double P;// 轴力
    double C;// 应力
    char temp[200];// 临时字符串

    fp = fopen("data1.txt","r");// 打开数据文件用于读
    fgets(temp,200,fp);      // 空读一行注释
    fscanf(fp,"%lf\n",&D);// 读取直径数据
    fgets(temp,200,fp);      // 空读一行注释
    fscanf(fp,"%lf\n",&P);// 读取轴力数据
    fclose(fp);// 关闭文件

    C = 1000 * P/(3.1416 * D * D/4.0);// 计算应力

    _Application App;// 定义一个 Word 的应用对象
    Documents oDocs;
    CString Line;
    if(! App.CreateDispatch(_T("Word.Application")))// 启动 Word
    {
        AfxMessageBox(_T("没有安装 OFFICE2003!"));
        return;
    }
    App.SetVisible(TRUE);// 设置 Word 为可见
    COleVariant vOpt((long)DISP_E_PARAMNOTFOUND,VT_ERROR);// 仅作为参数
    oDocs  =  App.GetDocuments();
    oDocs.Add(vOpt,vOpt,vOpt,vOpt);

    Selection sel = App.GetSelection();
    Line.Format("圆杆截面直径 D = %.1f(mm)\n",D);// 装配字符串
    sel.TypeText(Line);// 输出字符串
    Line.Format("轴向拉力 P = %.1f(kN)\n",P);// 装配字符串
    sel.TypeText(Line);// 输出字符串
    Line.Format("拉伸应力 C = 1000P/(3.1416 * D * D/4)\n");
    sel.TypeText(Line);
    Line.Format("  = 1000 * %.1f/(3.1416 * %.1f * %.1f/4)\n",P,D,D);
    sel.TypeText(Line);
    Line.Format("  = %.1f(MPa)\n",C);
    sel.TypeText(Line);
}
```

4）运行。

事先准备好数据文件：data1. txt，内容：

No. 1 圆杆的直径 D(mm)

50

No. 2 轴向拉力 P(kN)

200

单击【!】按钮，编译、连接、运行程序。

5）效果（为了简单起见，没有设置字体、字号等效果）。

圆杆截面直径 D = 50. 0(mm)

轴向拉力 P = 200. 0(kN)

拉伸应力 C = 1000P/(3. 1416 × D × D/4)

= 1000 × 200. 0/(3. 1416 × 50. 0 × 50. 0/4)

= 101. 9(MPa)

5. 几种方式的比较

在上述几种方式中，txt 纯文本文件方式最简单、直观，生成的计算书格式比较单调。用 COM 接口控制 Word 生成 doc 文件的方式最复杂，生成的计算书格式最丰富。其他两种方式也各有其特点，见表 7-1。

表 7-1　参数化计算书生成方式特点对比

生成方式	字体字号	插　图	编　程	其他特点
txt 文件	不可设置	只能用制表符表示图形	容易	需要进一步编辑处理
参数绘图	可以设置	可以绘制图形	较难	使用不便，依赖 AutoCAD
rtf 接口文件	可以设置	可以插入图片但较复杂	较难	可以用 Word 直接打开
COM 软件接口	可以设置	可以绘制或插入图形	最难	依赖特定 Word 版本

7.3　VC ++/Word 编程

1. 生成方式

通过 VC ++ 编程指挥 Word 软件生成参数化的计算书有两种方式：直接法和模板法。直接法就是一句一句地直接生成，同时规定每一句的格式（字体、字号等）。模板法则需要有一个模板，模板也就是一份编写好的空白计算书，其中已经规定好了各种格式，程序运行时向模板中填入数据来实现参数化。无论采用哪种方式，一般都会定义一些函数，以方便编程。

2. 直接生成计算书的函数

1）自定义一个类，头文件：MyWord. h。

```
#include "msword. h"
class MyWord // 自定义类
{
public:
```

```
    MyWord();
    virtual ~MyWord();

    _Application App;      // 定义一个 Word 的应用对象
    Selection Sel;         // 选择对象(或插入点)
    Documents Docs;        // 文档对象的集合
    _Document Doc;         // 文档对象
    Range Range;           // 范围
    _Font Font;            // 字体
    Paragraphs Paras;      // 段落的集合
    Paragraph Para;        // 段落
    void MyWord::Read(char FileName[],int Number,double Data[]);// 读数据函数
    void MyWord::Start();// 初始化函数
    void MyWord::SetFond(int Line,char font[20]="宋体",float Size=10.5,int hard=0,
        int red=0,int green=0,int blue=0);          // 设置字体函数
    void MyWord::Text(char t[]);                    // 插入行函数
    void MyWord::SaveAs(char Name[]);               // 保存函数
    void MyWord::End();                             // 结束函数
}
```

2）类的实现体文件：MyWord. cpp。

```
void MyWord::Read(char FileName[],int Number,double Data[]);// 读数据函数
{
    FILE *FilePoint;
    int i;
    char temp[200];
    FilePoint=fopen(FileName,"r");
    for(i=1;i<=Number;i++)
    {
        fgets(temp,200,FilePoint);
        fscanf(FilePoint,"%lf\n",&Data[i]);
    }
    fclose(FilePoint);
}

void MyWord::Start()// 初始化函数
{
    if(! App.CreateDispatch("Word.Application"))// 启动 Word
    {
        AfxMessageBox("没有安装 OFFICE2003!");
```

```
        return;
    }
    App.SetVisible(TRUE);// 设置 Word 为可见

    COleVariant vOpt((long)DISP_E_PARAMNOTFOUND,VT_ERROR);// 仅作为参数
    Docs = App.GetDocuments();
    Docs.Add(vOpt,vOpt,vOpt,vOpt);
    Docs.AttachDispatch(App.GetDocuments(),true);
    Doc = App.GetActiveDocument();// 得到 ActiveDocument 变量
    if(! Doc.m_lpDispatch)
    {
        AfxMessageBox("ActiveDocument 获取失败");
    }
    Sel = App.GetSelection();// 得到 selection 变量,获取当前光标,Sel 指示当前光标
    if(! Sel.m_lpDispatch)
    {
          AfxMessageBox("selection 获取失败");
    }
}

void MyWord::SetFond(int Line,char font[20],float Size,int hard,int red,int green,int blue)
{ // 设置字体函数:行,字体名,字号,加粗,红,绿,蓝
    Paras = Doc.GetParagraphs();
    Para = Paras.Item((long int)Line);// 选段落
    Paras.SetAlignment(0);// 文本格式:0 左对齐,1 居中,2 右对齐,
    Range = Para.GetRange();

    Font = Range.GetFont();
    Font.SetName(font);   // 设置字体:宋体、黑体等
    Font.SetSize(Size);   // 设置字号:26 一,24 小一,22 二,18 小二,16 三,15 小三,14
                             四,12 小四,10.5 五号
    Font.SetBold(hard);   // 是否加粗:0 表示不加粗,1 表示加粗
    Font.SetColor(RGB(red,green,blue));// 设置颜色:红,绿,蓝
    Range.SetFont(Font);
}

void MyWord::Text(char t[])// 插入行函数
{
    Sel.TypeText(t);// 写入一行文本
```

```
}

void MyWord::SaveAs(char Name[])// 保存函数
{
    char Path[200];// 当前路径
    COleVariant vOpt((long)DISP_E_PARAMNOTFOUND,VT_ERROR);// 仅作为参数
    GetCurrentDirectory(200,Path);      // 获得当前路径
    sprintf(Path,"%s\%s",Path,Name);// 添加文件名
    COleVariant FileName(Path);         // 进行参数转换
    Doc.SaveAs(FileName,vOpt,vOpt,vOpt,vOpt,vOpt,vOpt,vOpt,vOpt,vOpt,vOpt,vOpt,
vOpt,vOpt,vOpt,vOpt);
}

void MyWord::End()// 结束函数
{
    Sel.ReleaseDispatch();
    Doc.ReleaseDispatch();
    Docs.ReleascDispatch();
    Range.ReleaseDispatch();
    Font.ReleaseDispatch();
    App.ReleaseDispatch();// 释放对象指针
}
```

3）调用示例。

```
CTestDOCView::CTestDOCView()
{
    // TODO:add construction code here
    double D[10];  // 存放数据的数组
    char temp[100];// 临时字符数组
    MyWord Word;

    Read("TestDOC.txt",4,D);// 读入数据

    Word.Start();
    Word.SetFond(1,"黑体",16,1,255,0,0);
    Word.Text("拉伸强度计算\n");// 写入标题
    Word.SetFond(2,"宋体",10.5);
    Word.Text("1、截面面积 S = 宽 W × 高 H\n");// 写入面积公式
    sprintf(temp,"        =%.3f×%.3f\n",D[1],D[2]);// 计算过程存临时字符数组
    Word.Text(temp);// 写入计算过程
```

```
    sprintf(temp,"      =%.3f(mm^2)\n",D[1]*D[2]);// 计算结果存临时字符数组
    Word.Text(temp);// 写入计算过程
    Word.Text("2、拉伸应力σ=轴向拉力P/截面面积S\n");// 写入应力公式
    sprintf(temp,"      =%.3f/%.3f\n",D[3],D[1]*D[2]);// 计算过程存临时字符
                                                        数组
    Word.Text(temp);// 写入计算过程
    sprintf(temp,"      =%.3f(MPa)\n",D[3]/(D[1]*D[2]));// 计算结果存临时
                                                          字符数组
    Word.Text(temp);// 写入计算过程
    sprintf(temp,"3、许用应力[σ]=%.3f(MPa)\n",D[4]);// 计算过程存临时字符数组
    Word.Text(temp);// 写入计算过程
    if(D[3]/(D[1]*D[2])<D[4])Word.Text("      σ<[σ],合格\n");
    else Word.Text("      σ>[σ],不合格\n");

    Word.SaveAs("计算说明书.doc");
    Word.End();
    exit(0);
}
```

4）数据文件：TestDOC.txt。

```
No.1:截面宽度W(mm)
3
No.2:截面高度H(mm)
7
No.3:轴向拉力P(N)
500
No.4:许用应力C(MPa)
160
```

直接生成的Word文档，如图7-10所示 。

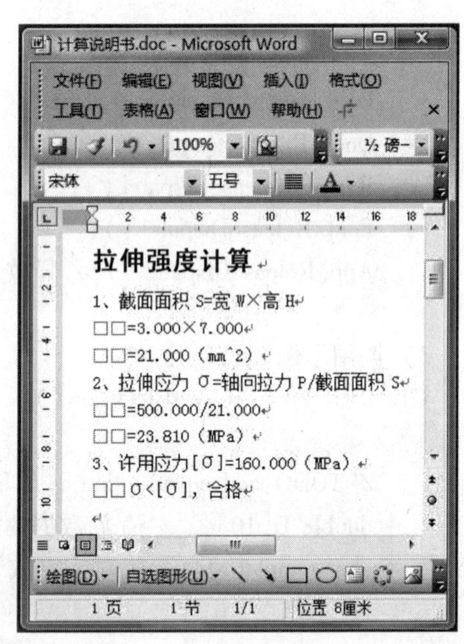

图7-10 直接生成的Word文档

3. 修改计算书模板的函数

1）在上述自定义的类中添加几个函数：MyWord.h（部分）

```
……
    void MyWord::OpenTemplate(char FileName[]);// 打开模板文件
    void MyWord::HomeKey();
    void MyWord::MoveDown();
    void InsertNum(int Line,int Row,double value,int N);// 修改函数
……
```

2）这几个函数的实现体：

```
void MyWord::OpenTemplate(char TempName[])// 打开模板文件
```

```
{
    char Path[200],temp[200];// 当前路径
    COleVariant vOpt((long)DISP_E_PARAMNOTFOUND,VT_ERROR);// 仅作为参数
    sprintf(temp,"copy %s.dot %s.doc",TempName,TempName);  // 复制模板
    system(temp);
    if(! App.CreateDispatch("Word.Application"))// 启动 Word
    {
        AfxMessageBox("没有安装 OFFICE2003!");
        return;
    }
    App.SetVisible(TRUE);// 设置 Word 为可见

    Docs = App.GetDocuments();
    GetCurrentDirectory(200,Path);// 获得当前路径
    sprintf(Path,"%s\\%s.doc",Path,TempName);// 添加文件名
    COleVariant FileName(Path);      // 进行参数转换
    Docs.Open(FileName,vOpt,vOpt,vOpt,vOpt,vOpt,vOpt,vOpt,vOpt,vOpt,vOpt,vOpt,
        vOpt,vOpt,vOpt,vOpt);
    Docs.AttachDispatch(App.GetDocuments(),true);
    Doc = App.GetActiveDocument();// 得到 ActiveDocument 变量
    if(! Doc.m_lpDispatch)
    {
        AfxMessageBox("ActiveDocument 获取失败");
    }
    Sel = App.GetSelection();// 得到 selection 变量,获取当前光标,Sel 指示当前光标
    if(! Sel.m_lpDispatch)
    {
        AfxMessageBox("selection 获取失败");
    }
}

void MyWord::HomeKey()// 光标回到最左边
{
    Sel = App.GetSelection();
    CComVariant Unit(5),Extend;
    Sel.HomeKey(&Unit,&Extend);//HomeKey
}

void MyWord::MoveDown()//光标下移一行
```

```
{
    Sel = App. GetSelection( );
    CComVariant UnitMD(5),CountMD(1),ExtendMD;
    Sel. MoveDown(&UnitMD,&CountMD,&ExtendMD);//MoveDown
}

void MyWord::InsertNum(int DLine,int Row,double value,int N)//修改函数
{ //行,列,数值,小数位数
    int i;
    for(i=0;i<DLine;i++)MoveDown( );
    HomeKey( );
    Sel = App. GetSelection( );
    CComVariant Unit2(1),Count(Row),Extend2;
    Sel. MoveRight(&Unit2,&Count,&Extend2);
    char temp[200],format[20];
    sprintf(format,"%%2.%df",N);
    sprintf(temp,format,value);
    Sel. TypeText(temp);
}
```

3）调用示例。

```
CTestWordMoldView::CTestWordMoldView( )
{
    //TODO:add construction code here
    MyWord Word;
    double D[20];
    Word. Read("Data2. txt",10,D);
    Word. OpenTemplate("双梁桥式起重机主梁计算");
    Word. InsertNum(3,12,D[1],1);
    Word. InsertNum(1,10,D[2],1);
    Word. InsertNum(1,9,D[4],0);
    Word. InsertNum(1,12,D[3],0);
    Word. InsertNum(1,12,D[5],0);
    Word. InsertNum(1,9,D[6],0);
    Word. InsertNum(1,12,D[7],0);
    Word. InsertNum(1,12,D[8],0);

    Word. InsertNum(4,4,D[4],0);
    Word. InsertNum(0,10,D[3],0);
```

```
    Word.InsertNum(0,13,D[5],0);
    Word.InsertNum(0,17,D[6],0);
    Word.InsertNum(0,23,D[7],0);
    Word.InsertNum(0,26,D[8],0);
    Word.InsertNum(1,4,D[4]*(D[3]+D[5])+D[6]*(D[7]+D[8]),0);
    exit(0);
}
```

模板如图 7-11 所示，运行结果如图 7-12 所示。

图 7-11　模板

4）数据文件：data2. txt。

No. 1 额定起重量 Q(t)

50. 000

No. 2 跨度 L(m)

37. 500

No. 3 主梁上盖板厚 d1(mm)

8. 000

No. 4 主梁下盖板宽 B(mm)

1100. 000

No. 5 主梁下盖板厚 d2(mm)

8. 000

No. 6 主梁腹板高 H(mm)

2400. 000

No. 7 主梁主腹板厚 d3(mm)

8. 000

No. 8 主梁副腹板厚 d4(mm)

8. 000

No. 9 主梁翼缘外伸 L4(mm)

30. 000

No. 10 主梁轨侧外伸 be(mm)

30. 000

图 7-12 借助模板生成的 Word 文档

第8章 数据库访问技术

SolidWorks
凸台-拉伸
给定深度
40.00mm
合并结果(M)

1. 输入设计参数
2. 优化设计
3. 可视化设计
4. 参数绘图
5. 三维建模
6. 建立有限元模型
7. 输出计算书
信息
退出

8.1 使用数据库的意义

数据库技术的运用使得数据的存储、查询方便快捷，维护容易，因此大量应用程序及其相互之间使用数据库进行数据的读写与交换操作自然是顺理成章的。

建立工程数据库，大多直接使用数据库管理系统设计规划并实施数据的组织维护，它们作为资源供特定的应用程序使用。应用程序在使用这些资源时，可以根据授权实现数据的查询、读入、修改，甚至对数据库整条记录进行插入、删除的更新操作，以便有效地管理和存取工程设计信息，只有这样，才能保障共享同一数据库的应用程序之间资源信息的连通一致性。

在各种应用程序的开发中，针对不同的开发工具都有各自对应的数据库访问技术。在 VC 中提供有 ODBC、DAO、OLE DB、ADO 等多种方法，目前最流行的是 ODBC（Open DataBase Connectivity，开放式数据库接口）和 ADO（ActiveX Data Object，活动数据对象）。

当然任何事情都是一分为二的，在软件之间采用数据库来交换数据也存在一些弊端，如有时会受到数据库版本的影响，因打不开数据库而使软件无法运行；读写函数相对比较复杂；采用查询式读取时速度比较慢等。因此，当数据量比较少时，采用数据文件来交换数据也不失为一种好的选择。另外，在工程绘图和三维建模软件当中，有时也把存储图形和模型数据的图形文件称为数据库，当然这不是通用的，而是专用的特殊数据库，不属于本书的讨论范围。

8.2 ODBC 数据库访问方式

1. 技术特点

ODBC 开放式数据库接口，是 20 世纪 80 年代末 90 年代初出现的技术，它为编写关系型数据库的客户软件提供了统一的接口，允许程序与多种不同的数据库连接。在 VC 中用 ODBC 方式访问数据库有两种方式，一种是应用 API 函数，使用 ODBC API 的应用程序可以与任何具有 ODBC 驱动程序的关系数据库进行通信，而且用户可以使用 SQL 语句对数据库进行直接的底层功能操作。在使用 ODBC API 时，用户须引入的头文件为"sql. h"，"sqlext. h"，"sqltypes. h"。另一种是应用 MFC 类库，它提供封装 ODBC 功能的类。通过这些类提供的与 ODBC 的接口，用户不必处理 ODBC API 函数的繁杂组织就可以简单地进行数据库操作。主要的 MFC ODBC 类如下：

（1）CDatabase 类

CDatabase 对象表示到数据源的连接，通过它可以操作数据源。应用程序可使用多个 CDatabase 对象，构造一个对象并调用 OpenEx( ) 成员函数打开一个连接。一般情况下并不需要直接使用 CDatabase 对象，因为 CRecordSet 对象可以实现其大多数的功能。

（2）CRecordSet 类

CRecordSet 对象代表从数据源选择的记录集。记录集有两种类型：snapshot 和 dynaset。前者表示数据的静态视图，后者表示记录集与其他用户对数据库的更新保持同步。通过 CRecordSet 对象，用户可以对数据库中的记录进行各种操作。

(3) CRecordView 类

CRecordView 对象是在空间中显示数据库记录的视图。它从一个对话框模板资源创建该对话框的窗口与应用程序的 CRecordSet 对象连接，能够在程序窗口控件和记录集合之间传送数据。而且是利用 DDX(Dialog Data eXchange，对话框数据交换）和 RFX(Record Field eXchange，记录字段交换）机制，使格式上的控件和记录集的字段之间数据传送自动化。也就是说，用户甚至不需要编写一行代码就可以实现简单的数据库记录查看程序。

MFC ODBC 类在实际开发中应用最广，因为它功能丰富，操作相对简便。

2. 创建 ODBC 数据库应用程序

在 VC 中创建 ODBC 数据库应用程序遵循以下三个步骤：

1）在系统中注册数据库。

2）应用 AppWizard 建立支持 ODBC 的应用程序框架。

3）向基本数据库应用程序中添加用户代码，完善对数据库所要求的操作功能。

(1) 建立数据库

以下通过建立 OdbcKu 应用程序实例进行简要说明，程序要求在当前视窗中画一减速器外形图，其几何数据来源于由 Microsoft Access 创建的减速器数据库 Zqwx. mdb。该数据库是同一系列不同型号大小的减速器外形尺寸的集合，如图 8-1 所示。

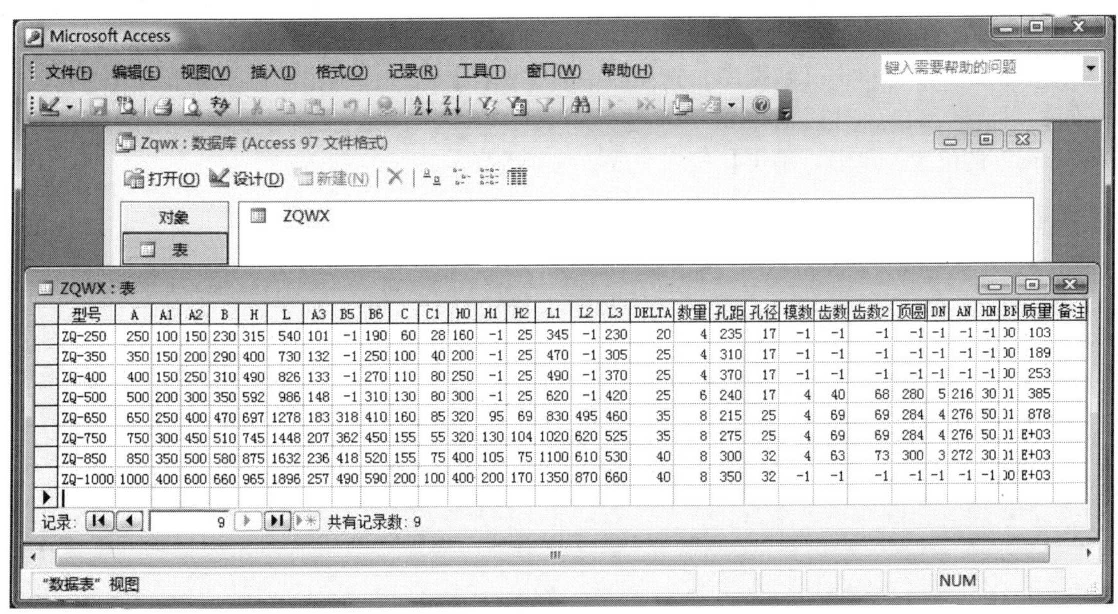

型号	A	A1	A2	B	H	L	A3	B5	B6	C	C1	H0	H1	H2	L1	L2	L3	DELTA	数量	孔距	孔径	模数	齿数	齿数2	顶圆	DN	AN	HN	BN	质量	备注
ZQ-250	250	100	150	230	315	540	101	-1	190	60	28	160	-1	25	345	-1	230	20	4	235	17	-1	-1	-1	-1	-1	-1	-1	)0	103	
ZQ-350	350	150	200	290	400	730	132	-1	250	100	40	200	-1	25	470	-1	305	25	4	310	17	-1	-1	-1	-1	-1	-1	-1	)0	189	
ZQ-400	400	150	250	310	490	826	133	-1	270	110	80	250	-1	25	490	-1	370	25	4	370	17	-1	-1	-1	-1	-1	-1	-1	)0	253	
ZQ-500	500	200	300	350	592	986	148	-1	310	130	80	300	-1	25	620	-1	420	25	6	240	17	4	40	68	280	5	216	30	)1	385	
ZQ-650	650	250	400	470	697	1278	183	318	410	160	85	320	95	69	830	495	460	35	8	215	25	4	69	69	284	4	276	50	)1	878	
ZQ-750	750	300	450	510	745	1448	207	362	450	155	55	320	130	104	1020	620	525	35	8	275	25	4	69	69	284	4	276	50	)1	E+03	
ZQ-850	850	350	500	580	875	1632	236	418	520	155	75	400	105	75	1100	610	530	40	8	300	32	4	63	73	300	3	272	30	)1	E+03	
ZQ-1000	1000	400	600	660	965	1896	257	490	590	200	100	400	200	170	1350	870	660	40	8	350	32	-1	-1	-1	-1	-1	-1	-1	)0	E+03	

图 8-1　减速器数据库

(2) 注册数据库

建立数据库应用程序之前，必须先注册被作为数据源并能通过 ODBC 驱动程序进行访问的数据库。可以按以下方式完成注册：

1）从 Windows 系统【开始】菜单的【控制面板】中，查找到【数据源（ODBC)】项单击打开，弹出【ODBC 数据源管理器】对话框，如图 8-2 所示。

2）单击【添加】按钮，弹出【创建新数据源】对话框，如图 8-3 所示。从图 8-3 中的

驱动程序列表中选择【Microsoft Access Driver】并单击【完成】按钮，弹出图8-4所示的【ODBC Microsoft Access安装】对话框。

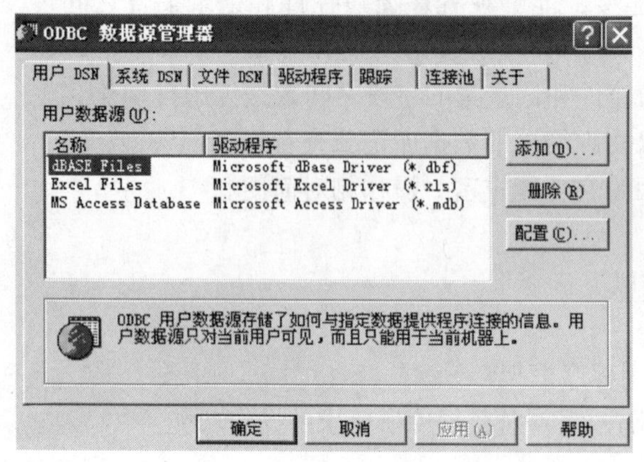

图8-2 【ODBC数据源管理器】对话框

图8-3 【创建新数据源】对话框

3）在图8-4中的【数据源名】文本框中，输入为应用程序数据库Zqwx.mdb设定的特定标识名“CAD”。该标识名可任意指定，它就是添加到图8-2中用户数据源的标识名，CAD_DATA是对标识名的说明信息。

4）在图8-4中单击【数据库】选项区中的【选择】按钮，弹出图8-5所示的【选择数据库】对话框。在该对话框中定位通过标识名“CAD”识别的应用程序使用的数据库Zqwx.mdb的位置，单击【确定】按钮完成数据库选择。

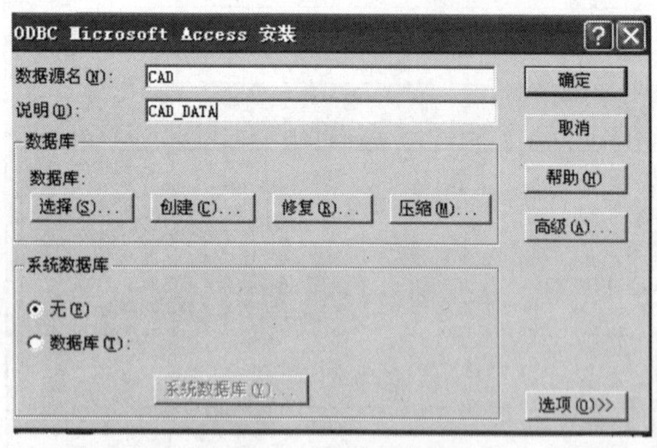

图8-4 给数据源命名

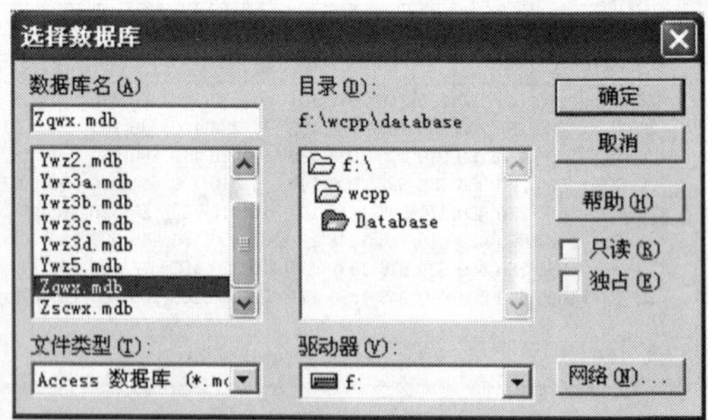

图8-5 【选择数据库】对话框

5）完成第4）步后会回到图8-2中，并在用户数据源选项区中出现“CAD”标识名，如图8-6所示。单击【确定】按钮，完成注册工作。

（3）建立应用程序框架

注册建立数据源后，可以应用MFC AppWizard［exe］应用程序向导创建OdbcKu应用程序。第一步选单文档，第二步要指定应用程序访问的数据库，如图8-7所示。

在图8-7中选中【Database view without file support】单选按钮，单击【Data Source】按钮，进入数据库选项对话框，如图8-8所示。在该对话框的【Datasource】选项区中选中

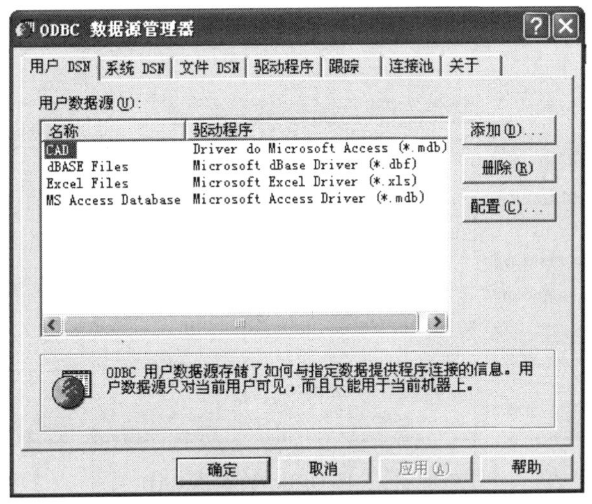

图 8-6　添加有用户标识名 CAD 的对话框

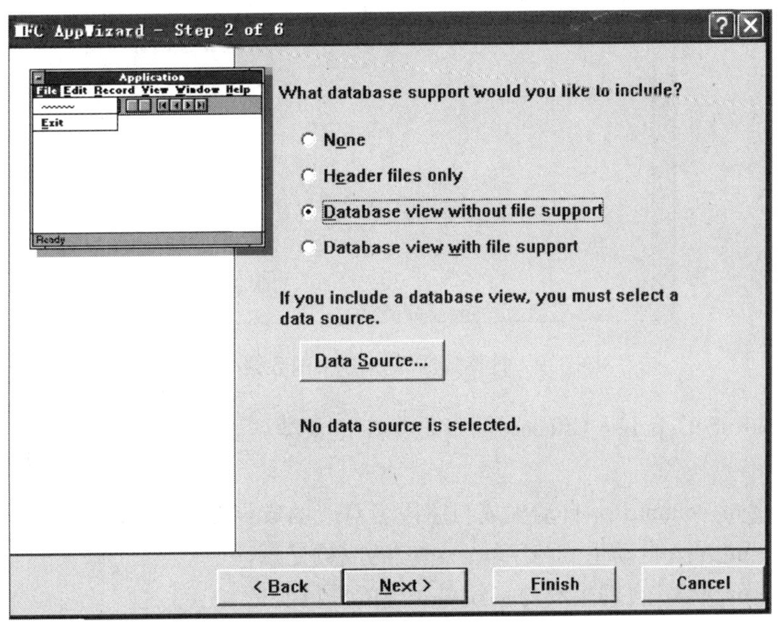

图 8-7　选择不带文件支持的数据库视图

【ODBC】单选按钮，并在下拉列表中选定前述定义的数据源 CAD，单击【OK】按钮弹出图 8-9 所示的对话框。

在图 8-9 所示的对话框中选中数据库表 ZQWX，单击【OK】按钮后即完成数据库的连接。第三步默认，第四步要保留【Docking toolbar】浮动工具栏，第五步选择【As a statically linked library】静态连接库。最后生成的 OdbcKu 应用程序框架中与 MFC 不支持数据库访问的程序的主要区别是：

1）在 stdafx. h 包含有 afxdb. h，用于支持对 MFC ODBC 数据库类的资源调用。

2）自动派生出数据库记录类 CRecordset 的子类 COdbcKuSet，见 OdbcKuSet. h 头文件：

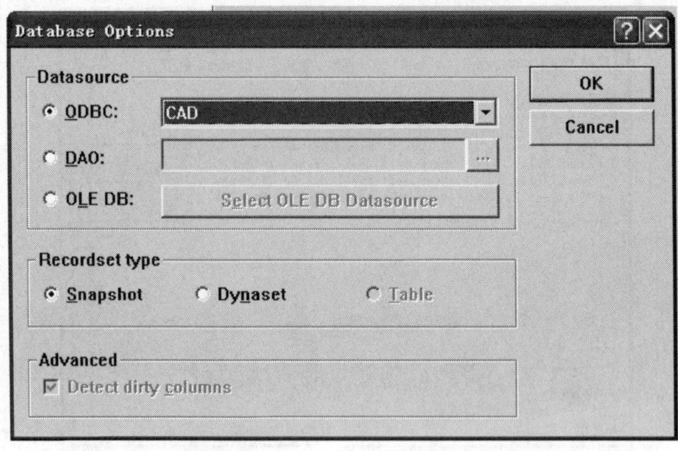

图 8-8　选择 ODBC 数据源 CAD

图 8-9　选择数据源 CAD 中的数据库表

```
class COdbcKuSet :public CRecordset //数据库记录类派生的子类
 ⋮
    CString m_column1;//自动生成与字段名对应的成员变量,这是一个汉字字段名
    double m_A;//自动生成与字段名对应的成员变量
    double m_A1;//自动生成与字段名对应的成员变量
 ⋮
virtual CString GetDefaultConnect( );//获取默认的用户数据源
virtual CString GetDefaultSQL( );//获取默认数据库表
virtual void DoFieldExchange( CFieldExchange * pFX);//实现记录字段数据交换
```

3）在文档类中自动定义 COdbcKuSet 对象数据成员，见 OdbcKuDoc. h 头文件：

```
public:
    COdbcKuSet m_odbcKuSet;//定义数据库记录类对象
```

4）视窗类中的内容变化较多，其中最重要的是定义指向 COdbcKuSet 类指针成员和数据交换函数 DoDataExchange(CDataExchange * pDX)，见 OdbcKuView. h 头文件：

```
COdbcKuSet * m_pSet;//指向数据库记录类对象的指针
```

```
⋮
virtual CRecordset * OnGetRecordset();//获取指向用户数据库记录类对象的指针
virtual void DoDataExchange(CDataExchange * pDX);//支持 DDX/DDV 数据交换
```

按照 MFC 应用程序类库之间的关系，视窗类 COdbcKuView 是文档类 COdbcKuDoc 数据输入输出的窗口，而此处文档类的数据成员就是对应数据库的记录类对象 COdbcKuSet m_odbcKuSet。在视口类中它由指针数据成员 COdbcKuSet * m_pSet 操控，它们之间的联系是由视口类的初始数据更新函数 OnInitialUpdate() 建立的：

```
void COdbcKuView::OnInitialUpdate()
{   m_pSet = &GetDocument()->m_odbcKuSet;//视口、文档与数据库记录类对象的纽带
    CRecordView::OnInitialUpdate();
    GetParentFrame()->RecalcLayout();  //框架窗口发生改变的布局
    ResizeParentToFit();               //调整主窗口的尺寸
}
```

当然，也可以不按系统这种自动建立的机制访问数据库，改由视口类中直接定义数据库的记录类对象实现。

从 CRecordSet 类派生出的 COdbcKuSet 子类是应用程序访问数据库记录字段值的接口，其中的虚拟函数 DoFieldExchange(CFieldExchange * pFX) 通过使用 RFX 函数完成数据库字段与该类数据成员变量的数据交换，RFX 函数同对话框数据交换（DDX）机制相类似，负责完成数据库与成员变量间的数据互通。

（4）添加用户程序代码

建立应用程序框架后，就可以按应用程序设计要求添加相应的功能代码。这些功能包括对数据库记录集的添加、删除及字段值的修改，也可以只读出记录的字段值用于相关的计算与绘图。

首先，打开主界面资源 IDD_ODBCKU_FORM，建立几个静态文本框和编辑框，如图 8-10所示（作为例子只建立了三组）。

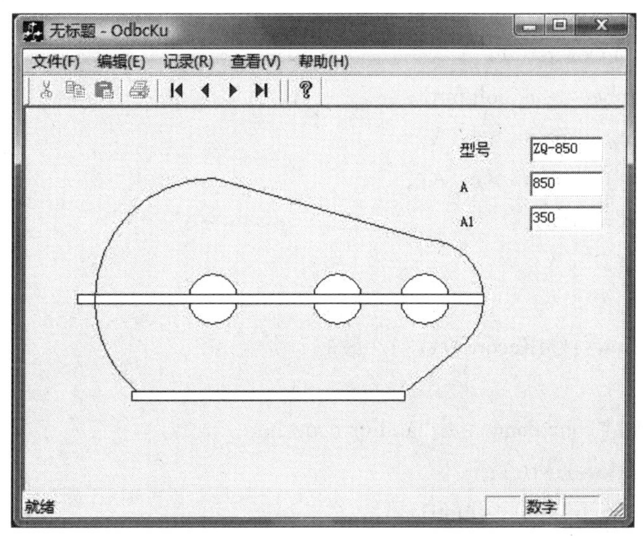

图 8-10 ODBC 应用程序界面

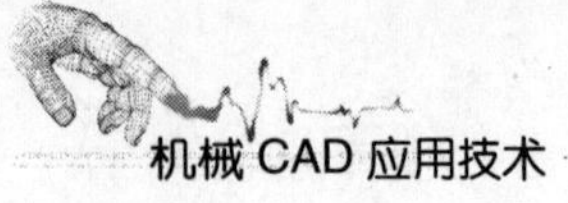

打开类向导，建立消息响应函数 OnRecordNext、OnRecordPrev、OnRecordFirst、OnRecordLast、OnDraw，并修改 OnInitialUpdate，代码如下：

```
void COdbcKuView:: OnRecordNext() //下一条记录
{
    //TODO:Add your command handler code here
    m_pSet- >MoveNext();
    m_E1 = m_pSet- >m_column1;
    m_E2 = (int)m_pSet- >m_A;
    m_E3 = (int)m_pSet- >m_A1;
    UpdateData(false);
    Invalidate();
}
void COdbcKuView::OnRecordPrev()//上一条记录
{
    //TODO:Add your command handler code here
    m_pSet- >MovePrev();
    m_E1 = m_pSet- >m_column1;
    m_E2 = (int)m_pSet- >m_A;
    m_E3 = (int)m_pSet- >m_A1;
    UpdateData(false);
    Invalidate();
}
void COdbcKuView::OnRecordFirst()//第一条记录
{
    //TODO:Add your command handler code here
    m_pSet- >MoveFirst();
    m_E1 = m_pSet- >m_column1;
    m_E2 = (int)m_pSet- >m_A;
    m_E3 = (int)m_pSet- >m_A1;
    UpdateData(false);
    Invalidate();
}
void COdbcKuView::OnRecordLast()//最后一条记录
{
    //TODO:Add your command handler code here
    m_pSet- >MoveLast();
    m_E1 = m_pSet- >m_column1;
    m_E2 = (int)m_pSet- >m_A;
    m_E3 = (int)m_pSet- >m_A1;
```

```
    UpdateData(false);
    Invalidate();
}
void Line1(int x1,int y1,int x2,int y2,CDC * pDC)//画线函数
{   pDC->MoveTo(x1,y1);
    pDC->LineTo(x2,y2);
}
void COdbcKuView::OnDraw(CDC * pDC)//画图
{
    //TODO:Add your specialized code here and/or call the base class
    int x0 =150,y0 =150;double k =0.2;//画图初始点,比例
    int x1,y1,x2,y2,x3,y3,x4,y4,x5,y5,x6,y6,x7,y7;//1 左,2 高,3、4 轴,5 右,6、7 底座
    int r,R;//轴承孔半径,箱体大头半径
    r =(int)(0.25 * k * m_pSet->m_H0);//近似取各轴承孔半径为中心高 H0 的 1/4
    R =(int)(k *(m_pSet->m_H-m_pSet->m_H0));
    x1 =x0-(int)(k *(m_pSet->m_L-m_pSet->m_A-m_pSet->m_A3));y1 =y0;//最左点
    x2 =x0;y2 =y0-R;//最高点
    x3 =x0 +(int)(k * m_pSet->m_A2);y3 =y0;//中间轴中心
    x4 =x0 +(int)(k * m_pSet->m_A);y4 =y0;//输入轴中心
    x5 =x1 +(int)(k * m_pSet->m_L);y5 =y0;//左右点
    x6 =x4-(int)(k *(m_pSet->m_C1 +m_pSet->m_L1));y6 =y0 +(int)(k * m_
        pSet->m_H0);
    x7 =x6 +(int)(k * m_pSet->m_L1);y7 =y6-(int)(k * m_pSet->m_DELTA);
    pDC->Ellipse(x2-r,y1-r,x2 +r,y1 +r);//输出轴
    pDC->Ellipse(x3-r,y3-r,x3 +r,y3 +r);//中间轴
    pDC->Ellipse(x4-r,y4-r,x4 +r,y4 +r);//输入轴
    pDC->Rectangle(x6,y6,x7,y7);//底座
    pDC->Rectangle(x1,y1 +(y6-y7)/2,x5,y5-(y6-y7)/2);//中间剖分处
    pDC->ArC(x2-R,y1 +R,x2 +R,y1-R,x2,y2,x6,y6);//左圆弧
    pDC->ArC(x4-R/2,y4 +R/2,x4 +R/2,y4-R/2,x4 +R/3,y4 +R/3,x4,y2);//右圆弧
    Line1(x2,y2,x4,y4-R/2,pDC);//上边线
    Line1(x4 +R/3,y4 +R/3,x7,y7,pDC);//右下侧边线
}
void COdbcKuView::OnInitialUpdate()//初始化
{
    m_pSet = &GetDocument()->m_odbcKuSet;
    CRecordView::OnInitialUpdate();
    GetParentFrame()->RecalcLayout();
    ResizeParentToFit();
```

```
    m_pSet- >MoveFirst( );
    m_E1 = m_pSet- >m_column1;
    m_E2 = (int)m_pSet- >m_A;
    m_E3 = (int)m_pSet- >m_A1;
    UpdateData(false);
}
```

完成程序代码设计后，编译运行结果如图 8-10 所示。

8.3 ADO 数据库访问方式

1. 技术特点

ADO 活动数据对象，提供了高层软件接口，可以在各种脚本语言（Script）或一些宏语言中直接使用。它以 OLE DB 为基础，经过封装简化了 OLE DB 访问操作数据库的方式。由于它们建立在 Microsoft 的 COM 基础之上，因此包含了一组 COM 组件程序，使得组件与组件之间或组件与客户程序之间通过标准的 COM 接口进行通信。

ADO 实际上是 OLE DB 的应用层接口，这种结构也为关系或非关系型数据库按一致的数据访问接口提供了很好的扩展性，使其不局限于特定的数据源，而处理各种 OLE DB 支持的数据源。

使用 ADO 对象开发应用程序也需产生与数据源的连接和打开记录集等步骤，但与其他访问技术不同的是，ADO 技术对对象之间的层次和顺序关系要求不是太严格。在程序开发过程中，不必先建立连接，然后才能产生记录对象等。对于使用记录的地方可以直接使用记录对象，在创建记录对象的同时，程序会自动建立与数据源的连接。这种模型有效地简化了程序设计，增强了程序的灵活性。

不过在定义 ADO 记录集变量和数据库表字段绑定类时，要求记录集的字段变量、状态变量与数据库表字段的个数、顺序必须相同。

ADO 对象模型非常精练，仅由三个主要对象 Connection、Command、Recordset 和几个辅助对象组成。Connection 对象提供数据源和对话对象之间的关联，通过用户名称和口令来处理用户身份的鉴别，并提供事务处理的支持。它还提供执行方法，从而简化数据源的连接和数据检索的进程。Command 对象封装了数据源支持的命令，该命令可以是 SQL 命令、存储过程或底层数据源可以响应的任何内容。Recordset 用于表示从数据源中返回的表格数据。它封装了记录集合的查询、更新、删除和新记录的添加等方法，还提供了批量更新记录的能力。其他辅助对象则分别提供封装 ADO 错误等。

2. ADO 在 Visual C ++ 中的使用

以下是在 Visual C ++ 中使用 ADO 数据库的 Connection 对象及其 Recordset 对象的基本步骤：

（1）引入 ADO 库文件

使用 ADO 前需要在工程的 stdafx. h 文件里引入其库文件 msado15. dll，以便合法地使用相关资源。代码如下：

```
#import "c:\Program Files\Common Files\System\ADO\msado15.dll" \
    no_namespace \
    rename("EOF","EndOfFile")rename("BOF","FirstOfFile")
```

ADO类的定义是作为一种资源存储在ADO DLL(msado15.dll)类型库中的。当使用#import指令时，在编译Visual C++工程时，会依该ADO DLL类型库创建出msado15.tlh及msado15.tli的资源头文件，其中定义了使用ADO访问数据库的接口和查询记录的操作函数。可以在工程项目的目录下找到这两个文件。

程序的第二行指示ADO对象不使用名称空间。在有些应用程序中，由于应用程序中的对象与ADO中的对象之间可能会出现命名冲突，所以有必要使用名称空间。如果要使用名称空间，则可把第二行程序修改为：rename_ namespace(" AdoNS")。第三行代码将ADO中的EOF（文件结束）BOF（文件起始）更名为EndOfFile与FirstOfFile，以免与定义了自己的EOF的其他库冲突。

（2）初始化COM库环境

使用CoInitialize()或AfxOleInit()函数对COM类型库进行初始化，其中CoInitialize()属于COM类型库函数，AfxOleInit()是MFC类库函数。与CoInitialize()对应的释放环境函数为：CoUnInitialize()。

（3）产生Connection对象实例和Recordset对象实例

```
m_pCon.CreateInstance(__uuidof(Connection));
m_pRs.CreateInstance(__uuidof(Recordset));
```

（4）创建类对象并连接数据库

ADO库的类对象Connection、Command、Recordset对应着三个基本接口：_ConnectionPtr、_CommandPtr和_RecordsetPtr，通过建立它们的实例对象实现对数据库的操作。其中，_ConnectionPtr通常被用来创建一个数据连接或执行一条不返回任何结果的SQL语句，如一个存储过程。_CommandPtr返回一个记录集。它提供了一种简单的方法来执行返回记录集的存储过程和SQL语句。在使用_CommandPtr接口时，可以利用全局_ConnectionPtr接口，也可以在_CommandPtr接口里直接使用连接串。_RecordsetPtr是一个记录集对象。与以上两种对象相比，它对记录集提供了更多的控制功能，如记录锁定、游标控制等。说明代码如下：

```
//定义接口对象
_ConnectionPtr m_pCon;        //连接对象
_RecordsetPtr m_pRs;          //记录集对象
//建立连接,打开本地Access库,对应的库表为Zqwx.mdb
m_pCon->Open("Provider=Microsoft.Jet.OLEDB.4.0;Data Source=Zqwx.mdb","","",\
        adModeUnknown);
//打开记录集对象
m_pRs->Open("select * from Zqwx",m_pCon.GetInterfacePtr(),
        adOpenDynamic,adLockOptimistic,adCmdText);
```

（5）获取数据库字段值

```
_variant_t vFieldValue;
CString strFieldValue;
```

```
//获得第一条记录并显示
vFieldValue = m_pRs->GetCollect("型号");
strFieldValue =(char *)_bstr_t(vFieldValue);
m_column1 = strFieldValue;
vFieldValue.Clear();
```

(6) 释放对象

```
//关闭记录和连接
m_pRs->Close();
m_pCon->Close();
//释放环境
::CoUninitialize();
```

3. 程序示例

继续以访问减速机数据库ZQWX并在视窗中输出示意图为例，应用MFC AppWizard建立工程名为AdoKu的应用程序框架，单文档，无需数据库支持，去掉浮动工具条和打印选项，选择静态连接库。然后向该程序框架中填写上述步骤要求的内容。在本例中是通过定义Ado类的方式实现对ZQWX数据库的访问和屏幕画图的，其中的关键代码如下：

(1) 修改stdafx.h文件

在stdafx.h文件的后部添加如下代码：

```
#import "c:\Program Files\Common Files\System\ADO\msado15.dll" \
    no_namespace \
    rename("EOF","EndOfFile")  rename("BOF","FirstOfFile")
```

(2) 建立Ado类

在【ClassView类】选项卡的类树根部单击鼠标右键，选择【New Class】，选择【Generic通用类】，类名命名为Ado，单击【OK】按钮。

(3) 添加自定义类Ado.h头文件的类定义：

把自定义类Ado.h头文件的类定义添加为如下

```
class Ado
{
public:
    Ado();
    virtual ~Ado();
//只定义了部分字段的数据成员
    CString  m_column1;
    double   m_A;
    double   m_A1;
    double   m_A2;
    double   m_H;
    double   m_L;
```

```
    double   m_A3;
    double   m_C1;
    double   m_H0;
    double   m_L1;
    double   m_DELTA;
//自定义的初始化和访问数据库函数
    void ReadRec(int RN);//RN——移动记录操作指令
    BOOL Init();
protected:
    _ConnectionPtr m_pCon;//连接对象
    _RecordsetPtr m_pRs;  //记录集对象
}
```

(4) 有关函数的实现体在 Ado.cpp 中

```
Ado::Ado()
{
    m_column1 = _T("");//其他字符型数据成员均如此
    m_A = 0.0;
    m_A1 = 0.0;//其他数值型数据成员初始均为 0.0
    m_A2 = 0.0;
    m_H = 0.0;
    m_L = 0.0;
    m_A3 = 0.0;
    m_C1 = 0.0;
    m_H0 = 0.0;
    m_L1 = 0.0;
    m_DELTA = 0.0;
}

Ado::~Ado()
{   //关闭记录和连接
    m_pRs->Close();
    m_pCon->Close();
    //释放环境
    ::CoUninitialize();
}

BOOL Ado::Init()
{   //初始化环境
    ::CoInitialize(NULL);
```

```
    //创建并打开数据库连接对象
    m_pCon.CreateInstance(__uuidof(Connection));
    //在ADO操作中建议语句中要常用try...catch()来捕获错误信息
    try
    {   //打开本地Access库
     m_pCon->Open("Provider=Microsoft.Jet.OLEDB.4.0;Data Source=
Zqwx.mdb","","",adModeUnknown);
}
catch(_com_error e)
    {   AfxMessageBox("数据库连接失败,确认数据库Zqwx.mdb是否在当前路
径下!");
        return FALSE;
    }
    //打开数据库的记录集
    m_pRs.CreateInstance(__uuidof(Recordset));
    try
    {   m_pRs->Open("select * from Zqwx",m_pCon.GetInterfacePtr(),
            adOpenDynamic,adLockOptimistic,adCmdText);
    }
    catch(_com_error *e)
    {   AfxMessageBox(e->ErrorMessage());
        return FALSE;
    }
    return TRUE;
}

void Ado::ReadRec(int RN)//RN——移动记录操作指令
{
    _variant_t vFieldValue;//对应数据库记录的字段变量
    CString strFieldValue;
    if(RN==0)m_pRs->MoveFirst();
    if(RN==1)m_pRs->MoveNext();
    if(RN==-1)m_pRs->MovePrevious();
    if(RN==2)m_pRs->MoveLast();

    if(VARIANT_FALSE == m_pRs->EndOfFile)
    {   //获得记录的字段值
        vFieldValue = m_pRs->GetCollect("型号");
        strFieldValue =(char *)_bstr_t(vFieldValue);
```

```
        m_column1 = strFieldValue;
        vFieldValue.Clear();

        vFieldValue = m_pRs->GetCollect("A");
        strFieldValue =(char *)_bstr_t(vFieldValue);
        m_A = atof(strFieldValue.GetBuffer(0));
        vFieldValue.Clear();

    //其他数值型数据获取与 m_A 相同,字符串数据获取与 m_column1 相同
    vFieldValue = m_pRs->GetCollect("A1");
    strFieldValue =(char *)_bstr_t(vFieldValue);
    m_A1 = atof(strFieldValue.GetBuffer(0));
    vFieldValue.Clear();

    vFieldValue = m_pRs->GetCollect("A2");
    strFieldValue =(char *)_bstr_t(vFieldValue);
    m_A2 = atof(strFieldValue.GetBuffer(0));
    vFieldValue.Clear();

    vFieldValue = m_pRs->GetCollect("H");
    strFieldValue =(char *)_bstr_t(vFieldValue);
    m_H = atof(strFieldValue.GetBuffer(0));
    vFieldValue.Clear();

    vFieldValue = m_pRs->GetCollect("L");
    strFieldValue =(char *)_bstr_t(vFieldValue);
    m_L = atof(strFieldValue.GetBuffer(0));
    vFieldValue.Clear();

    vFieldValue = m_pRs->GetCollect("A3");
    strFieldValue =(char *)_bstr_t(vFieldValue);
    m_A3 = atof(strFieldValue.GetBuffer(0));
    vFieldValue.Clear();

    vFieldValue = m_pRs->GetCollect("C1");
    strFieldValue =(char *)_bstr_t(vFieldValue);
    m_C1 = atof(strFieldValue.GetBuffer(0));
    vFieldValue.Clear();
```

```
    vFieldValue = m_pRs- >GetCollect("H0");
    strFieldValue =(char *)_bstr_t(vFieldValue);
    m_H0 = atof(strFieldValue. GetBuffer(0));
    vFieldValue. Clear();

    vFieldValue = m_pRs- >GetCollect("L1");
    strFieldValue =(char *)_bstr_t(vFieldValue);
    m_L1 = atof(strFieldValue. GetBuffer(0));
    vFieldValue. Clear();

    vFieldValue = m_pRs- >GetCollect("DELTA");
    strFieldValue =(char *)_bstr_t(vFieldValue);
    m_DELTA = atof(strFieldValue. GetBuffer(0));
    vFieldValue. Clear();
}
```

（5）修改视窗类 AdoKuView. cpp 的程序代码

在视类中添加头文件#include " Ado. h"，定义全部对象，修改构造函数：

```
#include "Ado. h"
Ado CA;
CAdoKuView::CAdoKuView()
{
    //TODO:add construction code here
    CA. Init();
    CA. ReadRec(2);
}
```

修改 OnDraw 函数为：

```
void Line1(int x1,int y1,int x2,int y2,CDC * pDC)//画线函数
{   pDC- >MoveTo(x1,y1);
    pDC- >LineTo(x2,y2);
}

void CAdoKuView::OnDraw(CDC * pDC)
{
    CAdoKuDoc * pDoc = GetDocument();
    ASSERT_VALID(pDoc);
    //TODO:add draw code for native data here
    CString str;
    str. Format("m_A =%. 0f",CA. m_A);
    pDC- >TextOut(50,20,str);
```

```
    pDC- >TextOutA(50,40,"型号 =" +CA. m_column1);//输出减速机型号
    int x0 =150,y0 =150;double k =0.2;//画图初始点,比例
    int x1,y1,x2,y2,x3,y3,x4,y4,x5,y5,x6,y6,x7,y7;//1 左,2 高,3、4 轴,5 右,6、7 底座
    int r,R;//轴承孔半径,箱体大头半径
    r =(int)(0.25*k*CA. m_H0);//近似取各轴承孔半径为中心高 H0 的 1/4
    R =(int)(k*(CA. m_H-CA. m_H0));
    x1 =x0-(int)(k*(CA. m_L-CA. m_A-CA. m_A3));y1 =y0;//最左点
    x2 =x0;y2 =y0-R;//最高点
    x3 =x0 +(int)(k*CA. m_A2);y3 =y0;//中间轴中心
    x4 =x0 +(int)(k*CA. m_A);y4 =y0;//输入轴中心
    x5 =x1 +(int)(k*CA. m_L);y5 =y0;//左右点
    x6 =x4-(int)(k*(CA. m_C1 +CA. m_L1));y6 =y0 +(int)(k*CA. m_H0);
    x7 =x6 +(int)(k*CA. m_L1);y7 =y6-(int)(k*CA. m_DELTA);
    pDC- >Ellipse(x2-r,y1-r,x2 +r,y1 +r);//输出轴
    pDC- >Ellipse(x3-r,y3-r,x3 +r,y3 +r);//中间轴
    pDC- >Ellipse(x4-r,y4-r,x4 +r,y4 +r);//输入轴
    pDC- >Rectangle(x6,y6,x7,y7);//底座
    pDC- >Rectangle(x1,y1 +(y6-y7)/2,x5,y5-(y6-y7)/2);//中间剖分处
    pDC- >Arc(x2-R,y1 +R,x2 +R,y1-R,x2,y2,x6,y6);//左圆弧
    pDC- >Arc(x4-R/2,y4 +R/2,x4 +R/2,y4-R/2,x4 +R/3,y4 +R/3,x4,y2);//右圆弧
    Line1(x2,y2,x4,y4-R/2,pDC);//上边线
    Line1(x4 +R/3,y4 +R/3,x7,y7,pDC);//右下侧边线
}
```

至此运行程序会出现最后一条记录的参数和图形，但读出其他记录，需要进一步修改程序：

打开 ResourceView，双击 Menu 下的 IDR_MAINFRAME 资源，在【帮助】菜单的右边单击鼠标右键，选【Properties】，填入【数据库操作】。在其下建立 4 个子菜单项：【第一条记录】，【上一条记录】，【下一条记录】和【最后一条记录】。

在子菜单项【第一条记录】上单击鼠标右键，选择【ClassWizard…】类向导，在 Project 为 AdoKu，Class neme 为 CAdoKuView 的情况下，Object IDs 选择【ID_MENUITEM32771】，Messages 选择【COMMAND】，单击【Add Function】按钮，再单击【Edit Code】按钮，建立了一个子菜单项的消息响应函数 OnMenuitem32771。用同样的方法建立其他几个消息响应函数：

```
void CAdoKuView::OnMenuitem32771()//第一条记录
{
    //TODO:Add your command handler code here
    CA. ReadRec(0);
    Invalidate();
```

```
}

void CAdoKuView::OnMenuitem32772()//上一条记录
{
    //TODO:Add your command handler code here
    CA.ReadRec(-1);
    Invalidate();
}

void CAdoKuView::OnMenuitem32773()//下一条记录
{
    //TODO:Add your command handler code here
    CA.ReadRec(1);
    Invalidate();
}

void CAdoKuView::OnMenuitem32774()//最后一条记录
{
    //TODO:Add your command handler code here
    CA.ReadRec(2);
    Invalidate();
}
```

程序编译运行的结果如图 8-11 所示。

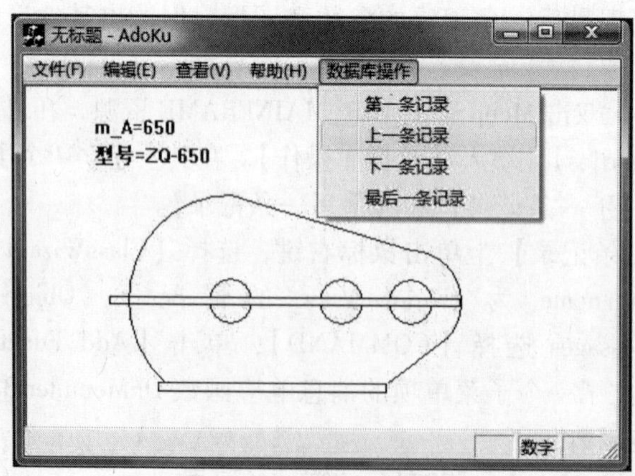

图 8-11　Ado 应用程序界面

第9章

专业机械CAD软件开发技术

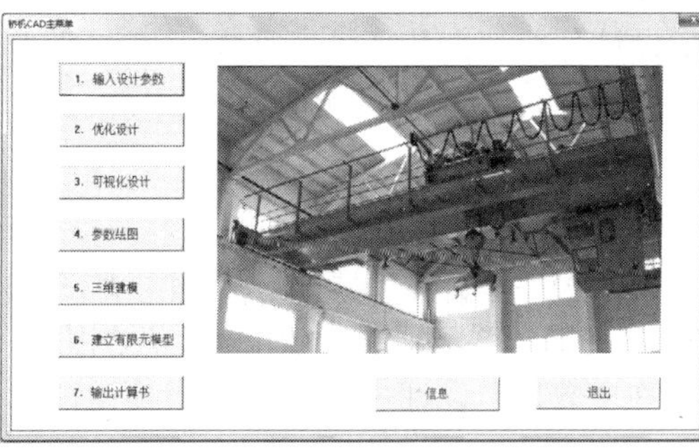

9.1 CAD 软件的主要任务

1. 设计计算

设计计算是CAD软件的核心内容。如概述中所述，绘图的本意是设计，而设计的核心是计算，因此CAD的核心也是计算。无论是计算机图形学，还是强度、刚度、稳定性验算，或尺寸链计算，或优化设计等都离不开计算。当然，这里所说的计算是广义的计算，除了数值计算之外还包括数据检索、查询等非数值计算。

2. 绘图

绘图是CAD软件的最终目标。图样是设计结果的表达，自然也是CAD软件的最终目标。这里的图样是指广义的设计资料，包括二维图样、三维模型；设计计算书；零件、外购件、标准件明细表（Bill of Material，BOM）等。当然，CAD是指计算机辅助设计，不一定指全部的设计环节都由计算机来完成，有些CAD系统只辅助设计过程当中的某些环节，如强度验算、尺寸优化、有限元应力分析等。所以，图样也不一定是所有CAD系统的输出结果。

3. 界面

界面是CAD软件的重要组成部分。任何与人打交道的软件都需要有人机交互界面，CAD软件顾名思义就是辅助人做设计，当然得有良好的界面，而且专业机械CAD软件往往需要输入许多数据，设计过程还需要依赖设计者（操作者）的干预、选择与决策，其界面对于软件的使用更是非常重要。因此，方便使用的输入输出技术，无需过多人工干预的二维、三维绘图支撑软件的二次开发技术，所见即所得的可视化设计技术，便于操作的系统集成技术等成为CAD软件开发所经常涉及的技术。

9.2 专业机械 CAD 软件的开发模式

由于CAD——计算机辅助设计这个概念的范围很宽，既可以只辅助验算，也可以只辅助优化，也可以只辅助绘图，还可以验算、优化、绘图全都辅助。因此，CAD系统的开发模式是多种多样的。

1. 专业机械 CAD 软件

首先需要声明的是，这里所说的“专业机械CAD软件”不是指“专业的”机械CAD软件，而是指用来辅助设计“专业机械”的CAD软件。而专业机械一般是指单件小批量生产的非标机械，大多属于重型机械，如起重机械、输送机械等。这些非标机械的参数变化较大，几乎每一台都需要经过特殊的设计。而像螺栓等紧固件、轴承等通用件则不属于专业机械的范畴。这一方面是由于像螺栓、轴承等通用机械零部件已经标准化或系列化生产了，没有多少设计工作；另一方面限定专业机械的范畴有利于降低软件的开发难度，提高其针对性和设计自动化的程度，方便用户使用。

2. 二次开发方式

专业机械的设计工作肯定要涉及绘制二维图样或建立三维模型的问题，在专业机械CAD软件当中，绘制二维图样或建立三维模型的工作通常是借助于图形支撑软件来完成的。

让原本以交互式操作模式工作的图形支撑软件听从专业机械 CAD 软件的指挥，在程序的控制下自动完成绘图或建模工作，需要通过某种二次开发接口来实现。因此，首先需要解决的问题是选择什么样的图形支撑软件，如 AutoCAD、SolidWorks 等。其次需要解决的问题是选择哪种二次开发方式，如是通过命令文件这种接口文件来实现参数绘图，还是通过 API 接口来实现参数绘图。最后还要选择软件开发平台，使用 VB 还是 VC 来开发专业机械 CAD 软件。

3. 专业机械 CAD 软件的开发模式

如前所述，专业机械 CAD 软件一般采用二次开发的方式，借助于图形支撑软件来完成绘图工作，而不直接涉及计算机图形学的问题。通常一个专业机械 CAD 软件，应该包括优化设计和参数绘图功能，至于验算，自然已经包括在优化设计的约束条件当中了，如果有条件的话，还应该输出设计计算书。

图 9-1 所示是一个具有优化设计和参数绘图功能的专业机械 CAD 软件系统框图。参数用来作为参数绘图模块的输入数据产生图样。参数从优化设计模块中来，优化设计模块中包含了设计验算所需要的强度、刚度、稳定性等约束条件。优化设计的依据是用户输入的设计要求。图 9-1 中上面一排是各种数据文件，自左向右代表一种数据的变化流程，从用户输入的设计要求数据，逐步地转化为产品的参数数据、接口文件（如 AutoCAD 的 SCR 命令文件）、图形文件（如 AutoCAD 的 DWG 文件），最终得到产品的设计图样；中间一排是加工处理数据的模块；而下面一排是 CAD 系统的软、硬件基础。

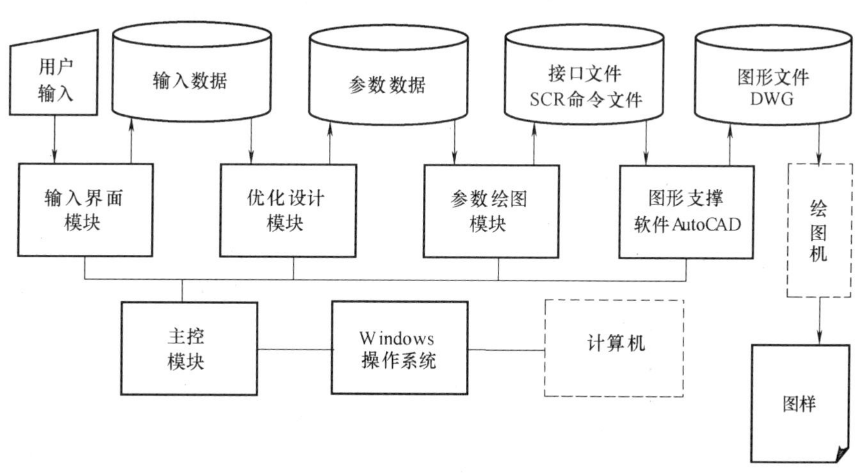

图 9-1　CAD 系统框图

图 9-2 所示是一个比较完整的专业机械 CAD 软件系统框图。该系统具有优化设计、参数绘图、变量化三维建模、计算书自动生成的功能。该系统可以看成是一个以参数为中心的设计系统。通过对优化设计得到的设计参数的多渠道利用，由参数绘图模块负责生成二维图样，由三维建模模块负责生成三维模型，由计算书生成模块负责生成设计计算书。参数绘图通过接口文件来实现，变量化三维建模和计算书生成则通过软件接口来实现，相应的支撑软件分别是 AutoCAD、SolidWorks 和 Word。如果生成了产品的三维模型，还可以进行有限元静力分析和动态分析，说明这个 CAD 系统还有扩充的余地。

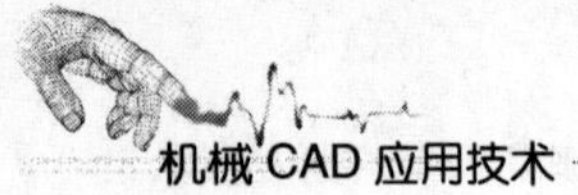

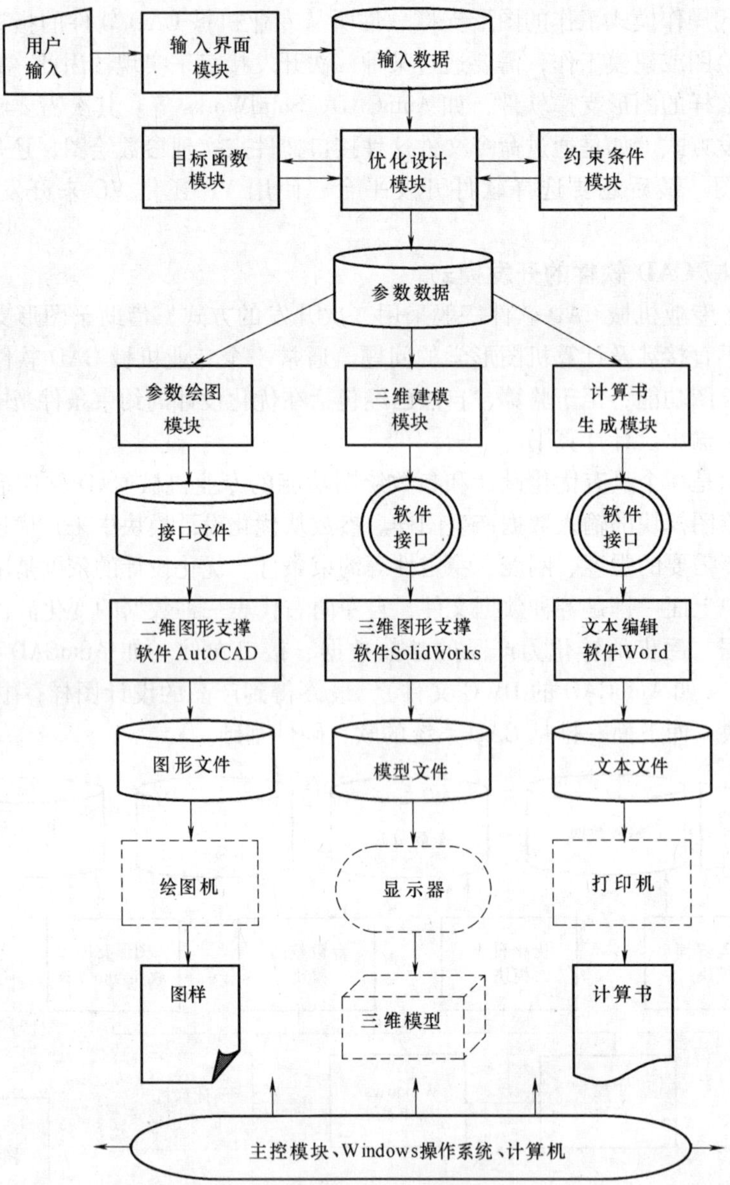

图9-2　多功能CAD系统框图

9.3 简单优化

优化设计技术在CAD系统中占有重要的地位，这并不是人们一味地追求最优设计结果的缘故，而是因为计算机根本就不会设计，只好用优化来应付设计而已。

1. 优化是产品尺寸参数的来源

产品的几何参数是最重要的设计数据，只要有了产品的尺寸参数，就可以生成产品的二维图样、三维模型和设计计算书。在人工设计的过程中，产品尺寸参数的确定依赖设计师的经验以及手工反复验算的结果。在CAD软件当中，这项工作则往往交给优化设计去做。

2. 优化是参数设计的利器

产品设计分结构设计和参数设计两个阶段，其中结构设计是指产品在结构形状方面的设计，这项工作目前还得由设计师自己来完成。参数设计则是在确定了结构形状之后，确定具体尺寸的工作，而这项工作正是优化设计的强项。通过优化设计，可以在保证满足强度、刚度、稳定性等约束条件的同时，找到一组能使设计目标最优的尺寸参数。

3. 网格法优化设计程序示例

优化设计具有优化变量、目标函数、约束条件三要素，还得有一种好的优化方法。由于现在计算机的运算速度很快，即使是最基本的网格法优化，在优化变量不多的情况下也能解决简单的优化问题，而且具有对目标函数和约束条件的函数形态无要求，不会陷入局部最优解，编程简单等优点。下面就给出一个网格法优化的程序示例，目标函数和约束条件先用数学函数代替，重点在于体会优化当中比较、迭代的过程。

（1）程序框图

图9-3所示是网格法优化的框图，该图中可迭代的条件是新的一组优化设计变量的取值满足所有约束条件并且所对应的目标函数值下降。注意，千万不要把目标函数和约束条件函数的计算内容编到优化程序当中去，那样会使优化程序失去通用性。

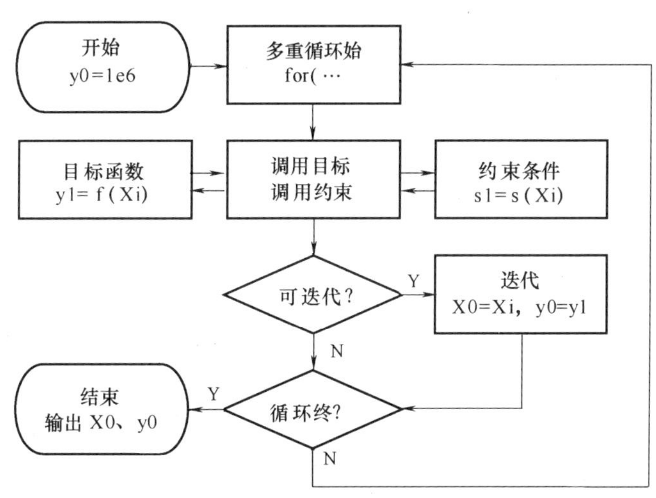

图9-3　网格法优化流程图

（2）程序界面

启动VC++6.0，在文件菜单【File】下选择【New…】命令，选择应用程序向导MFC AppWizard［exe］，建立工程TestNet，选单文档、静态连接库，在ResourceView资源页插入对话框，设置三个编辑框及其说明用静态文本框，见图9-4左边。单击鼠标右键选择类向导Class Wizard，建立对话框类DLG，定义双精度数值变量m_E1、m_E2、m_E3。在TestNet-View.cpp前面增加包含头文件：#include "DLG.h"

（3）优化函数

按照图9-3所示的框图编写一个网格法优化的函数（以二维优化为例），放在TestNet-View.cpp前部：

//网格法优化

```
double NetOpt(double InDataL[],double InDataH[],double InDataD[],
double OutData[],double(*pfx)(double[]),int(*psub)(double[]))
//变量下限数组,变量上限数组,变量增量数组
//优化结果数组,目标函数指针,约束函数指针
{
    double X1[10];//探索点的优化变量值
    double y0=1e6;//目标函数最优值(先赋一个大数,保证至少迭代一次)
    double y1;    //探索点的目标函数值
    double s1;    //探索点的约束函数值(大于0代表约束满足)
    double T=0;     //记录优化次数
    long  T0;       //记录开始时间
    long  l_time;   //记录结束时间
    int j;          //迭代最优点用的循环变量
    char temp[1000];//显示信息用的一维字符数组

    time(&T0);//取得开始优化时的系统时间
    for(X1[0]=InDataL[0];X1[0]<InDataH[0];X1[0]=X1[0]+InDataD[0])//循环
    for(X1[1]=InDataL[1];X1[1]<InDataH[1];X1[1]=X1[1]+InDataD[1])
    {
        y1=(*pfx)(X1);  //计算、记录探索点的目标函数值
        s1=(*psub)(X1);//计算、记录探索点的约束函数值
        if(s1>0&&y1<y0)//判断是否可迭代(约束满足并且目标函数值下降)
        {
            y0=y1;//记录(迭代)目标函数最优值
            for(j=0;j<2;j++)OutData[j]=X1[j];//记录(迭代)最优点
        }
        T=T+1;//累加优化次数(调用目标函数的次数)
    }
    time(&l_time);//取得优化结束时的系统时间
    sprintf(temp,"计算次数 T=%.0f(次)\n计算时间 Time=%.0f(秒)",T,(double)
(l_time-T0));
    AfxMessageBox(temp);//输出优化次数与所花费的时间
    return y0;//返回最优值
}
```

(4) 目标函数与约束条件

配上一个数学性质的目标函数和约束条件函数：

目标函数：$f(x) = 10(x_1 + x_2 - 5)^2 + (x_1 - x_2)^2$

约束条件函数：$x_2 = 0$(等式约束)

```
double fx(double XX[])//目标函数10(x1+x2-5)^2+(x1-x2)^2
```

```
{
    double fy;
    fy = 10 * (XX[0] + XX[1]-5) * (XX[0] + XX[1]-5) + (XX[0]-XX[1]) * (XX
[0]-XX[1]);
    return fy;
}

int sx(double XX[ ])//约束条件 x2 = 0
{
    int fy;
    if(fabs(XX[1]) < 1e-3)fy = 1;else fy = -1;
    return fy;
}
```

（5）调用优化函数

在 TestNetView 的构造函数中定义对象并调用：

```
CTestNetView::CTestNetView()
{
    //TODO:add construction code here
    DLG D1;
    D1. DoModaL();
    exit(0);
}
```

以对话框作为命令按钮和输出显示的载体，双击【OK】按钮建立其消息响应函数 OnOK，填入代码：

```
void DLG::OnOK()//【OK】(开始优化)按钮的消息响应函数
{
    //TODO:Add extra validation here
    double xl[2] = {-5,-5};      //优化变量取值下限数组
    double xh[2] = {5,5};        //优化变量取值上限数组
    double xd[2] = {1e-3,1e-3};//优化变量取值步长数组
    double xx[2] = {0,0};        //保存最优点的数组
    double yy = 0;               //保存最优值
    yy = NetOpt(xl,xh,xd,xx,fx,sx);//调用网格法
    m_E1 = yy;      //给最优值 y * 编辑框变量赋值
    m_E2 = xx[0];//给最优点 x * 1 编辑框变量赋值
    m_E3 = xx[1];//给最优点 x * 2 编辑框变量赋值
    UpdateData(false);//显示编辑框变量的值
//  CDialog::OnOK();
```

}

（6）运行结果

优化前对话框的显示如图9-4左边所示，单击【OK】按钮，等待十几秒钟后优化完成，弹出如图9-4右上角所示的消息框，单击【确定】按钮后显示如图9-4右下角所示的优化结果。

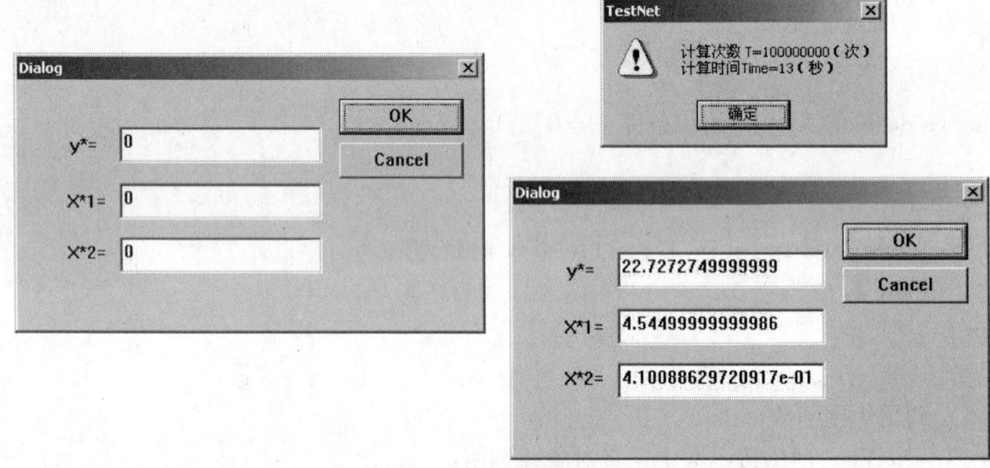

图9-4 网格法优化界面

9.4 简单界面

1. 输入界面

对话框上的编辑框控件是常用的输入方式，多用于少量数据的输入，应辅之以静态文本框控件来提供良好的输入提示。要用汉字提示输入量的名称，用英文提示输入量的代号，还需要提示单位、取值范围等信息，起到辅助输入的作用，如图9-5、图9-6、图9-12所示。

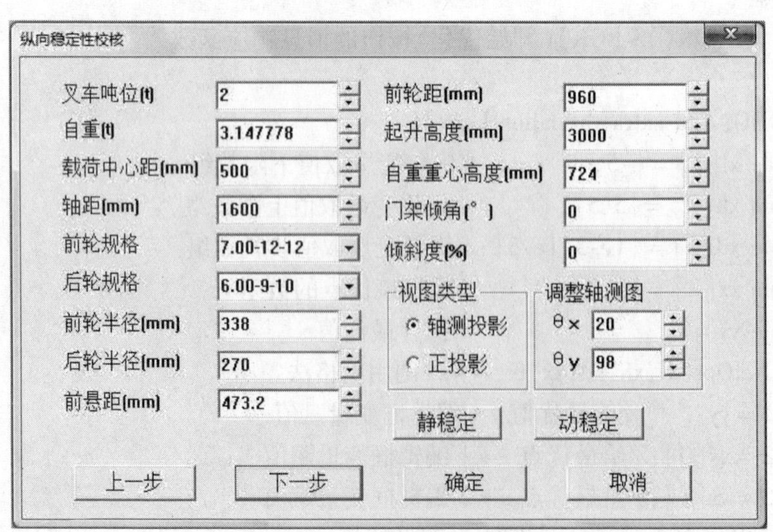

图9-5 输入与操作界面

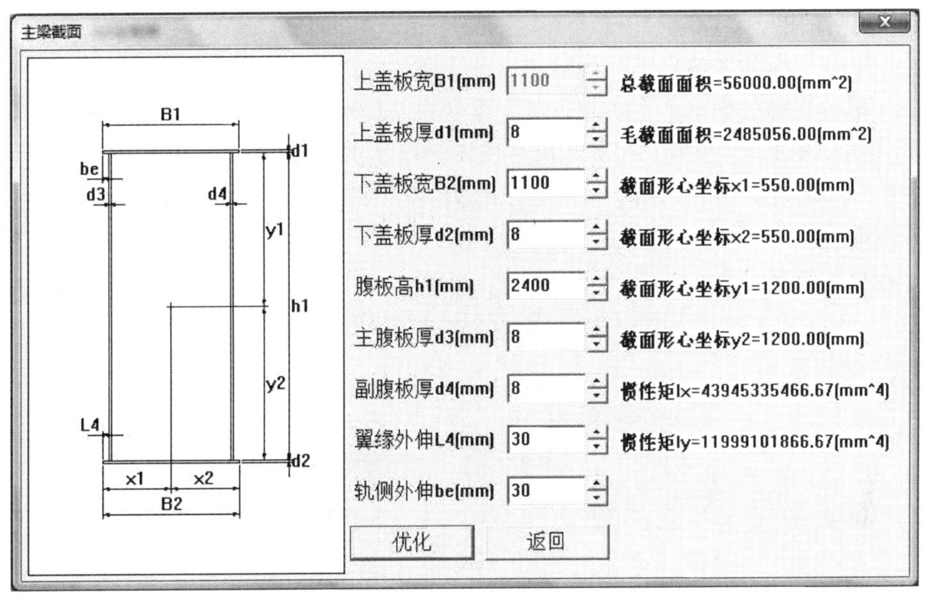

图9-6　具有图形提示的输入界面

2. 输出界面

少量数据的输出也可以采用对话框的方式，同样需要提示输出量的名称、单位、合理取值范围等信息，帮助用户分析理解运算结果，如图9-13中的后4项输出参数所示。数据的输出还可以采用在OnDraw或OnPaint函数中用TextOut函数输出，如图9-6右侧输出的数据。

3. 操作界面

CAD软件的主操作界面可以很简单，如以按钮的形式展现软件的功能，如图9-11所示。除了主操作界面外还可以有第二层的操作界面，这时往往把数据输入和操作按钮组合在一个界面上。有些操作需要一系列的步骤，可以设置【取消】、【上一步】、【下一步】按钮，如图9-5所示。

9.5　可视化设计初步

形象的图形与枯燥的数字相比具有不言而喻的直观性，动态的变化比静态的显示更能吸引人的注意力，丰富的显示方式比单调的运算结果更富有表现力。随着软件界面技术的发展，包括操作系统、开发平台等软件都采用了图形用户界面，Word文本编辑软件更是提出了“所见即所得”的口号，以软代硬、虚拟仪器等技术在软件中也早已屡见不鲜，可视化已成为软件界面技术发展的方向。因此，机械CAD软件的界面也应该实现可视化。

1. 可视化输入

可视化输入包括输入提示的可视化，即除了符号提示和汉字提示外增加图形提示。此外，图形随输入参数而变化，采用滚动条、滚动按钮等方式输入数据，也属于可视化输入。如图9-6所示，当通过滚动按钮改变这些参数时，左边的图形也会随之而改变。

2. 可视化输出

可视化输出包括图形输出，曲线输出，图形随输出参数而变化（类似于动画），动态输出等方式。图 9-7 所示是一个桥式起重机主梁变形量的可视化输出界面，图形的上半部分是根据主梁跨度 L 和主梁高度 h1 的实际尺寸按比例显示的主梁图形，下半部分是按夸大比例显示的主梁变形曲线 ZLBX，同时标出了许用变形界限【Ys】，并在最下面实时显示了变形和许用值的数值。

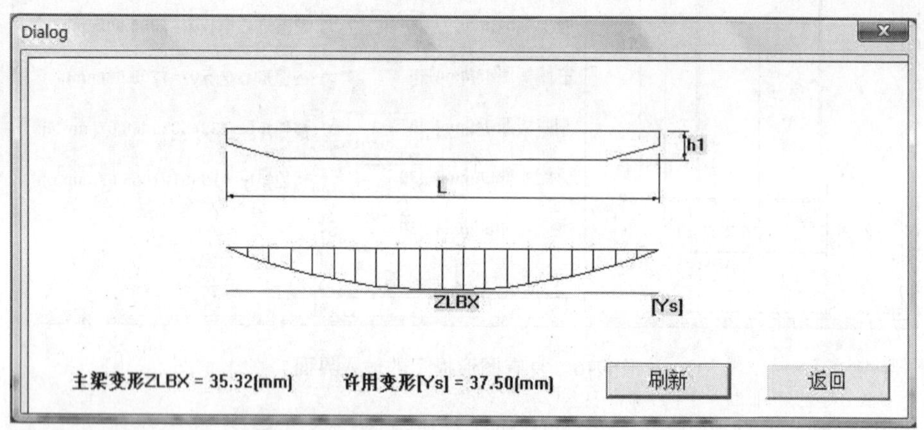

图 9-7 可视化输出界面

3. 可视化操作

可视化操作也就是可以立即看到效果的操作方式。可视化操作包括用按钮来代替命令，用鼠标进行选择性的操作，可预演、可返回、可撤销的操作等方式。还包括一些以软代硬、虚拟仪器类的操作，如图 9-8 所示 Windows 系统中录音机和计算器的界面。

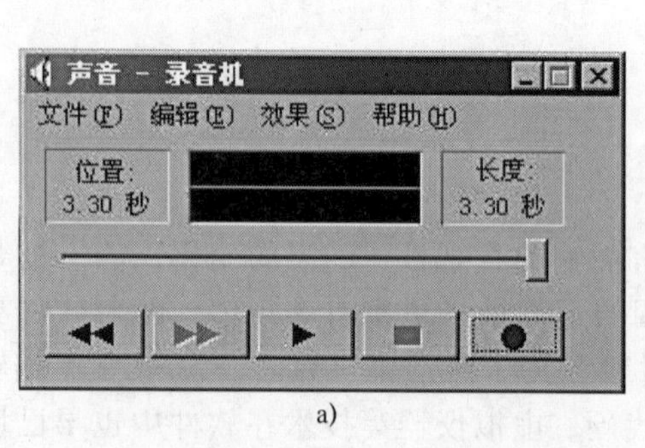

a)

b)

图 9-8 可视化操作界面

a）录音机 b）计算器

4. 可视化设计

可视化设计是由可视化输入、可视化输出、可视化操作相结合的一项综合性 CAD 软件界面技术。例如，修改输入参数的同时就能看到产品几何图形的变化，还能看到产品性能的情况。图 9-9 所示为叉车曲柄滑块式转向机构的可视化设计界面。

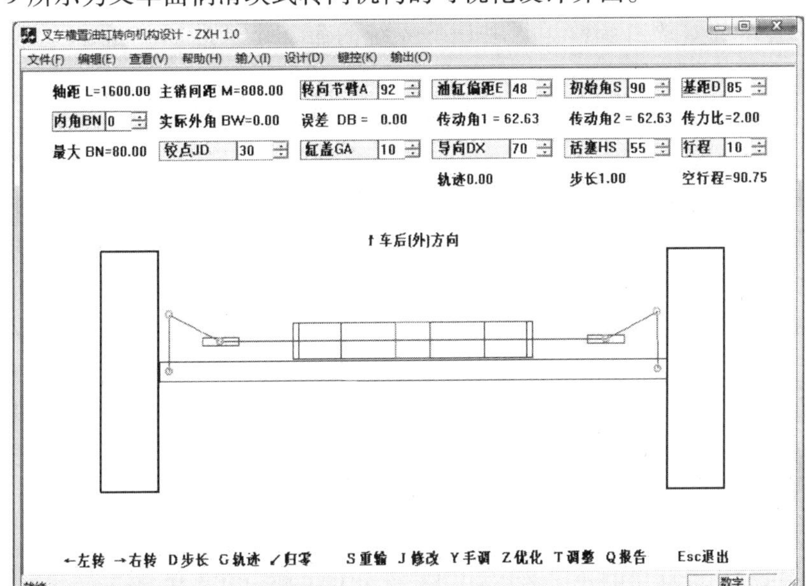

图 9-9　叉车曲柄滑块式转向机构的可视化设计界面

9.6　系统调用

一个大型软件系统往往是由许多独立的模块组成的，如专业机械 CAD 系统中主控模块与输入模块、优化设计模块、参数绘图模块之间，以及自己开发的模块与图形支撑软件、三维建模软件、文本编辑软件等支撑软件形成一种可执行文件之间的调用关系。采用系统调用技术，与手工交互式地执行完一个模块后再去执行另一个模块相比具有可以简化操作、减少可能发生的错误、方便用户使用的优点。

此处涉及下列函数：

1）ShellExecute(HWND hwnd，LPCTSTR lpOperation，LPCTSTR lpFile，LPCTSTR lpParameters，LPCTSTR lpDirectory，INT nShowCmd)

这是一个较常用的 C ++ 函数，用来运行一个外部程序。第一个参数是父窗口句柄，可以取 NULL 或 this- >m_hWnd；第二个参数是操作类型，如 open，要加英文双引号；第三个参数是要运行的文件及路径；第四个参数是要传递的参数，通常为 NULL；第五个参数是默认目录，通常也为 NULL；最后一个参数用来指定被执行模块窗口的可视状态，取符号常量 SW_ SHOW 时（其值为 5）表示在前台显示被执行模块的界面，取 SW_HIDE 时（其值为 0）表示不显示被执行模块的界面，被执行模块在后台运行，取 SW_SHOWNORMAL 时（其值为 1）表示被执行模块的窗口与上一次运行时相同，取 SW_MAXIMIZE 时（其值为 3）表示最大化运行，取 SW_MINIMIZE 时（其值为 6）表示最小化运行。

2）WinExec(LPCTSTR lpCmdLine，UINT uCmdShow)

这也是一个 C ++ 函数，参数比较简单，第一个参数是命令行；第二个参数是被执行模块窗口的可视状态。

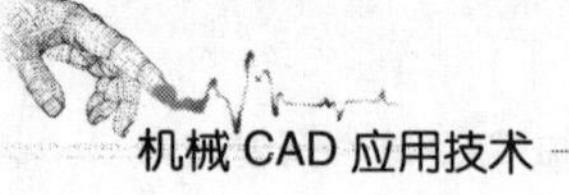

3）system(const char * Cmd)

这是一个传统的C语言函数，调用DOS系统的命令处理器cmd.exe，通常用start命令来加载运行一个可执行文件，运行时会产生或闪过一个黑色的DOS窗口。

4）spawnl(int mode，const char * pathname，const char * filename，arg0，arg1，…)

这也是一个传统的C语言函数，需要包含头文件"process.h"，但是其功能还是比较强的，可以用来创建并运行一个子进程。第一个参数取符号常量P_ WAIT时（其值为0）表示执行子进程时父进程被挂起处于等待状态，待子进程执行完毕后父进程再继续运行，类似于模式对话框；取P_ NOWAIT时（其值为1）表示父进程与子进程同时运行，有一种多任务或无模式对话框的感觉；取P_ OVERLAY时（其值为2）表示子进程覆盖父进程，这时父进程结束，子进程运行。第二个参数是被执行文件的路径（含文件名）。第三个参数是被执行文件的文件名。后面的参数是需要传递给子进程的参数，如果没有则用NULL。

至于CreateProcess函数，由于其参数太复杂，这里就不做介绍了。下面通过例子来说明上述4个函数的用法。

1. 调用系统文件

有时需要调用一些简单的系统文件，如记事本notepad.exe、IE浏览器和资源管理器。

启动VC++6.0，创建MFC AppWizard［exe］工程：Exec，选单文档、静态连接库，翻到ResourceView资源页，打开Menu中的IDR_MAINFRAME，在【帮助（H）】菜单右边的空白处单击鼠标右键，选择Properties，在Caption中填入【调用系统文件】。在【调用系统文件】的下属空白菜单处单击鼠标右键，选择Properties，相继建立下级菜单项【记事本】、【百度】、【资源管理器】。在【记事本】菜单项处单击鼠标右键，选择Class Wizard，选中Object中的【ID_MENUITEM32771】，同时选中Message中的【COMMAND】，单击【Add Function】按钮，同意消息响应函数的名称为OnMenuitem32771，单击【Edit Code】，输入代码：

```
void CMainFrame::OnMenuitem32771()//记事本
{
    //TODO:Add your command handler code here
    ShellExecute(this->m_hWnd,"open","notepad.exe",NULL,NULL,SW_SHOW);
}
```

同样建立菜单项【百度】的消息响应函数：在【百度】菜单项处单击鼠标右键，选择Class Wizard，选中Object中的【ID_MENUITEM32772】，同时选中Message中的【COMMAND】，单击【Add Function】按钮，同意消息响应函数的名称为OnMenuitem32772，单击【Edit Code】按钮，输入代码：

```
void CMainFrame::OnMenuitem32772()//百度
{
    //TODO:Add your command handler code here
    ShellExecute(this->m_hWnd,"open","http://www.baidu.com",NULL,NULL,SW_
SHOW);
}
```

同样建立菜单项【资源管理器】的消息响应函数：在【资源管理器】菜单项处单击鼠标右键，选择Class Wizard，选中Object中的【ID_MENUITEM32773】，同时选中Message中的【COMMAND】，单击【Add Function】按钮，同意消息响应函数的名称为 OnMenuitem32773，单击【Edit Code】按钮，输入代码：

```
void CMainFrame::OnMenuitem32773()//资源管理器
{
    //TODO:Add your command handler code here
    ShellExecute(this->m_hWnd,"open","explorer.exe",NULL,NULL,SW_SHOW);
}
```

单击【!】按钮，编译、连接、运行程序，单击相应的菜单项，查看运行效果。

2. 调用独立模块

有时为了控制软件一个模块的规模不至于过大，有利于开发软件时的分工，避免软件模块规模过大时的错误积累和开发难度太大，往往把一个软件按照功能划分成若干个可独立运行的模块，通过主控模块联系在一起，共同完成整个软件的功能。这样就产生了如何在一个模块中调用另一个模块的问题。

利用前面的 Exec 程序，在主界面菜单资源 IDR_ MAINFRAME 中【调用系统文件】的右侧建立【调用独立模块】菜单项，并在其下建立子菜单项【计算器】、【画图】和【播放器】，把 C：Windows \ System32 中的 calc. exe 计算器、mspaint. exe 画图和 Program Files \ Windows Media Player 中的 wmplayer. exe 播放器复制到当前目录下作为独立模块的模拟。建立上述子菜单项的消息响应函数如下：

```
void CMainFrame::OnMenuitem32774()//计算器
{
    //TODO:Add your command handler code here
    WinExec("calc.exe",SW_SHOW);
}

void CMainFrame::OnMenuitem32775()//画图
{
    //TODO:Add your command handler code here
    WinExec("mspaint.exe",SW_SHOW);
}

void CMainFrame::OnMenuitem32776()//播放器
{
    //TODO:Add your command handler code here
    WinExec("wmplayer.exe",SW_SHOW);
}
```

单击【!】按钮，编译、连接、运行程序，单击相应的菜单项，查看运行效果如何。

3. 调用支撑软件

通过支撑软件来完成绘图、文本编辑等工作，是符合现代软件开发原则的。因为我们开发的是专业机械 CAD 软件，重点应该放在专业机械的设计计算上，至于绘图和计算书的编辑整理工作自然应该交给支撑软件去做。

仍利用前面的 Exec 程序，在主界面菜单资源 IDR_MAINFRAME 中【调用独立模块】的右侧建立【调用支撑软件】菜单项，并在其下建立子菜单项【AutoCAD】、【SolidWorks】和【Word】。把开始菜单中 AutoCAD 的快捷方式复制到当前目录下，并把名称改为 ACAD。建立上述子菜单项的消息响应函数如下：

```
void CMainFrame::OnMenuitem32777()//AutoCAD
{
    //TODO:Add your command handler code here
    system("start acad");//事先复制快捷方式并改名为 ACAD
}

#include "process.h"
void CMainFrame::OnMenuitem32778()//SolidWorks
{
    //TODO:Add your command handler code here
    spawnl(P_WAIT,"C:\\Program Files\\SolidWorks\\sldworks.exe","sldworks.exe",
NULL);
}

void CMainFrame::OnMenuitem32779()//Word
{
    //TODO:Add your command handler code here
    ShellExecute(this->m_hWnd,"open","winword.exe",NULL,NULL,SW_SHOW);
}
```

单击【!】按钮，编译、连接、运行程序，单击相应的菜单项，查看调用是否成功。

9.7 双梁桥式起重机主梁简明 CAD 软件开发示例

1. 开发思路

桥架金属结构是双梁桥式起重机的主体，而主梁又是桥架金属结构的主体。本软件采用可视化设计的手段，在调整主梁截面尺寸时，一边按比例地显示其几何形状，一边验算主梁的强度、刚度并实时显示。设计者可以根据经验随时调整主梁的几何尺寸参数，从而控制主梁的几何形状与强度、刚度裕度，相当于一种人工控制的优化设计，并且可以很方便地照顾到参数圆整、系列化设计、钢板原料的厚度与尺寸、主梁兼做走台时的宽度等综合要求。

考虑到编程的复杂性，本例中略去了优化设计、参数绘图和三维建模等模块，仅保留了输入参数、可视化设计、输出计算书和主控模块，其中输入参数模块也进行了一些简化。总之，作为双梁桥式起重机主梁简明 CAD 软件，进行主梁的方案设计还是很方便的，读者也可以据此了解专业机械 CAD 软件的开发方法。

2. 软件流程、结构与数据传递

软件流程图如图9-10所示。其中“调整截面”、“强度验算”和“参数合理与否”的判断构成“可视化设计”的一个循环，而“输入参数”、“可视化设计”、“输出计算书”和“结束”则构成了主控模块对话框中的4个命令按钮。

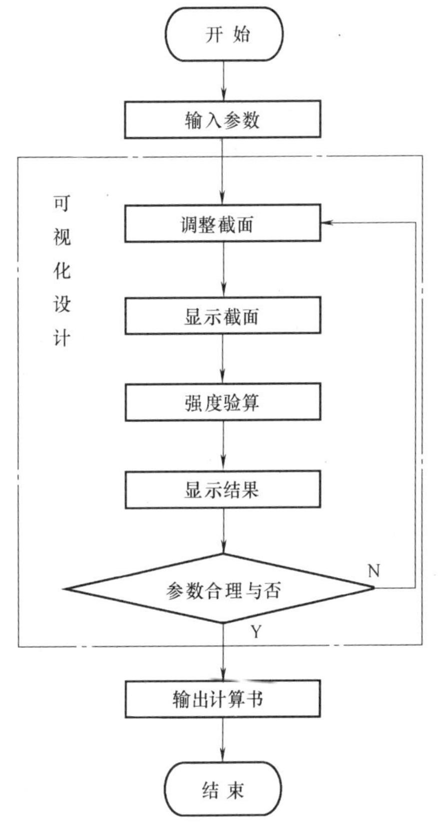

图9-10　软件流程图

本软件共有4个对话框，第一个是主控模块对话框，第二个是输入参数对话框，第三个是可视化设计对话框，第四个是输出计算书对话框。其中，第一个主控模块对话框在单文档工程视类文件QJCADView.cpp的构造函数中调用，后三个对话框则由主控模块对话框调用。4个对话框对象均定义为全局对象，在软件运行期间每个对话框中定义的变量均有效。

3. 开发步骤与软件界面

（1）建立软件框架

启动VC++6.0，在【File】文件菜单中单击【New…新建】，选择MFC AppWizard［exe］应用程序向导，将项目名称命名为QJCAD，单击【OK】按钮。

Step1 选Single document单文档，单击【Next】按钮；Step2 直接单击【Next】按钮；Step3 直接单击【Next】按钮；Step4 去掉【Docking toolbar】浮动工具栏和【Printing and print preview】打印选项，单击【Next】按钮；Step5 选择As a statically linked libray静态连接库选项，单击【Next】按钮；Step6 单击【Finish】按钮。

单击【OK】按钮，单击【!】按钮，查看主框架的运行效果。

（2）建立主控模块对话框

翻到VC++集成环境左边的ResourceView资源页，打开资源树，在Dialog上单击鼠标右键，选择Insert Dialog，在【OK】按钮上单击鼠标右键，选择属性Properties，把Caption由【OK】改为【输入参数】，把【Cancel】按钮拉到最下面，用同样的方法改成【结束】，用鼠标单击工具栏上的【▭】Button按钮，在对话框上原【OK】按钮的下面绘制一个新按钮【Button1】，并改为【可视化设计】。用同样的方法再添一个按钮【Button2】，并改为【输出计算书】如图9-11所示。在对话框的空白处单击鼠标右键，选择ClassWizard类向导，单击【OK】按钮，同意建立一个类，类的名称为DLG1，单击【OK】按钮，再单击【OK】按钮，翻到VC++集成环境左边的FileView文件页，打开文件树中的Source Files，双击QJCADView.cpp，在文件前部包含语句的

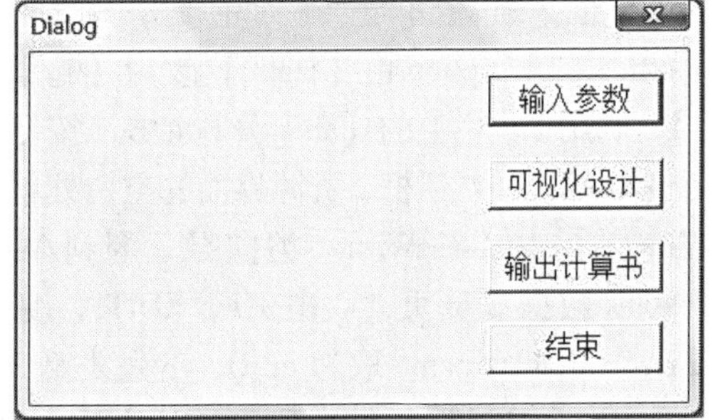

图9-11　主控模块对话框

后面添加：

```
#include "DLG1.h"
```

在构造函数 CQJCADView::CQJCADView() 中添加三行语句，使其变为：

```
CQJCADView::CQJCADView()
{
    //TODO:add construction code here
    DLG1 D1;
    D1.DoModal();
    exit(0);
}
```

单击【!】按钮，查看主控模块对话框的运行效果。

(3) 建立输入参数对话框

翻到 VC++集成环境左边的 ResourceView 资源页，打开资源树，在 Dialog 上单击鼠标右键，选择 Insert Dialog，在对话框的空白处单击鼠标右键，选择 ClassWizard 类向导，单击【OK】按钮同意建立一个类，类的名称为 DLG2，单击【OK】按钮，再单击【OK】按钮，翻到 VC++集成环境左边的 FileView 文件页，打开文件树中的 Source Files，双击 DLG1.cpp，在文件前部包含语句的后面添加：

```
#include "DLG2.h"
```

在构造函数 DLG1::DLG1(CWnd * pParent /* = NULL */): CDialog (DLG1:: IDD, pParent) 的前面添加语句：(任何函数之外)

```
DLG2 DD2;
```

在 DLG1(对话框 1) 的资源界面上双击【输入参数】按钮(原【OK】按钮)，单击【OK】按钮同意其消息响应函数为 OnOK，把该函数改为：

```
void DLG1::OnOK()//输入参数
{
    //TODO:Add extra validation here
    D2.DoModal();
//  CDialog::OnOK();
}
```

重新打开 DLG2 (对话框 2) 的资源界面，利用工具栏上的【Aa】Static Text 按钮添加一个静态文本框，通过单击鼠标右键，选择属性 Properties，把 Caption 由【Static】改为【起重量 Q (t)】，利用工具栏上的【ab|】Edit Box 按钮添加一个编辑框。在对话框 2 资源界面的空白处单击鼠标右键，选择 ClassWizard 类向导，翻到 Member Variables 数据成员页，双击 IDC_EDIT1，变量名 Member variables name 取为 m_Q，变量类型 Variable type 取为 double 双精度型，单击【OK】按钮，再单击【OK】按钮。用相同的方法建立另一个变

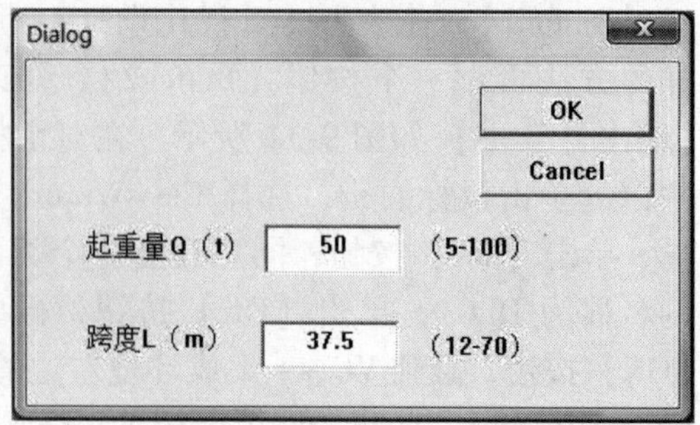

图 9-12　输入参数对话框

量“跨度L(m)”，m_L，如图9-12所示。

（4）建立可视化设计对话框

插入对话框，类名为DLG3，大小约为640×480。

建立第一个静态文本控件，设置其属性标题为“盖板宽B(mm)”。在静态文本控件的右边建立第一个编辑框控件。在紧挨着编辑框控件的右边建立第一个纺锤形按钮控件【≑】，在其属性Properties中的式样Styles页中选中Auto buddy（自动与前一个控件建立伙伴关系）、Set buddy integer（与伙伴绑定）、No thousands（数值可以超过1000）三个选项。

依此类推，为需要输入的6个主梁截面尺寸参数建立相应的静态文本框、编辑框控件和纺锤形按钮控件。注意，必须一组一组地做，否则对应关系会弄乱。对话框3的界面如图9-13所示。

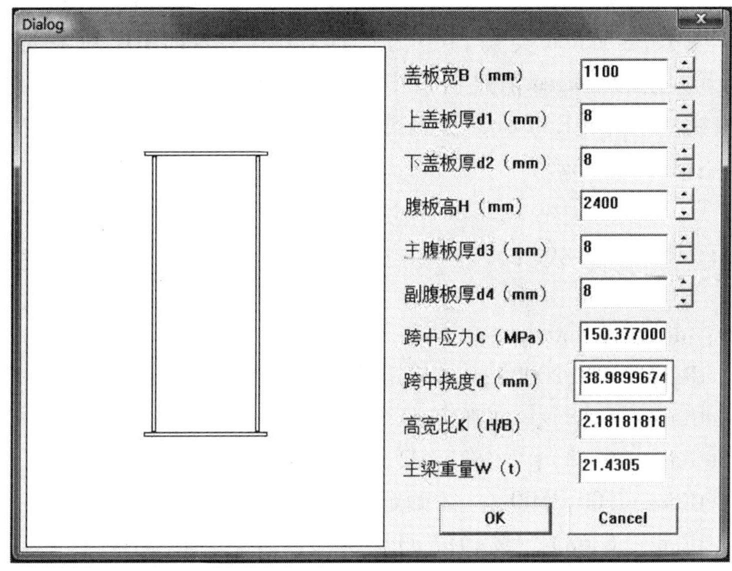

图9-13　可视化设计对话框

通过类向导定义与编辑框对应的Value数值变量，以及与纺锤形按钮控件对应的Control控制变量，见表9-1。

表9-1　编辑框变量

静态文本框提示名称	ID号	变量名	变量类型	变量用途
盖板宽B(mm)	IDC_EDIT1	m_B	double	输入
上盖板厚d1(mm)	IDC_EDIT2	m_d1	double	输入
下盖板厚d2(mm)	IDC_EDIT3	m_d2	double	输入
腹板高H(mm)	IDC_EDIT4	m_H	double	输入
主腹板厚d3(mm)	IDC_EDIT5	m_d3	double	输入
副腹板厚d4(mm)	IDC_EDIT6	m_d4	double	输入
跨中应力C(MPa)	IDC_EDIT7	m_C	double	输出
跨中挠度d (mm)	IDC_EDIT8	m_d	double	输出
高宽比K (H/B)	IDC_EDIT9	m_K	double	输出
主梁重量W (t)	IDC_EDIT10	m_W	double	输出
	IDC_SPIN1	m_S1	CSpinButtonCtrl	控制
	IDC_SPIN2	m_S2	CSpinButtonCtrl	控制

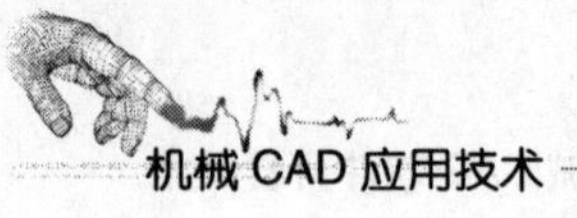

（续）

静态文本框提示名称	ID号	变 量 名	变量类型	变量用途
	IDC_SPIN3	m_S3	CSpinButtonCtrl	控制
	IDC_SPIN4	m_S4	CSpinButtonCtrl	控制
	IDC_SPIN5	m_S5	CSpinButtonCtrl	控制
	IDC_SPIN6	m_S6	CSpinButtonCtrl	控制

为了在对话框3中使用输入参数模块中的变量，在DLG3.cpp的前面插入：

```
#include "DLG2.h"
extern DLG2 D2;
```

建立对话框初始化函数。仍通过类向导，翻到Message Maps消息页，在Project工程窗口中为“QJCAD”、Class name类窗口中为“DLG3”、Object IDs对象标识窗口中选中“DLG3”的情况下，在Messages消息窗口中选中“WM_INITDIALOG”，单击【Add Function】添加函数按钮，单击【Edit Code】编辑代码按钮，将OnInitDialog函数修改如下：

```
BOOL DLG3::OnInitDialog()
{
    CDialog::OnInitDialog();

    //TODO:Add extra initialization here
    m_S1.SetRange(500,2000);   //确定B纺锤形按钮上下限
    m_S2.SetRange(6,48);   //确定d1纺锤形按钮上下限
    m_S3.SetRange(6,48);   //确定d2纺锤形按钮上下限
    m_S4.SetRange(500,3500);   //确定H纺锤形按钮上下限
    m_S5.SetRange(6,48);   //确定d3纺锤形按钮上下限
    m_S6.SetRange(6,48);   //确定d4纺锤形按钮上下限
    return TRUE;   //return TRUE unless you set the focus to a control
                   //EXCEPTION:OCX Property Pages should return FALSE
}
```

为了使用方便，可以在对话框的构造函数DLG3中为输入变量赋初值：

```
DLG3::DLG3(CWnd* pParent /*=NULL*/)
    :CDialog(DLG3::IDD,pParent)
{
    //{{AFX_DATA_INIT(DLG3)
    m_B = 1100.0;
    m_d1 = 8.0;
    m_d2 = 8.0;
    m_H = 2400.0;
    m_d3 = 8.0;
    m_d4 = 8.0;
    //}}AFX_DATA_INIT
```

```
}
```

建立对话框绘图函数。在对话框的空白处单击鼠标右键，选择类向导Class Wizard，翻到Message Maps消息页，在Project工程窗口中为“QJCAD”、Class name类窗口中为“DLG3”、Object IDs对象标识窗口中选中“DLG3”的情况下，在Messages消息窗口中选中“WM_ PAINT”，单击【Add Function】添加函数按钮，建立“OnPaint”函数，修改如下：

```
void DLG3::OnPaint()
{
    CPaintDC dc(this);//device context for painting

    //TODO:Add your message handler code here
    OnOK();
    dc.Rectangle(5,5,325,440);
    int x0,y0,x1,y1,x2,y2,x3,y3,x4,y4,x5,y5,x6,y6,x7,y7,x8,y8;
    double k0 =0.1,kd =4,L4 =30,be =30;//比例,板厚夸大,翼缘外伸,轨侧外伸
    x0 =165;y0 =220;//基点
    x1 =x0 +(int)(-0.5 * m_B * k0 +L4 * k0-be * k0);y1 =y0 +(int)(-0.5 * m_H * k0);
    x2 =x1 +(int)(m_B * k0);                        y2 =y1 +(int)(-m_d1 * k0-kd);
    x3 =x0 +(int)(-0.5 * m_B * k0);                 y3 =y0 +(int)(0.5 * m_H * k0 +m_d2
                                                        * k0 +kd);
    x4 =x3 +(int)(m_B * k0);                        y4 =y3 +(int)(-m_d2 * k0-kd);
    x5 =x3 +(int)(L4 * k0 +kd);                     y5 =y4;
    x6 =x5 +(int)(m_d3 * k0 +kd);                   y6 =y1;
    x7 =x4 +(int)(-L4 * k0-m_d4 * k0-2 * kd);       y7 =y5;
    x8 =x7 +(int)(m_d4 * k0 +kd);                   y8 =y6;
//    ├←———B———→┤   ↓          (be=L4时上、下盖板等宽)
//    ┌——————————2  ┼d1         B——m_B 盖板宽
// be 1┬6————————┬8┘L4┼          d1——m_d1 上盖板厚
//→┼┤ |          | ├┼←↑          d2——m_d2 下盖板厚
//  →┤ ├←d3  d4→┤ ├←  |          H——m_H 腹板高
//    | |   0    | |   h1↓        d3——m_d3 主腹板厚
//  L4| |        | |L4  |┼→X轴    d4——m_d4 副腹板厚
//→┼┤ |          | ├┼←↓y0(11)     L4——L4 翼缘外伸
//   ┌5┴————————7┴4  ┼|           be——be 轨侧外伸
//   3——————————┘ d2┼┼
//    ├←———B———→┤   ↑↑
//    |      ↑Y轴    |  dc.Rectangle(x1,y1,x2,y2);//画上翼缘板
    dc.Rectangle(x3,y3,x4,y4);//画下翼缘板
    dc.Rectangle(x5,y5,x6,y6);//画主腹板
```

```
        dc.Rectangle(x7,y7,x8,y8);//画副腹板
        CPen *pPen;
        pPen=new CPen(PS_SOLID,1,RGB(255,0,0));//警告颜色
        dc.SelectObject(pPen);
        //根据界面调整下列三句的坐标
        if(m_C>235.0/1.48)dc.Rectangle(493,240,493+90,240+36);//应力超限
        if(m_d>1000*D2.m_L/1000.0)dc.Rectangle(493,278,493+90,278+36);//挠度超限
        if(m_K>2.7)dc.Rectangle(493,316,493+90,316+36);//高宽比超限
        delete pPen;
    //Do not call CDialog::OnPaint()for painting messages
    }
```

建立纺锤形按钮的消息响应函数。在对话框的空白处单击鼠标右键，选择类向导 Class Wizard，翻到 Message Maps 消息页，在 Project 工程窗口中为“QJCAD”、Class name 类窗口中为“DLG3”、Object IDs 对象标识窗口中选中“IDC_SPIN1”的情况下，在 Messages 消息窗口中选中“UDN_DELTAPOS”，单击【Add Function】添加函数按钮，同意函数名为“OnDeltaposSpin1”，单击【OK】按钮，单击【Edit Code】编辑代码按钮，在“OnDeltaposSpin1”消息响应函数的 TODO 标记的下一行插入：

```
        Invalidate();
```

翻到 DLG3.cpp 程序的前面，把消息循环修改为：

```
BEGIN_MESSAGE_MAP(DLG3,CDialog)
    //{{AFX_MSG_MAP(DLG3)
    ON_WM_PAINT()
    ON_NOTIFY(UDN_DELTAPOS,IDC_SPIN1,OnDeltaposSpin1)
    ON_NOTIFY(UDN_DELTAPOS,IDC_SPIN2,OnDeltaposSpin1)
    ON_NOTIFY(UDN_DELTAPOS,IDC_SPIN3,OnDeltaposSpin1)
    ON_NOTIFY(UDN_DELTAPOS,IDC_SPIN4,OnDeltaposSpin1)
    ON_NOTIFY(UDN_DELTAPOS,IDC_SPIN5,OnDeltaposSpin1)
    ON_NOTIFY(UDN_DELTAPOS,IDC_SPIN6,OnDeltaposSpin1)
    //}}AFX_MSG_MAP
END_MESSAGE_MAP()
```


建立可视化设计模块（对话框3）的 OnOK 函数。双击对话框3资源界面上的 OK 按钮，同意其消息响应函数为 OnOK，修改该函数为：

```
void DLG3::OnOK()//验算
{
    //TODO:Add extra validation here
    UpdateData(true);
    double s0,y0,J,P,M;//横截面积,中性轴位置,纵向弯曲惯性矩,集中载荷,弯矩
    s0=m_B*(m_d1+m_d2)+m_H*(m_d3+m_d4);
    y0=(m_B*m_d1*(m_d2+m_H+0.5*m_d1)+m_B*m_d2*0.5*m_d2+m_H
```

```
*(m_d3 + m_d4) * (m_d2 + 0.5 * m_H))/s0;
        J = m_B * m_d1 * m_d1 * m_d1/12.0 + m_B * m_d1 * (m_d2 + m_H + 0.5 * m_d1-y0) * (m_d2 + m_H + 0.5 * m_d1-y0);
        J = J + m_B * m_d2 * m_d2 * m_d2/12.0 + m_B * m_d2 * (0.5 * m_d2-y0) * (0.5 * m_d2-y0);
        J = J + (m_d3 + m_d4) * m_H * m_H * m_H/12.0 + (m_d3 + m_d4) * m_H * (m_d2 + 0.5 * m_H-y0) * (m_d2 + 0.5 * m_H-y0);
        m_W = 1.3 * s0 * D2.m_L * 7.85/1e6;
        P = 0.5 * 1.31 * D2.m_Q * 9.81/1e3;
        M = 0.25 * 1.19 * P * D2.m_L;
        M = M + 0.125 * 1.19 * m_W * 9.81 * D2.m_L/1e3;
        if(m_d2 + m_H + m_d1-y0 > y0)   m_C = 1.15 * M * (m_d2 + m_H + m_d1-y0)/J * 1e9;
        else m_C = 1.15 * M * y0/J * 1e9;
        m_d = P * D2.m_L * D2.m_L * D2.m_L/(48.0 * 206000.0 * J) * 1e15;
        m_K = m_H/m_B;
        UpdateData(false);
    //  CDialog::OnOK();
    }
```

(5) 建立输出计算书对话框

插入对话框，类名为DLG4，大小约为640×480。把OK按钮和Cancel按钮移到对话框上边，添加一个编辑框m_E1，扩大到与对话框差不多大，定义成CString类型。在编辑框属性Properties的Styles页中选中Multiline、Horizontal scroll、Auto Hscroll、Vertical scroll、Auto VScroll 5个选项，会出现相应的滚动条并能滚动，如图9-14所示。

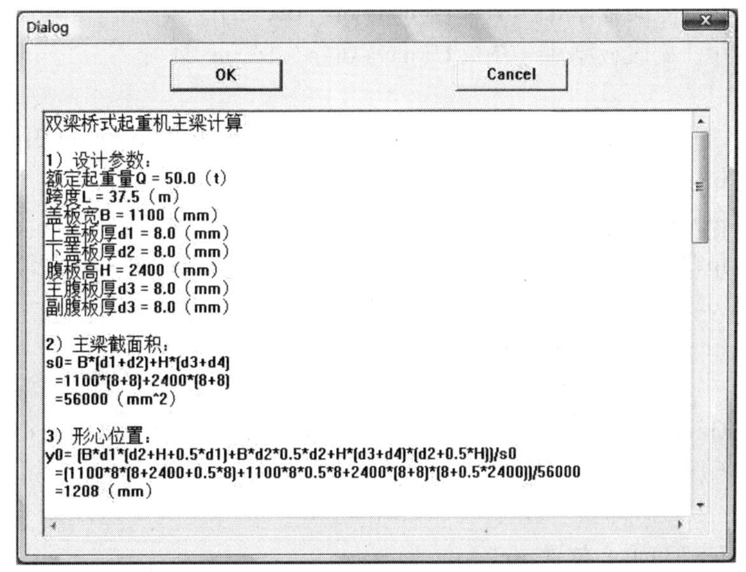

图9-14　输出计算书对话框

在 DLG4. cpp 的前面添加:

```
#include "DLG2. h"
#include "DLG3. h"
extern DLG2 D2;
extern DLG3 D3;
```

建立输出计算书模块（对话框4）的 OnOK 函数。双击对话框4资源界面上的 OK 按钮，同意其消息响应函数为 OnOK，修改该函数为:

```
void DLG4::OnOK()//输出计算书
{
    //TODO:Add extra validation here

    FILE *fp;//文件指针
    double s0,y0,J,P,M;//横截面积,中性轴位置,纵向弯曲惯性矩,集中载荷,弯矩
    double W,C,d,K,l1;  //主梁重量,跨中应力,跨中挠度,高宽比,距中性轴距离
    fp=fopen("jss. txt","w");//打开文件用于写
    m_E1. Empty();//清空编辑框变量
    fprintf(fp,"双梁桥式起重机主梁计算\n\n");
    fprintf(fp,"1)设计参数:\n");
    fprintf(fp,"额定起重量  Q=%6. 1f(t)\n",D2. m_Q);
    fprintf(fp,"跨度        L=%6. 1f(m)\n",D2. m_L);
    fprintf(fp,"盖板宽      B=%4. 0f(mm)\n",D3. m_B);
    fprintf(fp,"上盖板厚 d1=%6. 1f(mm)\n",D3. m_d1);
    fprintf(fp,"下盖板厚 d2=%6. 1f(mm)\n",D3. m_d2);
    fprintf(fp,"腹板高      H=%4. 0f(mm)\n",D3. m_H);
    fprintf(fp,"主腹板厚 d3=%6. 1f(mm)\n",D3. m_d3);
    fprintf(fp,"副腹板厚 d4=%6. 1f(mm)\n\n",D3. m_d4);

    s0=D3. m_B*(D3. m_d1+D3. m_d2)+D3. m_H*(D3. m_d3+D3. m_d4);
    fprintf(fp,"2)主梁截面积:\n");
    fprintf(fp,"s0=B*(d1+d2)+H*(d3+d4)\n");
    fprintf(fp,"    =%.0f*(%.0f+%.0f)+%.0f*(%.0f+%.0f)\n",D3. m_B,
D3. m_d1,D3. m_d2,D3. m_H,D3. m_d3,D3. m_d4);
    fprintf(fp,"    =%.0f(mm^2)\n\n",s0);

    y0=(D3. m_B*D3. m_d1*(D3. m_d2+D3. m_H+0.5*D3. m_d1)+D3. m_B*
D3. m_d2*0.5*D3. m_d2+D3. m_H*(D3. m_d3+D3. m_d4)*(D3. m_d2+0.5*D3.
m_H))/s0;
    fprintf(fp,"3)形心位置:\n");
    fprintf(fp,"y0=(B*d1*(d2+H+0.5*d1)+B*d2*0.5*d2+H*(d3+d4)*
```

```
(d2 +0.5 * H))/s0\n");
        fprintf(fp,"    =(%.0f * %.0f * (%.0f + %.0f +0.5 * %.0f) + %.0f * %.0f * 0.5
 * %.0f + %.0f * (%.0f + %.0f) * (%.0f +0.5 * %.0f))/%.0f\n",
            D3.m_B, D3.m_d1, D3.m_d2, D3.m_H, D3.m_d1, D3.m_B, D3.m_d2, D3.
m_d2, D3.m_H, D3.m_d3, D3.m_d4, D3.m_d2, D3.m_H, s0);
        fprintf(fp,"    =%.0f(mm)\n\n",y0);

        J = D3.m_B * D3.m_d1 * D3.m_d1 * D3.m_d1/12.0 + D3.m_B * D3.m_d1 * (D3.
m_d2 + D3.m_H +0.5 * D3.m_d1-y0) * (D3.m_d2 + D3.m_H  +0.5 * D3.m_d1-y0);
        J = J + D3.m_B * D3.m_d2 * D3.m_d2 * D3.m_d2/12.0 + D3.m_B * D3.m_d2 * (0.5
 * D3.m_d2-y0) * (0.5 * D3.m_d2-y0);
        J = J + (D3.m_d3 + D3.m_d4) * D3.m_H * D3.m_H * D3.m_H/12.0 + (D3.m_d3 +
D3.m_d4) * D3.m_H * (D3.m_d2 +0.5 * D3.m_H-y0) * (D3.m_d2  +0.5 * D3.m_H-y0);
        fprintf(fp,"4)惯性矩:\n");
        fprintf(fp,"J = B * d1^3/12 + B * d1 * (d2 + H +0.5 * d1-y0)^2\n");
        fprintf(fp,"    + B * d2^3/12 + B * d2 * (0.5 * d2-y0)^2\n");
        fprintf(fp,"    + (d3 + d4) * H^3/12 + (d3 + d4) * H * (d2 +0.5 * H-y0)^2\n");
        fprintf(fp,"    =%.0f * %.0f^3/12 + %.0f * %.0f * (%.0f + %.0f +0.5 * %.0f-%.
0f)^2\n",
            D3.m_B, D3.m_d1, D3.m_B, D3.m_d1, D3.m_d2, D3.m_H, D3.m_d1, y0);
        fprintf(fp,"    + %.0f * %.0f^3/12 + %.0f * %.0f * (0.5 * %.0f-%.0f)^2\n",
            D3.m_B, D3.m_d2, D3.m_B, D3.m_d2, D3.m_d2, y0);
        fprintf(fp,"    + (%.0f + %.0f) * %.0f^3/12 + (%.0f + %.0f) * %.0f * (%.0f +
0.5 * %.0f-%.0f)^2\n",
            D3.m_d3, D3.m_d4, D3.m_H, D3.m_d3, D3.m_d4, D3.m_H, D3.m_d2, D3.
m_H, y0);
        fprintf(fp,"    =%.0f(mm^4)\n\n",J);

        W = 1.3 * s0 * D2.m_L * 7.85/1e6;
        fprintf(fp,"5)主梁自重:\n");
        fprintf(fp,"W =1.3 * s0 * L * 7.85/1e6\n");
        fprintf(fp,"    =1.3 * %.0f * %.1f * 7.85/1e6\n",s0,D2.m_L);
        fprintf(fp,"    =%.3f(t)\n\n",W);

        P =0.5 * 1.31 * D2.m_Q * 9.81/1e3;
        fprintf(fp,"6)集中载荷:\n");
        fprintf(fp,"P = (1/2) * 1.31 * Q * 9.81/1e3\n");
        fprintf(fp,"    = (1/2) * 1.31 * %.1f * 9.81/1e3\n",D2.m_Q);
        fprintf(fp,"    =%f(MN)\n\n",P);
```

```
M = 0.25 * 1.19 * P * D2.m_L;
M = M + 0.125 * 1.19 * W * 9.81 * D2.m_L/1e3;
fprintf(fp,"7)跨中弯矩:\n");
fprintf(fp,"集中载荷弯矩 Mq = (1/4) * 1.19 * P * L\n");
fprintf(fp,"    = (1/4) * 1.19 * %f * %.1f\n",P,D2.m_L);
fprintf(fp,"    = %f(MN.m)\n",0.25 * 1.19 * P * D2.m_L);
fprintf(fp,"自重弯矩 M0 = (1/8) * 1.19 * W * 9.81 * L/1e3\n");
fprintf(fp,"    = (1/8) * 1.19 * %.3f * 9.81 * %.1f/1e3\n",W,D2.m_L);
fprintf(fp,"    = %f(MN.m)\n",0.125 * 1.19 * W * 9.81 * D2.m_L/1e3);
fprintf(fp,"跨中总弯矩 M = Mq + M0\n");
fprintf(fp,"    = %f + %f\n",0.25 * 1.19 * P * D2.m_L,0.125 * 1.19 * W * 9.81 * D2.m_L/1e3);
fprintf(fp,"    = %f(MN.m)\n\n",M);

if(D3.m_d2 + D3.m_H + D3.m_d1-y0 > y0)l1 = D3.m_d2 + D3.m_H + D3.m_d1-y0;
else l1 = y0;
C = 1.15 * M * l1/J * 1e9;
fprintf(fp,"8)跨中应力:\n");
fprintf(fp,"C = 1.15 * M * y0/J * 1e9\n");
fprintf(fp,"    = 1.15 * %f * %.1f/%.0f * 1e9\n",M,l1,J);
fprintf(fp,"    = %.3f(MPa)",C);
if(C > 235.0/1.48)fprintf(fp," > [C] = %.3f(MPa)不合格！\n\n",235.0/1.48);
else fprintf(fp,"\n\n");

d = P * D2.m_L * D2.m_L * D2.m_L/(48.0 * 206000.0 * J) * 1e15;
fprintf(fp,"9)跨中挠度:\n");
fprintf(fp,"d = P * L^3/(48.0 * 206000.0 * J) * 1e15\n");
fprintf(fp,"    = %f * %.1f^3/(48.0 * 206000.0 * %.0f) * 1e15\n",P,D2.m_L,J);
fprintf(fp,"    = %.3f(mm)",d);
if(d > 1000 * D2.m_L/1000.0)fprintf(fp," > [d] = %.3f(mm)不合格！\n\n",1000 * D2.m_L/1000.0);
else fprintf(fp,"\n\n");

K = D3.m_H/D3.m_B;
fprintf(fp,"10)主梁高宽比:\n");
fprintf(fp,"K = H/B\n");
fprintf(fp,"    = %.0f/%.0f\n",D3.m_H,D3.m_B);
fprintf(fp,"    = %.3f",K);
if(K > 2.7)fprintf(fp," > [K] = %.3f不合格！\n",2.7);
```

```
    else fprintf(fp,"\n");
    fclose(fp);//关闭文件

    char ch1[122],ch2[122];
    int lenth;
    fp=fopen("jss.txt","r");
    for(;feof(fp)==0;)//循环读文件
    {
        fgets(ch1,122,fp);//从文件 fp1 中读入 1 行最多 121 个字符,放入 ch1 中
        lenth=strlen(ch1);//测字符串 ch1 的长度
        ch1[lenth-1]='\0';//去掉原来的换行符
        sprintf(ch2,"%s\r\n",ch1);//添加新的换行符
        if(feof(fp)==0)m_E1.Insert(16384,ch2);//把一行数据插入字符窗口
    }
    UpdateData(false);//显示编辑框内容
    fclose(fp);//关闭文件
//  CDialog::OnOK();
}
```

建立调用关系。双击 DLG1.cpp，在文件前部包含语句的后面添加：

```
#include "DLG4.h"
```

在构造函数 DLG1::DLG1(CWnd * pParent/ * =NULL * /):CDialog(DLG1::IDD,pParent)的前面添加语句：（任何函数之外）

```
DLG4 D4;
```

在 DLG1（对话框 1）的资源界面上双击【输出计算书】按钮（原【Button2】按钮），单击【OK】按钮，同意其消息响应函数为 OnButton2，把该函数改为：

```
void DLG1::OnButton2()//输出计算书
{
    //TODO:Add your control notification handler code here
    D4.DoModal();
}
```


4. 算例与运行效果

单击【!】按钮，编译、连接、运行程序，逐次单击相应的菜单项，运行效果如图 9-11 ~ 图 9-14 所示。

在不改变默认输入参数时，计算书文件 jss.txt 的内容如下：

双梁桥式起重机主梁计算

1）设计参数：

额定起重量 Q=50.0（t）

跨度 L=37.5（m）

盖板宽 B=1100（mm）

上盖板厚 d1 = 8.0（mm）

下盖板厚 d2 = 8.0（mm）

腹板高 H = 2400（mm）

主腹板厚 d3 = 8.0（mm）

副腹板厚 d4 = 8.0（mm）

2）主梁截面积：

s0 = B * (d1 + d2) + H * (d3 + d4)
　= 1100 * (8 + 8) + 2400 * (8 + 8)
　= 56000(mm^2)

3）形心位置：

y0 = (B * d1 * (d2 + H + 0.5 * d1) + B * d2 * 0.5 * d2 + H * (d3 + d4) * (d2 + 0.5 * H))/s0
　= (1100 * 8 * (8 + 2400 + 0.5 * 8) + 1100 * 8 * 0.5 * 8 + 2400 * (8 + 8) * (8 + 0.5 * 2400))/56000
　= 1208(mm)

4）惯性矩：

J = B * d1^3/12 + B * d1 * (d2 + H + 0.5 * d1 - y0)^2
　+ B * d2^3/12 + B * d2 * (0.5 * d2 - y0)^2
　+ (d3 + d4) * H^3/12 + (d3 + d4) * H * (d2 + 0.5 * H - y0)^2
= 1100 * 8^3/12 + 1100 * 8 * (8 + 2400 + 0.5 * 8 - 1208)^2
　+ 1100 * 8^3/12 + 1100 * 8 * (0.5 * 8 - 1208)^2
　+ (8 + 8) * 2400^3/12 + (8 + 8) * 2400 * (8 + 0.5 * 2400 - 1208)^2
= 43945335467(mm^4)

5）主梁自重：

W = 1.3 * s0 * L * 7.85/1e6
　= 1.3 * 56000 * 37.5 * 7.85/1e6
　= 21.430(t)

6）集中载荷：

P = (1/2) * 1.31 * Q * 9.81/1e3
　= (1/2) * 1.31 * 50.0 * 9.81/1e3
　= 0.321278(MN)

7）跨中弯矩：

集中载荷弯矩 Mq = (1/4) * 1.19 * P * L
　　= (1/4) * 1.19 * 0.321278 * 37.5
　　= 3.584252(MN. m)

自重弯矩 M0 = (1/8) * 1.19 * W * 9.81 * L/1e3
　　= (1/8) * 1.19 * 21.430 * 9.81 * 37.5/1e3
　　= 1.172707(MN. m)

跨中总弯矩 M = Mq + M0
　　= 3.584252 + 1.172707
　　= 4.756959(MN. m)

8）跨中应力：

C =1.15 * M * y0/J * 1e9

=1.15 * 4.756959 * 1208.0/43945335467 * 1e9

=150.377（MPa）

9）跨中挠度：

d = P * L^3/(48.0 * 206000.0 * J) * 1e15

=0.321278 * 37.5^3/(48.0 * 206000.0 * 43945335467) * 1e15

=38.990(mm) > [d] =37.500(mm)不合格!

10）主梁高宽比：

K = H/B

=2400/1100

=2.182

5. 说明与改进方向

（1）主控界面

主控对话框界面比较简洁。如果增加软件功能，应扩大主控对话框界面，还可以加一张桥式起重机的图片作为装饰，如图9-15所示。

图9-15　增加功能并修饰过的软件主控界面

（2）输入参数

为了简化程序，只输入了起重量和跨度这两个参数，没有输入工作级别、主梁型式、材料、安全系数、许用应力等参数。如果增加输入参数，应扩大输入对话框界面。对某些输入参数可以增加可以视化图形提示、输入选项或纺锤形按钮来方便输入，如图9-6所示。

（3）计算系数与参数

计算集中载荷时取 1.31 的固定系数来考虑小车和吊具的重量。计算主梁自重时取 1.3 的固定系数来考虑轨道、走台、大小隔板、纵向筋、焊缝等附加重量。计算弯矩时取运行冲击系数固定为 1.19。计算跨中应力时取固定系数为 1.15 考虑约束弯曲和约束扭转的应力增大系数。验算应力时取材料 Q235，屈服应力 235MPa，固定的安全系数为 1.48。验算挠度时取许用挠度固定为主梁跨度的 1/1000。验算主梁高宽比时直接取腹板高比盖板宽，限制值固定为 2.7。如果需要在设计过程中独立确定这些系数与参数，则需要增加相应的输入项目。

（4）主梁截面参数

本算例假设主梁的结构形式固定为中轨，因此上盖板宽等于下盖板宽。假设下盖板翼缘外伸量等于轨道侧上盖板的翼缘外伸量，没有考虑偏轨、半偏轨的情况。

（5）计算项目

本算例只计算了主梁跨中截面的整体弯曲应力和跨中挠度，没有考虑水平载荷，没有计算剪应力、其他截面、疲劳、动刚度、腹板和盖板的局部稳定性。采用的是许用应力设计法，没有采用极限状态设计法。

（6）优化设计

本算例采用可视化设计技术，根据计算机的验算结果可视化调整，没有涉及优化设计。可以添加网格法优化或微粒群优化，在优化的基础上进行可视化调整的效果会更好。

（7）参数绘图

本算例只在可视化设计界面中按比例显示了主梁截面的形状，输出了主梁的主要参数，没有参数化地输出图样和三维模型。

（8）计算书格式

本算例只输出了 TXT 格式的设计计算书，可以用记事本 notepad.exe 打开。若输出 Word 文档格式则可以在程序中设置字体、字号，能产生无需进一步手工处理、版面更加美观的设计计算书。

当然，上述功能的添加和改进是要以增加程序的复杂程度为代价的。作为专业机械 CAD 软件开发初学者练习的例子，本程序示例是按最简功能设计的。

附 录

SolidWorks
凸台-拉伸
方向1
给定深度
40.00mm
合并结果(M)

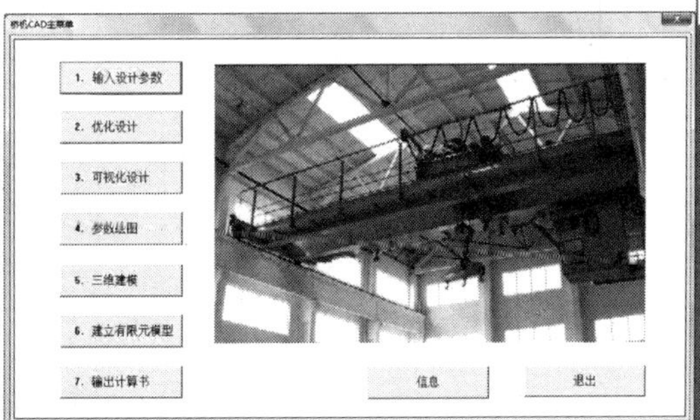
1. 输入设计参数
2. 优化设计
3. 可视化设计
4. 参数绘图
5. 三维建模
6. 建立有限元模型
7. 输出计算书
信息
退出

附录 A　CAD 工程制图的基本设置要求

A.1　图纸幅面与格式

1. 图纸幅面形式及尺寸

在 CAD 工程制图中所用到的图纸幅面形式有有装订边或无装订边两种，如图 A-1 所示。基本幅面尺寸见表 A-1，加长幅面尺寸见表 A-2。

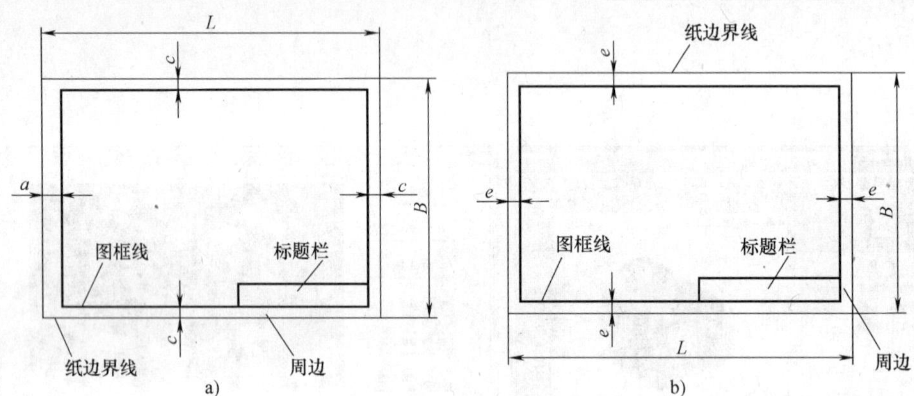

图 A-1　图纸幅面形式

a）带有装订边的图纸幅面　b）不带装订边的图纸幅面

表 A-1　基本幅面尺寸　　（单位：mm）

幅面代号	A0	A1	A2	A3	A4
$B \times L$	841×1190	594×841	420×594	297×420	210×297
e	20		10		
c	10			5	
a	25				

表 A-2　加长幅面尺寸　　（单位：mm）

幅面代号	$B \times L$	幅面代号	$B \times L$	幅面代号	$B \times L$
A3×3 A3×4	420×891 420×1189	A0×2 A0×3	1189×1682 1189×2523	A3×5 A3×6	420×1486 420×1783
A4×3	297×630	A1×3	841×1783	A3×7	420×2080
A4×4 A4×5	297×841 297×1051	A1×4 A2×3	841×2378 594×1261	A4×6 A4×7	297×1261 297×1471
		A2×4 A2×5	594×1682 594×2102	A4×8 A4×9	297×1682 297×1892
第二选择		第三选择			

注：1. 应优先采用基本幅面，必要时也允许采用加长幅面的第二选择或第三选择。

2. 加长幅面的图框尺寸，按所选用的基本幅面大一号的图框尺寸确定。如 A2×3 的图框尺寸按 A1 的图框尺寸确定，即 e 为 20（或 c 为 10），而 A3×4 的图框尺寸按 A2 的图框尺寸确定，即 e 为 10（或 c 为 10）。

2. 标题栏方位

每张 CAD 工程图纸上必须有标题栏。标题栏位于图纸右下角，如图 A-1。标题栏的长边置于水平方向并与图纸的长边平行时，构成 X 型图（见图 A-1）。若标题栏的长边与图纸的长边垂直时，构成 Y 型图。为了利用预先印制的图纸，允许将 X 型图纸的短边置于水平位置使用，或将 Y 型图纸的长边置于水平使用。

3. 附加符号

（1）对中符号

为了使图纸在复制和微缩摄影时定位方便，在图纸各边的中点处分别画出对中符号（见图 A-4）。对中符号采用粗实线，线宽不小于 0.5mm，长度从纸边界至图框内约 5mm。对中符号的位置误差不大于 0.5mm。当对中符号在标题栏范围内时，伸入标题栏部分省略不画。

（2）方向符号

为了明确绘图与看图时图纸的方向，在图纸下边对中符号处画出一个方向符号（见图 A-2）。

（3）剪切符号

为了使 CAD 图在复制时便于自动剪切，可以在图纸的 4 个角上分别绘出剪切符号（见图 A-3）。

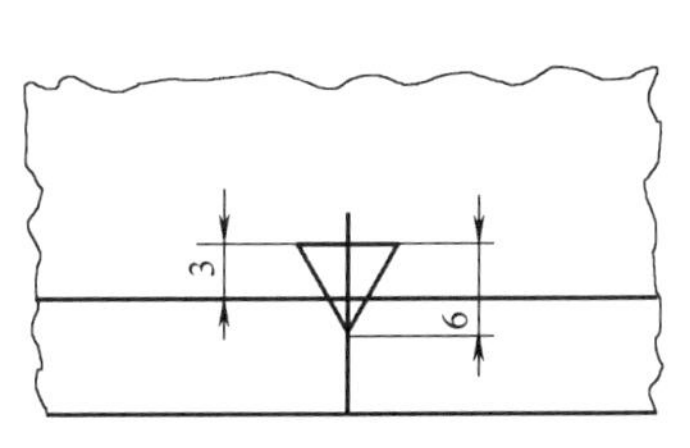

图 A-2 方向符号

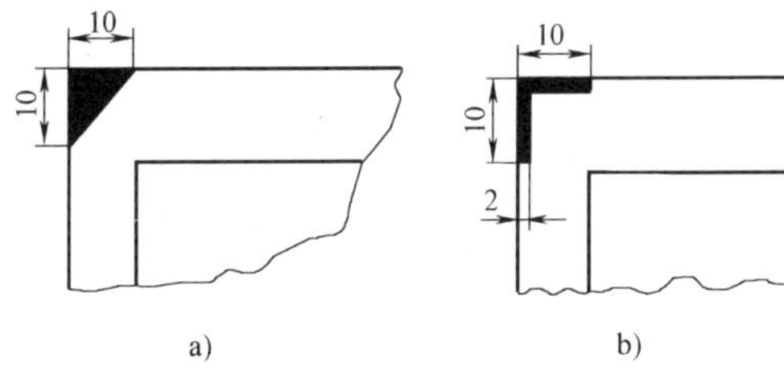

图 A-3 剪切符号

4. 图幅分区

对图形复杂的 CAD 装配图一般应设置图幅分区。

用细实线在图纸周边内画出分区。图幅分区数目按工程图的复杂程度确定，但必须是偶数，每一分区的长度为 25 ~ 75mm。分区的编写，沿上下方向（由看图方向确定上下和左右）用大写字母从上到下顺序编写，沿左右（水平）方向用阿拉伯数字（见图 A-4）。

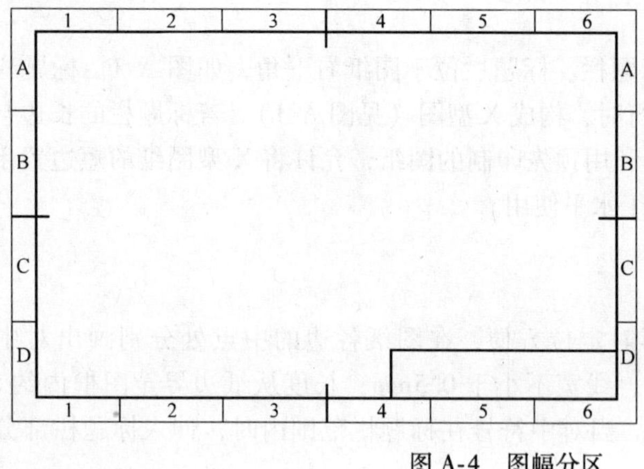

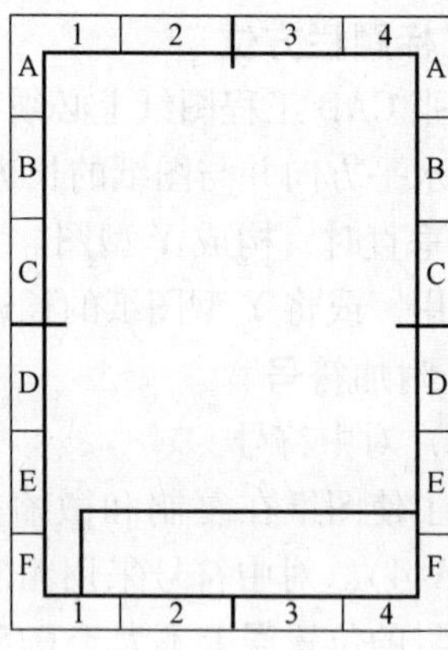

图 A-4　图幅分区

A.2　比例

1. 比例系列

需要按比例绘图时，应在表 A-3 所列系列中选取适当的比例。必要时也允许选取表 A-4 中的比例。

表 A-3　基本比例系列

种　类	比　例		
原值比例	1:1		
放大比例	5:1 5×10^n:1	2:1 2×10^n:1	10：1 1×10^n:1
缩小比例	1:2 1:2×10^n	1:5 1:5×10^n	1:10 1:1×10^n

注：n 为正整数。

表 A-4　扩展比例系列

种　类	比　例				
放大比例	4:1 4×10^n:1		2.5:1 2.5×10^n:1		
缩小比例	1:1.5 1:1.5×10^n	1:2.5 1:2.5×10^n	1:3 1:3×10^n	1:4 1:4×10^n	1:6 1:6×10^n

注：n 为正整数。

2. 比例标注

1）比例应标注在标题栏的比例栏内。必要时可在视图名称的下方或右侧标注比例。

2）必要时，允许在同一视图中的铅垂和水平方向标注不同的比例（但两种比例的比值不应超过5倍）。

3）必要时，工程图的比例可采用比例尺的形式。一般可在工程图的铅垂或水平方向加

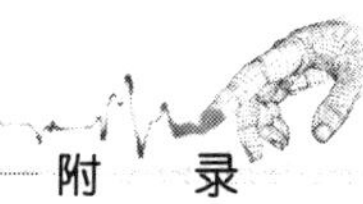

画比例尺。

4）当图形中孔的直径或薄片的厚度等于或小于2mm，以及斜度和锥度较小时，可不按比例而夸大画出。

A.3　字体

1. 基本要求

1）工程图中的字体必须做到：字体工整、笔画清楚、间隔均匀、排列整齐。

2）字体高度（用h表示）的公称尺寸系列为：1.8mm，2.5mm，3.5mm，5mm，7mm，10mm，14mm，20mm。如需要更大的字，其字体高度按$\sqrt{2}$的比率递增。字体高度代表字体的号数。

3）字母和数字可写成斜体和直体。斜体字字头向右倾斜，与水平基准线成75°。

2. 字体高度

字体高度与图纸幅面的关系见表A-5。

表A-5　字体高度与图纸幅面关系　（单位：mm）

幅面代号 / 字体	A0	A1	A2	A3	A4
字母数字	3.5				
汉字	5				

3. 字体间距

字体的最小字（词）距、行距以及间隔线或基准线与书写字体之间的最小距离，见表A-6。

表A-6　字体与图纸幅面关系

字　体	最小间距	
汉字	字距	1.5
	行距	2
	间隔线或基准线与汉字的间距	1
字母、数字	字符	0.5
	词距	1.5
	行距	1
	间隔线或基准线与字母、数字的间距	1

注：当汉字与字母、数字混合使用时，字体的最小字距、行距等应根据汉字的规定使用

4. 字体

CAD工程图中的字体选用见表A-7。

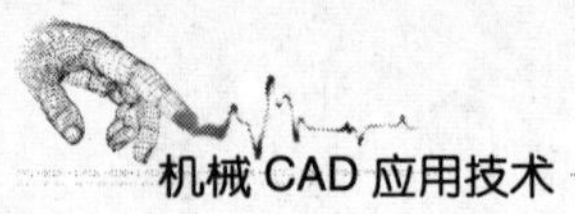

表 A-7　字体的选用

汉字字型	字体文件名	应用范围
长仿宋体	HZCF. *	图中标注及说明的汉字、标题栏、明细栏等
单线宋体	HZDX. *	大标题、小标题、图册封面、目录清单、标题栏中设计单位名称、工程图名称、工程名称、地形图等
宋体	HZFT. *	
仿宋体	HZFS. *	
楷体	HZKT. *	
黑体	HZHT. *	

A.4　图线

1. 线型

机械 CAD 常用图线型式及应用见表 A-8。

表 A-8　机械 CAD 常用图线及应用

图线名称	图线线型	一般应用
粗实线		可见轮廓线、可见过渡线
细实线		尺寸线及尺寸界线、剖面线、重合剖面的轮廓线、引出线、分界线及范围线、折弯线、辅助线、不连续的同一表面的连线、成规律分布的相同要素的连线
波浪线		断裂处边界线、视图和剖视的分界线
双折线		断裂处边界线
虚线		不可见轮廓线、不可见过渡线
粗点画线		有特殊要求的线或表面表示线
细点画线		轴线、对称中心线、轨迹线、节圆及节线
双点画线		相邻辅助零件轮廓线、极限位置的轮廓线、坯料的轮廓线或锻件图中制品的轮廓线、假想投影轮廓线、中断线

2. 图线宽度

图线分为粗线和细线两种。粗线的宽度在 0.5 ~ 2mm 之间选择，细线的宽度约为粗线宽度的 1/3。

图线宽度推荐系列为：0.18mm，0.25mm，0.35mm，0.7mm，1mm，1.4mm，2mm。

3. 图线颜色

屏幕上的图线一般应按表 A-9 中提供的颜色显示，相同类型的图线应采用同样的颜色。

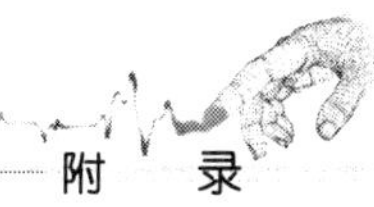

表 A-9　屏幕上图线的颜色

图线类型		屏幕上的颜色
粗实线		白色
细实线		绿色
波浪线		
双折线		
虚线		黄色
粗点画线		棕色
细点画线		红色
双点画线		粉红色

4. 线型标识

CAD 工程图中各种线型的分层标识管理，见表 A-10。

表 A-10　各种线型的分层标识管理

标识号	描　述	图　例
01	粗实线	
02	细实线、细波浪线、细折断线	
03	粗虚线	
04	细虚线	
05	细点画线、剖切面的剖切线	
06	粗点画线	
07	细双点画线	
08	尺寸线、投影连接、尺寸终端与符号细实线	
09	参考圆、包括引出线和终端	
10	剖面符号	
11	文本（细实线）	ABCD
12	尺寸值和公差	432±1
13	文本（粗实线）	KLMN
14、15、16	用户选用	

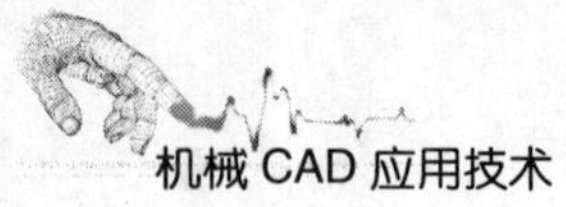

A.5 剖面符号

1. 剖面式样

在剖视和剖面图中，应采用表 A-11 中所规定的剖面区域式样。

表 A-11 剖面区域式样

剖面区域式样	名　称	剖面区域式样	名　称
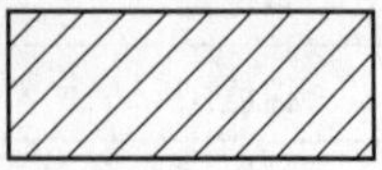	金属材料	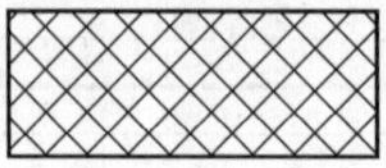	非金属材料
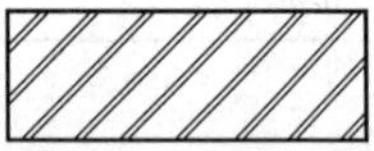	固体材料	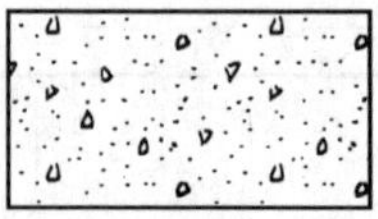	混凝土
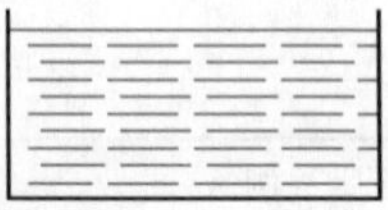	液体	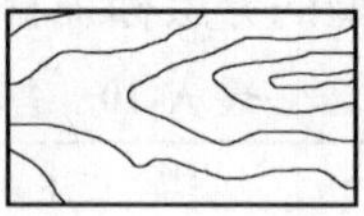	木材
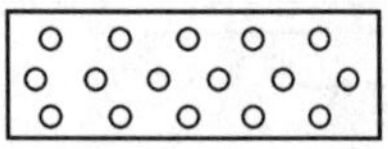	气体	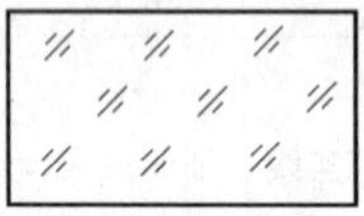	玻璃等透明材料

注：1. 剖面符号（区域式样）仅表示材料的类别，材料的名称和代号必须另行注明。
2. 液体面用细线绘制。

2. 剖面符号画法

1）在同一金属零件的零件图中，剖视图、剖面图的剖面线，应画成间隔相等、方向相同而且与水平线成45°的平行线。当图形中的主要轮廓线与水平线成45°时，该图形的剖面线应画成与水平线成30°或60°的平行线，其倾斜的方向仍与其他图形的剖面线一致。

2）相邻辅助零件（部件），一般不画剖面符号。

3）当被剖部分的图形面积较大时，可以只沿轮廓的周边画出剖面符号。

4）如仅需画出剖视图中的部分图形，其边界又不画波浪线时，则应将剖面线绘制整齐。

5）在零件图中也可用涂色代替剖面符号。

6）木材、玻璃、液体等剖面符号，也可在外形视图中画出一部分或全部作为材料的标志。

7）在装配图中，相互邻接的金属零件的剖面线，其倾斜方向应相反，或方向一致而间隔不等。同一装配图中的同一零件的剖面线方向相同，间隔相等。除金属零件外，当各邻接的剖面符号相同时，应采用疏密不一的方法以示区别。

8）当绘制接合件的工程图时各零件的剖面符号应按相互邻接的剖面方法绘制。

9）由不同材料嵌入或粘贴在一起的成品，用其中主要材料的剖面符号表示。

10）在装配图中，宽度小于或等于 2mm 的狭小面积的剖面，可用涂黑代替剖面符号。如果是玻璃或其他材料，而不宜涂黑时，可不画剖面符号。

A. 6 标题栏

1. 标题栏尺寸

标题栏各部分尺寸与格式，如图 A-5 所示。

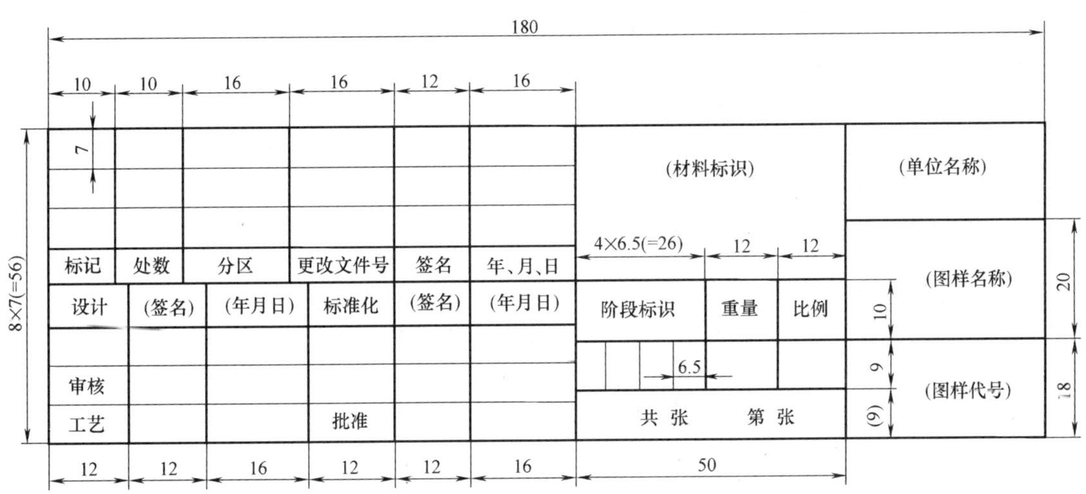

图 A-5 标题栏尺寸与格式

2. 基本要求

每张 CAD 工程图均应配置标题栏，并应配置在图纸的右下角；标题栏中的字体应符合 CAD 字体的有关要求；标题栏的线型应按有关图线要求分粗实线和细实线绘制；标题栏中的年月日应按规定填写齐全。

3. 标题栏中的内容

标题栏一般由更改区、签字区、其他区、名称及代号区组成，如图 A-6 所示。

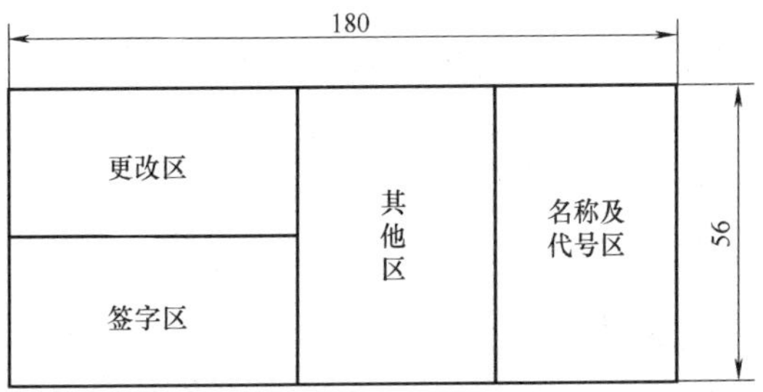

图 A-6 标题栏组成

更改区的组成如下：

标记：按照有关规定或要求填写更改标记。

处数：填写同一标记所表示的更改数量。

分区：必要时，按有关规定填写。

更改文件号：填写更改所依据的文件号。

签名和年月日：填写更改人的姓名和更改的时间。

签字区：一般按设计、审核、工艺、标准化、批准等有关规定签署姓名和日期。

其他区的组成如下：

材料标识：对于需要该项目的工程图，一般应按相应标准或规定填写所使用的材料。

阶段标识：按有关规定由左向右填写工程图的各生产阶段。

重量：填写所绘制工程图相应产品的计算重量，以 kg 为计量单位时，允许不写其计量单位。

比例：填写绘制工程图时所采用的比例。

共　张、第　张：填写同一工程图代号中工程图的总张数及该张所在的张次。

名称及代号区的组成如下：

单位名称：填写绘制工程图单位的名称或单位代号，也可不予填写。

图样名称：填写所绘制对象的名称。

图样代号：按有关标准或规定填写工程图的代号。

A.7　明细栏

1. 明细栏尺寸

明细栏各部分尺寸与格式，如图 A-7 所示。

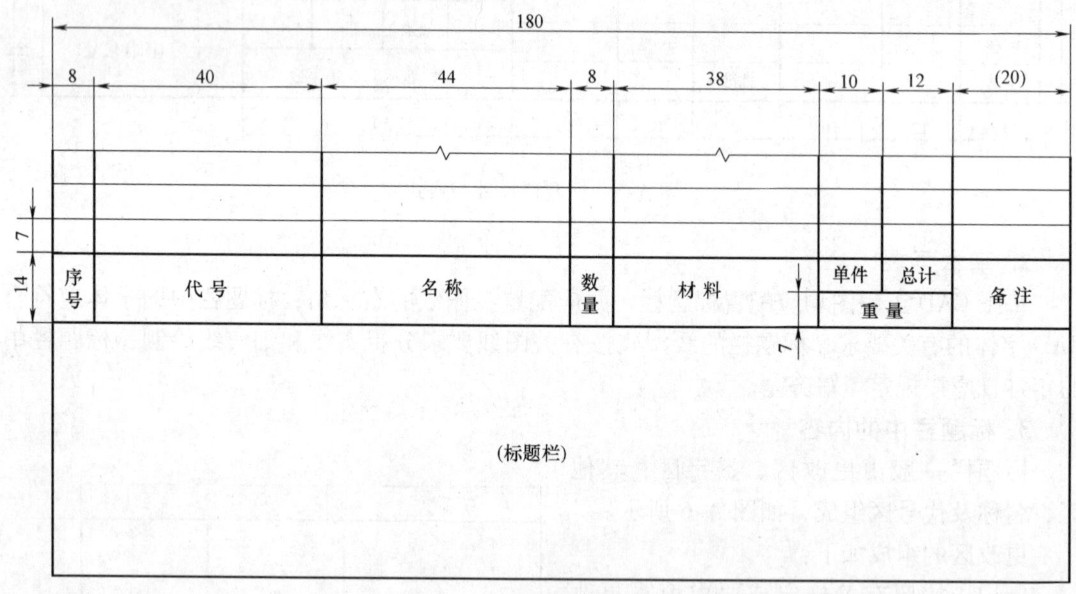

图 A-7　明细栏尺寸与格式

2. 基本要求

明细栏也称明细表。CAD 工程图中的装配图一般应配置明细栏。明细栏一般配置在装配图中标题栏的上方，按由下而上的顺序填写（见图 A-7）。当由下而上延伸位置不够时，可紧靠在标题栏的左边自下而上延续。装配图中不能在标题栏的上方配置明细栏时，可作为装配图的续页按 A4 幅面单独绘出，其顺序应是由上而下延伸。明细栏中的字体应符合 CAD 字体的有关要求；明细栏的线型应按有关图线要求分粗实线和细实线绘制。

3. 明细栏的填写

序号：填写工程图中相应组成部分的序号。

代号：填写工程图中相应组成部分的工程图代号或标准号。

名称：填写工程图中相应组成部分的名称。必要时，也可写出其型式与尺寸。

数量：填写工程图中相应组成部分在装配图中所需的数量。

材料：填写工程图中相应组成部分的材料标识。

重量：填写工程图中相应组成部分单件和总件数的计算重量。以 kg 为计量单位时，允许不写其计量单位。

分区：必要时，应按照有关规定将分区代号填写在备注栏中。

备注：填写该项的附加说明或其他有关的内容。

附录 B　CAD 工程图样的绘制

绘制机械 CAD 工程图时，首先应考虑看图方便。根据机件的结构特点，选用适当的表达方法。在完整、清晰地表达机件各部分结构形状的前提下，力求制图简便。机械工程图应按正投影法绘制，并采用第一角投影法。

B.1　视图

1. 基本视图

在 CAD 工程图中表示一个物体可以有 6 个基本投影方向，相应的 6 个基本的投影平面分别垂直于 6 个基本投影方向，通过投影所得到的视图及名称见表 B-1。

表 B-1　基本视图

视图方向		视图名称
方向代号	方　　向	
a	自前方投影	主视图或正立面图
b	自上方投影	俯视图或平面图
c	自左方投影	左视图或左侧立面图
d	自右方投影	右视图或右侧立面图
e	自下方投影	仰视图或底面图
f	自后方投影	后视图或背立面图

2. 第一角投影法

将物体置于第一分角内，即物体处于观察者与投影面之间进行投影，然后按规定展开投影面，如图 B-1 所示。各视图之间的配置关系，如图 B-2 所示。第一角投影法的说明符号，如图 B-3 所示。

3. 视图的选择

在 CAD 工程图中通常有基本视图、向视图、局部视图和斜视图等。表示物体信息量最多的那个视图应作为主视图，通常是物体的工作位置、加工位置或安装位置。当需要其他视图时，应按下述基本原则选取：

1）在明确表示物体的前提下使数量为最小。

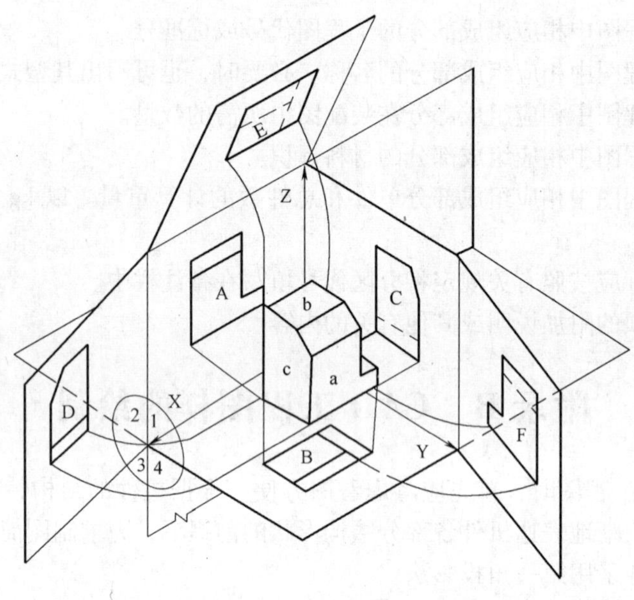

图 B-1　第一角投影法

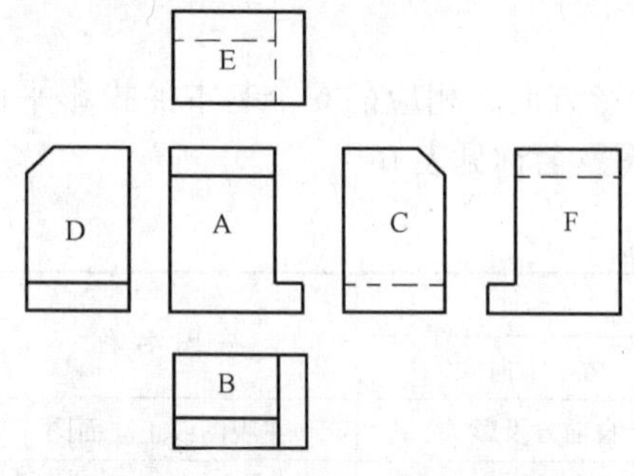

图 B-2　各视图之间的配置关系

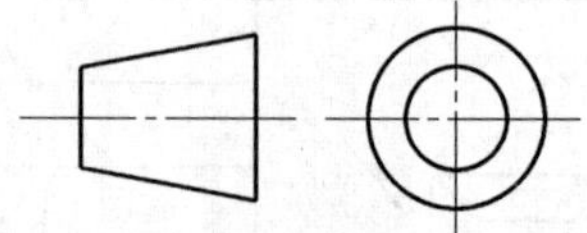

图 B-3　第一角投影法的说明符号

2）尽量避免使用虚线表达物体的轮廓及棱线。

3）避免不必要的细节重复。

4. 局部视图

局部视图是指将机件的某一部分向基本投影面投影所得的视图。一般在局部视图上方标出视图的名称“X 向”，在相应的视图附近用箭头指明投影方向，并注上同样的字母。当局部视图按投影关系配置，中间又没有其他图形隔开时，应当省略标注（见图 B-4）。局部视图的断裂边界应以波浪线表示（见图 B-5）。当所表示的局部结构是完整的，且外轮廓线又成封闭时，波浪线可省略不画。

5. 剖视图

剖视图是假想用剖切面剖开机件，将处在观察者和剖切面之间的部分移出，而将其余部分向投影面投影所得的图形。剖切面可以是单一剖切面、两相交的剖切平面、几个平行的剖切平面或组合的剖切平面。

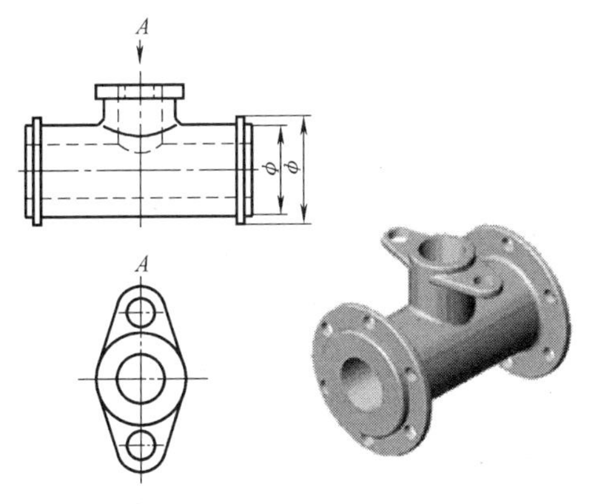

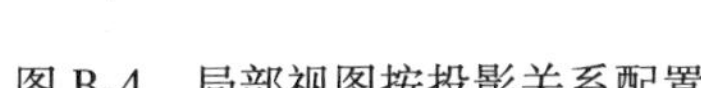
图 B-4　局部视图按投影关系配置

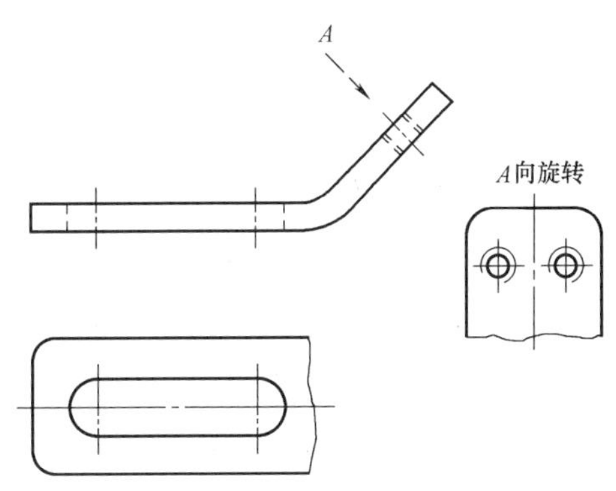

图 B-5　局部视图的断裂边界

全剖视图是指用剖切平面完全地剖开机件所得的剖视图（见图 B-6）。半剖视图是指当机件具有对称平面时，在垂直于对称平面的投影面上投影所得的图形，可以以对称中心线为界，一半画成剖视，另一半画成视图（见图 B-7）。局部剖视图是指用剖切平面局部地剖开机件所得的视图，局部剖视图用波浪线分界，波浪线不应与工程图上其他图线重合。当被剖结构为回转体时，允许将该结构的中心线作为局部剖视与视图的分界线（见图 B-8）。

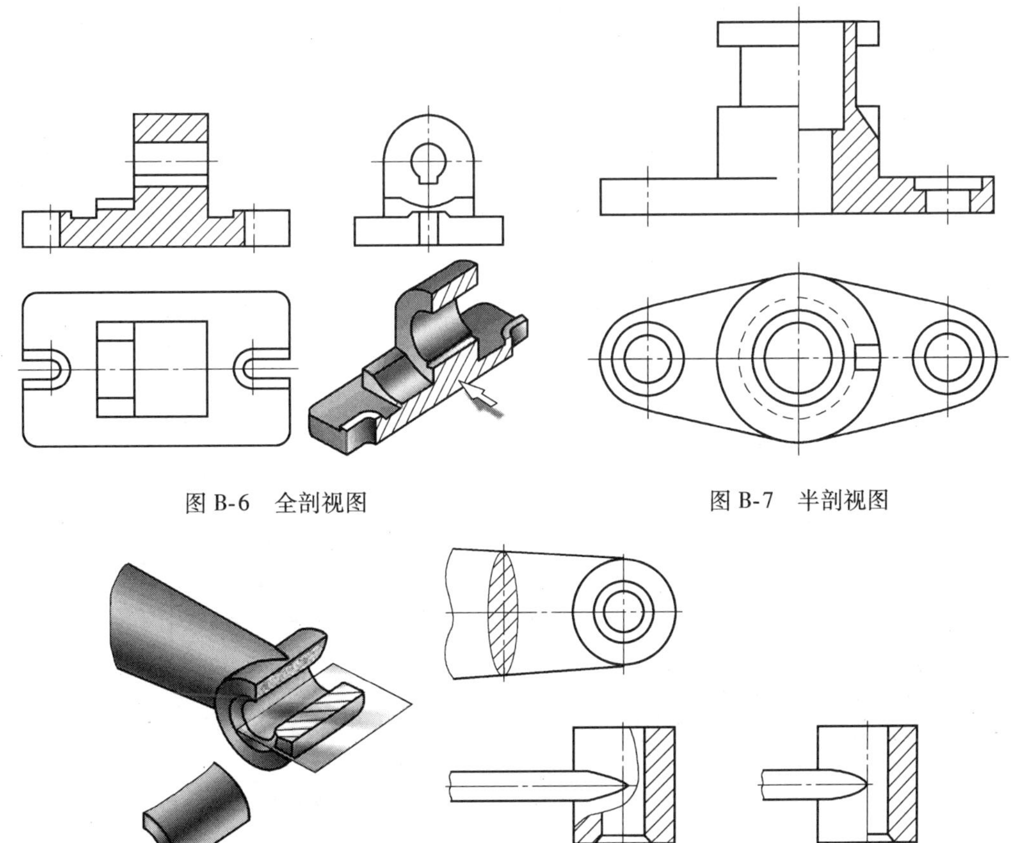

图 B-6　全剖视图

图 B-7　半剖视图

图 B-8　局部剖视图

剖切符号尽可能不与图形的轮廓线相交，在起、止和转折处应用相同的字母标出，但当转折处位置有限又不致引起误解时允许省略标注。基本视图配置的规定适用于剖视图，剖视图也可按投影关系配置在与剖切符号相对应的位置，必要时允许配置在其他适当的位置。

一般应在剖视图的上方用字母标出剖视图的名称“*X—X*”。在相应的视图上用剖切符号表示剖切位置，用箭头表示投影方向，并注上同样的字母（见图 B-9a）。当剖视图按投影关系配置，中间又没有其他图形隔开时，可省略箭头（见图 B-9b）；当单一剖切平面通过机件的对称平面或基本对称平面，且剖视图按投影关系配置，中间又没有其他图形隔开时，可省略标注；当单一剖切平面的剖切位置明显时，局部剖视图的标注可省略（见图 B-10）。

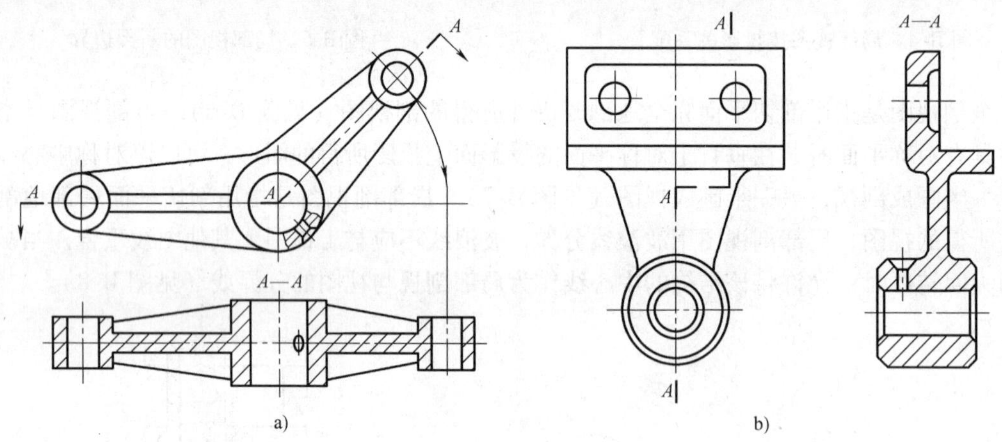

图 B-9　剖视图标注

6. 剖面图

剖面图是指假想用剖切平面将机件的某处切断，仅画出断面的图形，也称断面图。剖面分为移出剖面（见图 B-11）和重合剖面（见图 B-12）。移出剖面的轮廓线用粗实线绘制，重合剖面的轮廓线用细实线绘制。当视图中的轮廓线与重合剖面的图形重叠时，视图中的轮廓线仍应连续画出，不可间断。

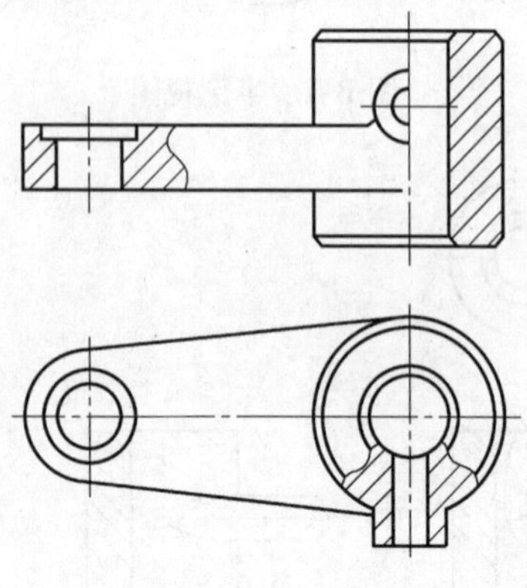

图 B-10　剖视图标注省略

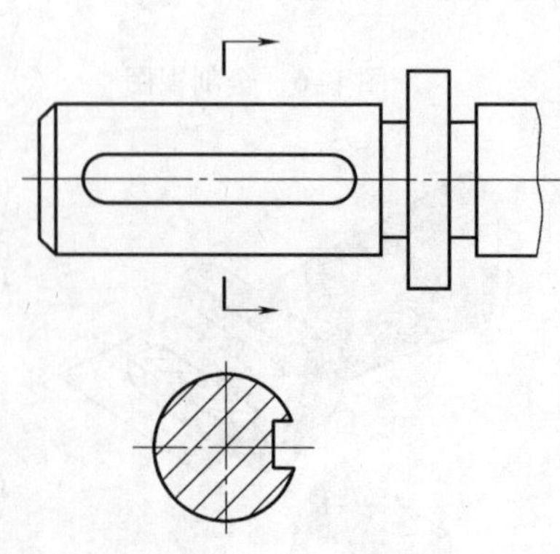

图 B-11　移出剖面

7. 局部放大图

局部放大图是指将机件的部分结构，用大于原图形所采用的比例画出的图形。局部放大图可画成视图、剖视、剖面，它与被放大部分的表达方式无关；局部放大图应尽量配置在被放大部分的附近；当同一机件上有多个被放大部分时，必须用罗马数字依次标明被放大部件，并在局部放大图的上方标注出相应的罗马数字和采用的比例（见图 B-13）。

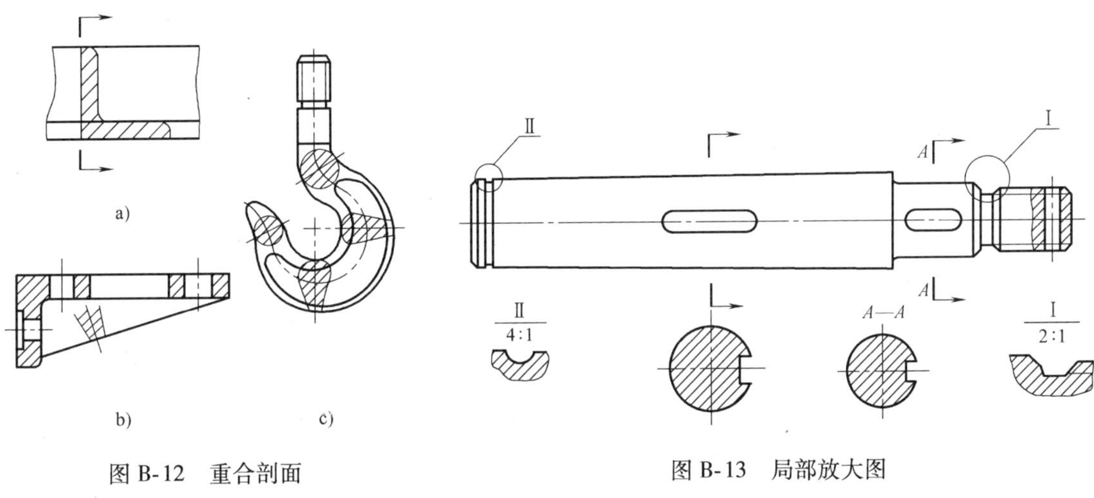

图 B-12　重合剖面

图 B-13　局部放大图

8. 图样简化

在不致引起误解、表达清楚图形加以必要的注明或说明的情况下，图样可以采用简化画法或省略画法。各种简化画法和省略画法，见表 B-2。

表 B-2　图样简化

序　号	项　目	图　例
1	移出剖面	A　A—A　A
2	具有若干相同结构要素（齿、槽等）并按一定规律分布	×个　×个　×个　a)　b)

（续）

序　号	项　目	图　例
3	若干直径相同且成规律分布的孔（圆孔、螺孔、沉孔等）	见序号为6的俯视图中成规律分布孔的画法
4	网状物、编织物或机件上的滚花部分	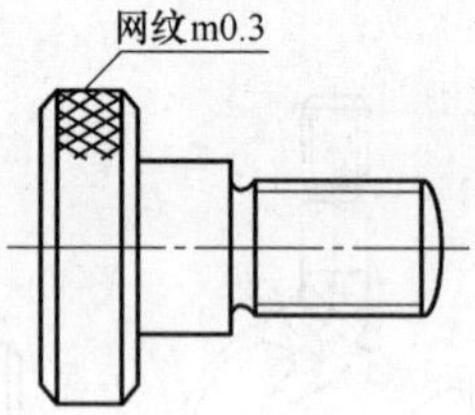 网纹m0.3
5	平面的简化	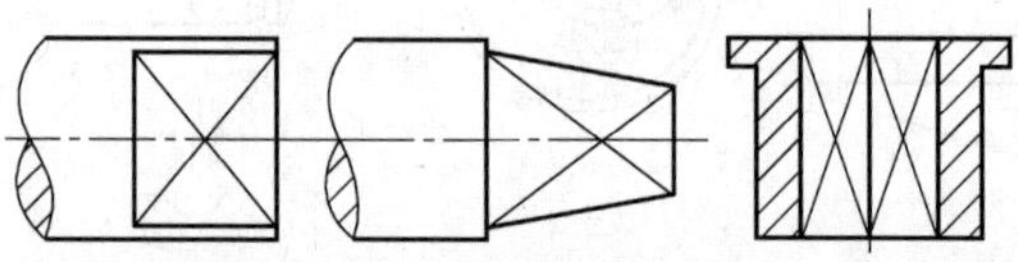 a)　b)　c)
6	肋、轮辐及薄壁等	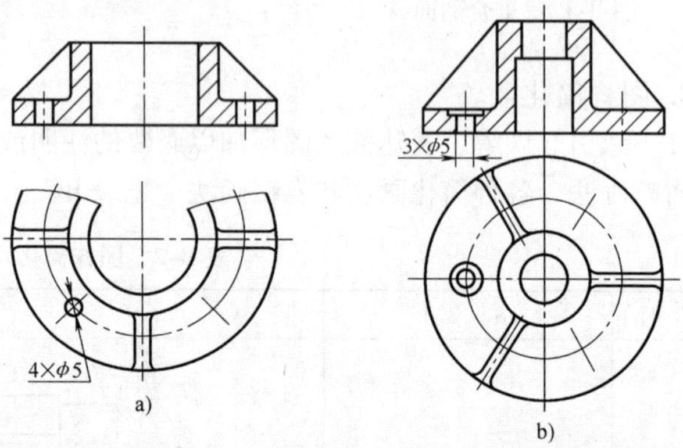 4×ϕ5　a)　3×ϕ5　b)
7	过渡线、相贯线简化	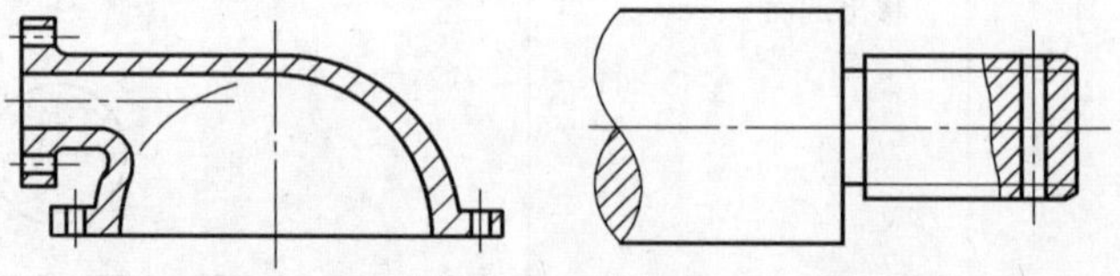 a)　b)
8	较长机件断开后缩短	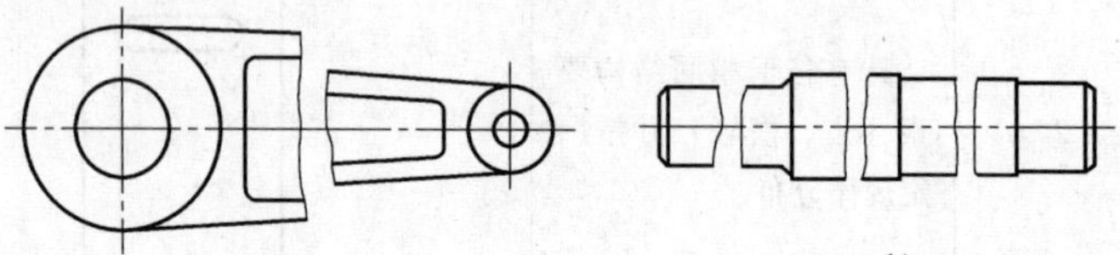 a)　b)

（续）

序　号	项　目	图　例
9	对称机件的视图可只画一半或1/4	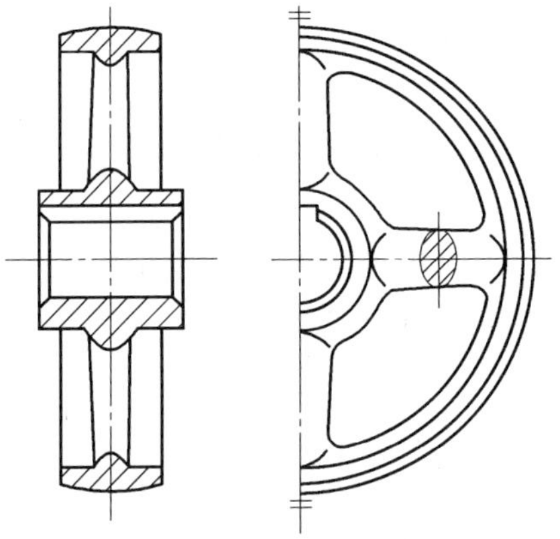
10	投影面倾斜角小于或等于30°的圆或圆弧，其投影可用圆或圆弧代替	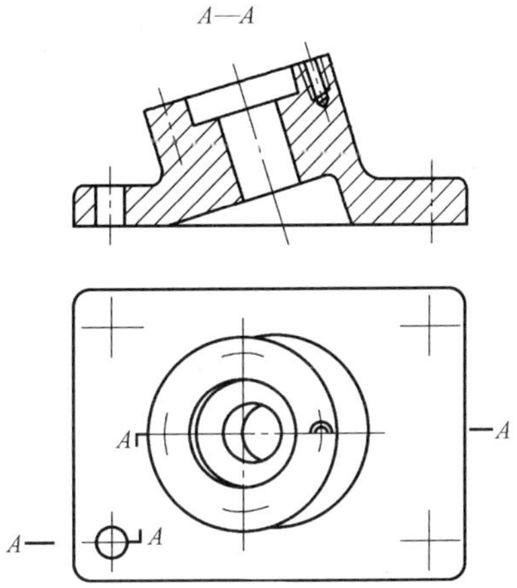 A—A A A A A
11	机件上较小的结构，如在一个图形中已表示清楚，其他图形可简化或省略	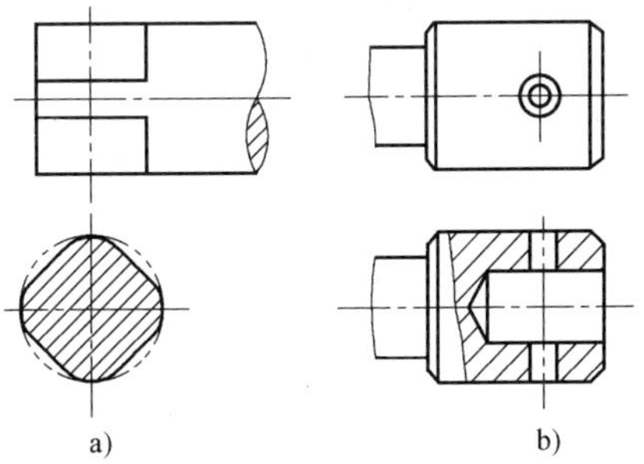 a)　b)
12	小圆角、小倒角允许省略不画，但必须注明尺寸或在技术要求中加以说明	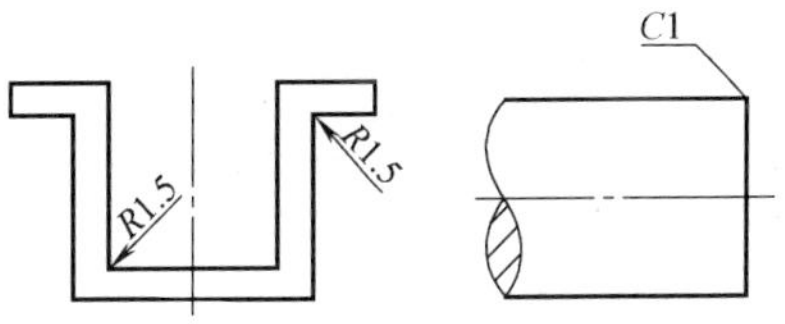 R1.5　R1.5　C1

B.2 尺寸标注

机件的真实大小以 CAD 工程图上所注的尺寸数值为依据，与图形的大小及绘图的准确无关。CAD 工程图以及技术要求和其他说明的尺寸以毫米（mm）为单位时，不需标注计量单位的代号或名称，如采用其他单位则必须注明其计量单位的代号或名称。CAD 工程图中所标注尺寸为该图样所示机件的最后完工尺寸，否则应另加说明。一般机件的每一尺寸只标注一次，应标注在反映该结构最清晰的图形上。

一个完整的尺寸标注包括尺寸数字、尺寸线、尺寸界线。

1. 尺寸数字

1）线性尺寸的数字一般应注在尺寸线的上方，也允许注在尺寸线的中断处。线性尺寸数字应按图 B-14 所示的方向；应尽可能避免在图示 30°范围标注尺寸，当无法避免时可采用引线标注（见图 B-15）；对非水平方向的尺寸，其数字可水平注在尺寸线中断处。

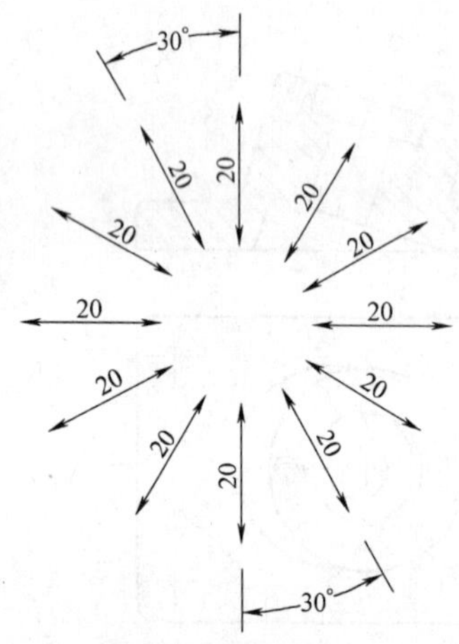

图 B-14　线性标注的方向

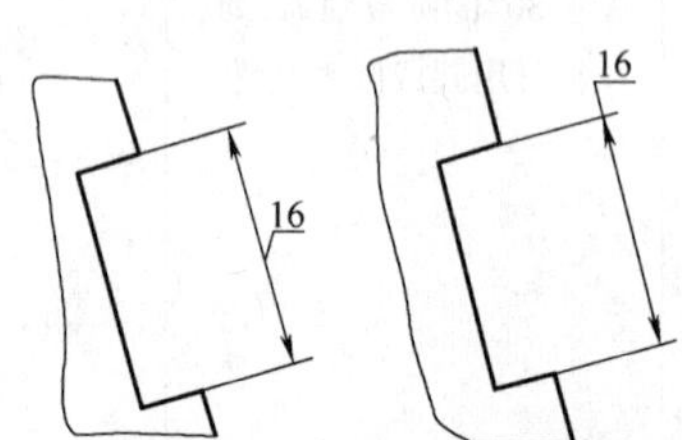

图 B-15　线性标注的引出标注

2）角度的数字一律为水平方向，一般标注在尺寸线的中断处，也可采用引线标注（图 B-16）。

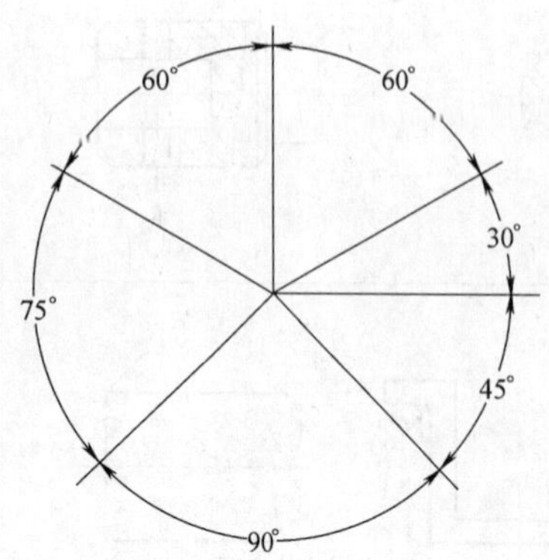

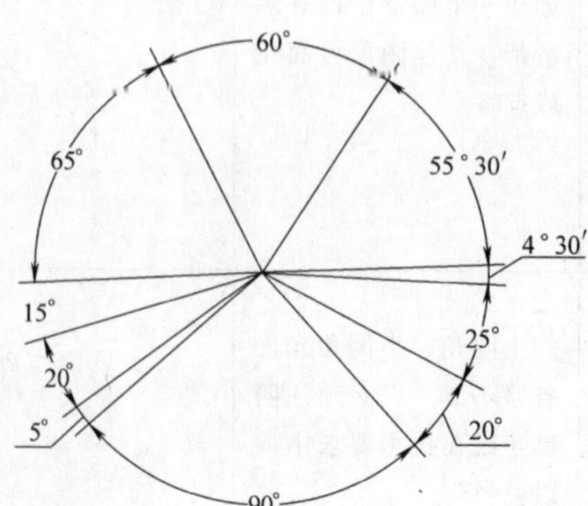

图 B-16　角度的数字标注

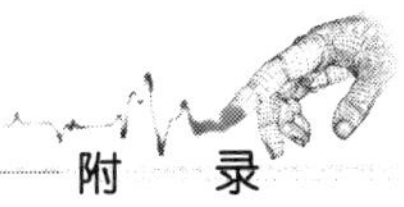

3）尺寸数字不能被任何图形所通过，否则必须将该图线断开。

2. 尺寸线

CAD 工程图中所使用的尺寸线终端形式有以下几种供选用，如图 B-17 所示。同一 CAD 工程图中一般只采用一种终端形式，当采用箭头位置不够时允许用圆点或斜线代替箭头（见图 B-18）。

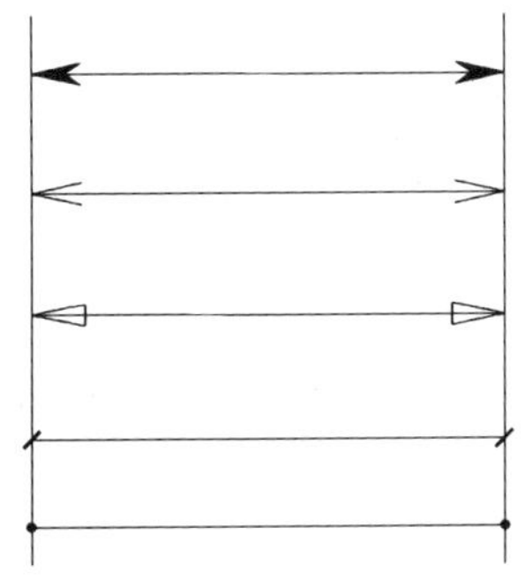

图 B-17　尺寸线终端形式

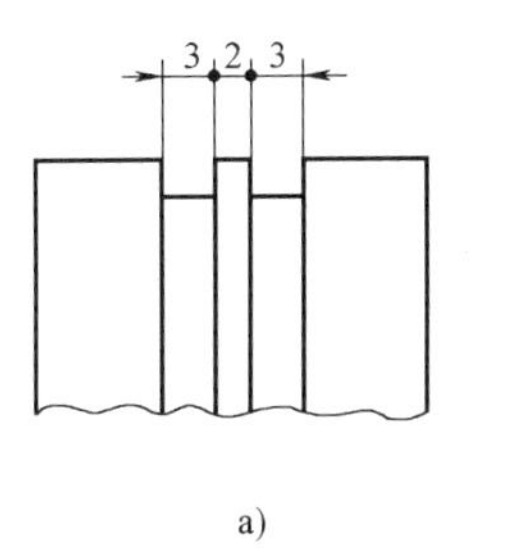

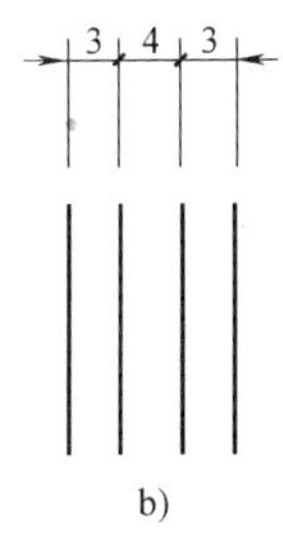

图 B-18　用圆点或斜线代替箭头

尺寸线用细实线。当尺寸线终端采用斜线形式时，尺寸线与尺寸界线必须相互垂直。标注线性尺寸时，尺寸线必须与所标注的线段平行。圆的直径和圆弧半径的尺寸线终端应是箭头形式，并按图 B-19 所示的方法标注。当圆弧半径过大或在图纸范围内无法标出其圆心位置时可按图 B-20 所示的形式标注。标注角度时，尺寸线为圆弧，其圆心是该角的顶点。对称机件的图形只画出一半或略大于一半时，尺寸线应略超过对称中心线或断裂处的边界线，此时仅在尺寸线一端画出箭头。在没有足够位置画出箭头或注出数字时，可按图 B-21 所示的形式标注。

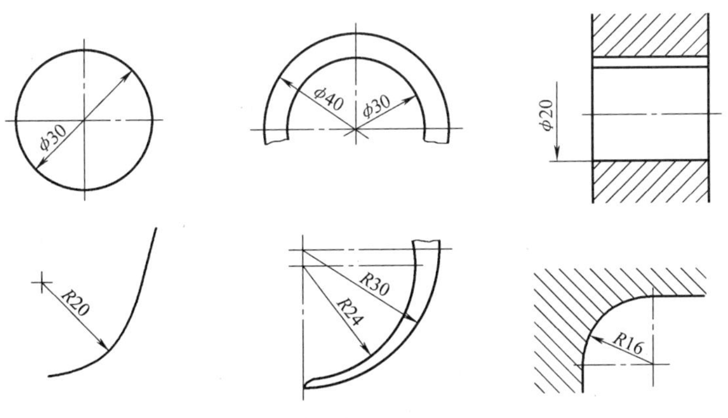

图 B-19　圆的直径和圆弧半径的标注

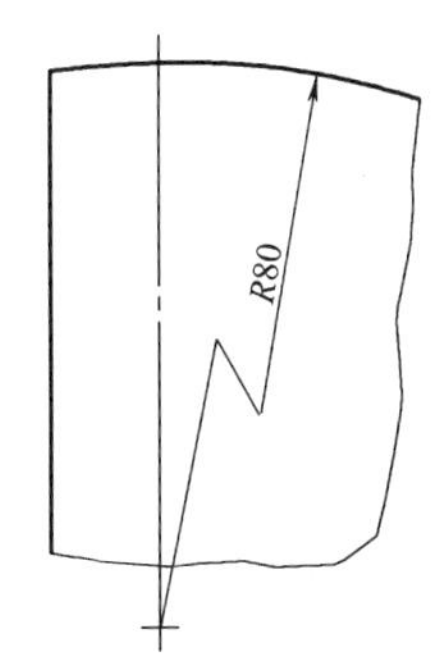

图 B-20　较大圆弧半径的标注

3. 尺寸界线

尺寸界线用细实线绘制，并应由图形的轮廓线、轴线或对称中心线处引出。也可利用轮廓线、轴线或对称中心线作尺寸界线。当表示曲线轮廓上各点的坐标时，可将尺寸线或其延长线作为尺寸界线（见图 B-22）。尺寸界线一般应与尺寸线垂直，必要时才允许倾斜。在光滑过渡处标注尺寸时，必须用细实线延长轮廓线，从它们的交点处引出尺寸界线（见图 B-23）。

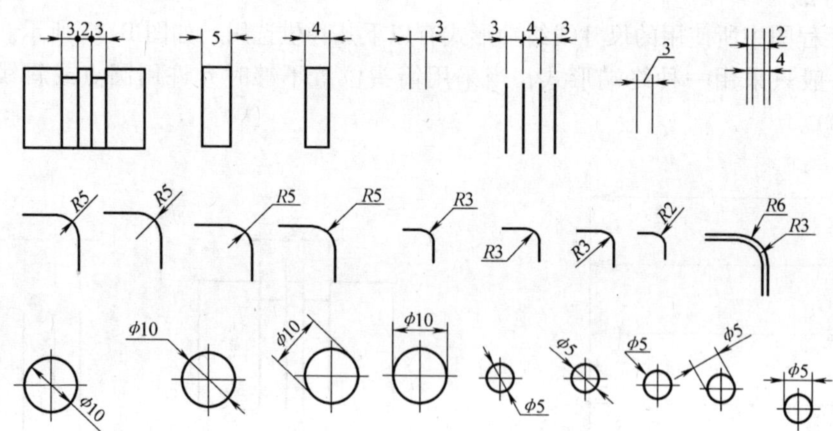

图 B-21　没有足够标注位置时的标注

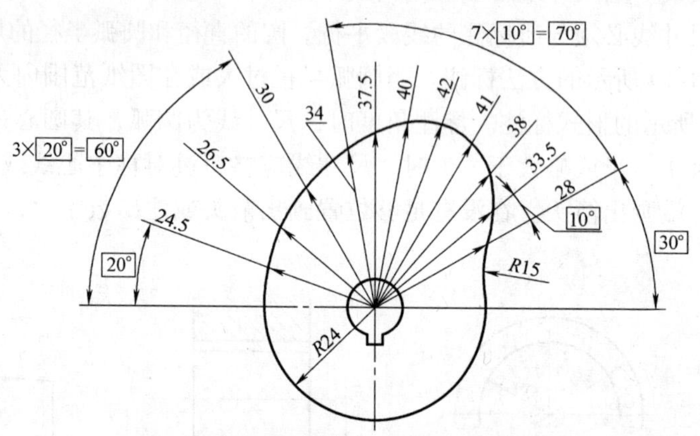

图 B-22　尺寸线延长线作尺寸界线（一）

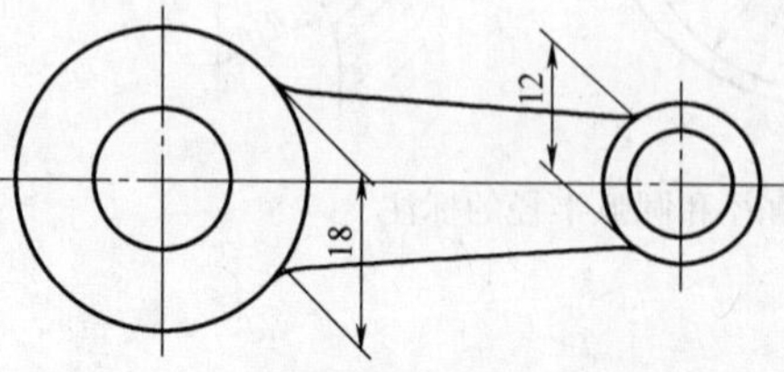

图 B-23　尺寸线延长线作尺寸界线（二）

4. 尺寸符号

标注尺寸的符号，见表 B-3。

表 B-3　常用标注符号

序　号	项　目	符　号	标注示例
1	直径	Φ	ϕ30
2	半径	R	R8　R10
3	球面的直径和半径	S	Sϕ30　SR30
4	弧长	⌒	$\overset{\frown}{28}$
5	参考尺寸	( )	32　(26)　35　140°　28
6	正方形结构	□	□14
7	板厚	t	t8

（续）

序　号	项　目	符　号	标注示例
8	斜度	∠	∠1:100　⊳1:100
9	锥度	▷	▷1:5

5. 中心孔标注

中心孔标注见表B-4。

表B-4　中心孔标注

设计要求	标注符号	标注示例	说　明
在完工零件上要求保留中心孔		GB/T 4459.5·B2.5/8	采用B型中心孔，$D=2.5$mm，$D_1=8$mm
在完工零件上可以保留中心孔		GB/T 4459.5·A4/8.5	采用A型中心孔，$D=4$mm，$D_1=8.5$mm
在完工零件上不允许保留中心孔		GB/T 4459.5·A1.6/3	采用A型中心孔，$D=1.6$mm，$D_1=3.35$mm

6. 孔标注

各种孔（光孔、沉孔、螺孔）标注见表B-5。

表B-5　光孔、沉孔、螺孔标注

孔结构型式		普通注法	旁注法		说　明
光孔	一般孔	4×ϕ4　10	4×ϕ4↧10	4×ϕ4↧10	4个ϕ4的孔，深度为10
	精加工孔	4×ϕ4H7　10　12	4×ϕ4H7↧10 孔↧12	4×ϕ4H7↧10 孔↧12	钻孔深度为12，钻孔后需加工4个ϕ4H7的孔，深度为10

（续）

孔结构型式		普通注法	旁注法		说明
光孔	锥销孔	锥销孔φ5	锥销孔φ5	锥销孔φ5	φ5 为与锥销孔相配的圆锥销小头直径（公称直径）。锥销孔通常是相邻两零件装配在一起时加工的
沉孔	锥形沉孔	90° φ13 6×φ7	6×φ7 ⌴ φ13×90°	6×φ7 ⌴ φ13×90°	6 个直径 φ7，深孔锥顶角为 90°，大口直径 φ13 的孔
	柱形沉孔	φ12 45 4×φ64	4×φ64 ⌴ φ12↧4.5	4×φ64 ⌴ φ12↧4.5	4 个柱形沉孔，小孔直径 φ6.4，大孔直径 φ12，深度为 4.5
		φ20锪平 4×φ9	4×φ64 ⌴ φ12↧4.5	4×φ9 ⌴ φ20	4 个直径 φ9 的孔，锪平直径 φ20，锪平深度一般不注，锪去毛面为止
螺孔	通孔	90° φ13 6×φ7	3×M6－7H	3×M6－7H	3 个直径为 6，螺纹中径、顶径公差为 7H 的螺栓
	盲孔	3×M6－7H 10	3×M6－7H↧10	3×M6－7H↧10	深 10 是指螺孔的有效深度为 10，钻孔深度以保证螺孔深度为准
		3×M6－7H 10 12	3×M6－7H↧10 孔↧12	3×M6－7H↧10 孔↧12	需注出钻孔深度时应明确标注出钻孔深度尺寸

B.3 尺寸公差标注

1. 零件图中尺寸公差标注

（1）线性尺寸的公差注法

线性尺寸的公差应按下列三种形式之一标注：公差带代号、极限偏差以及公差带代号和相应的极限偏差同时标注。当采用公差带代号标注时，公差带代号应标注在公称尺寸的右边（见图 B-24）；当采用极限偏差标注时，上偏差应标注在公称尺寸的右上方，下极限偏差应与公称尺寸注在同一底线上，上下偏差数字的字号应比公称尺寸数字的字号小一号（见图 B-25）；当同时标注公差带代号和相应的极限偏差时，后者应加圆括号（见图 B-26）。极限偏差标注时，上下偏差的小数点必须对齐，小数点后右端的“0”一般不予注出；若为使上、下极限偏差值的小数点后位数相同，可以用“0”补齐（见图 B-27a）。当上极限偏差或下极限偏差为“零”时，用数字“0”标出，并与下极限偏差或上极限偏差小数点前的个位数对齐（见图 B-27b）。当上下偏差相同时，偏差只需注写一次，在偏差与公称尺寸之间注出符号“ ±”，两者高度相同（见图 B-28）。

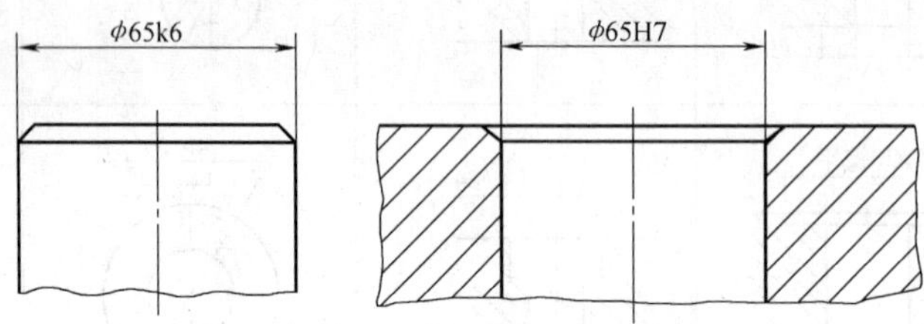

图 B-24　公差带代号标注法

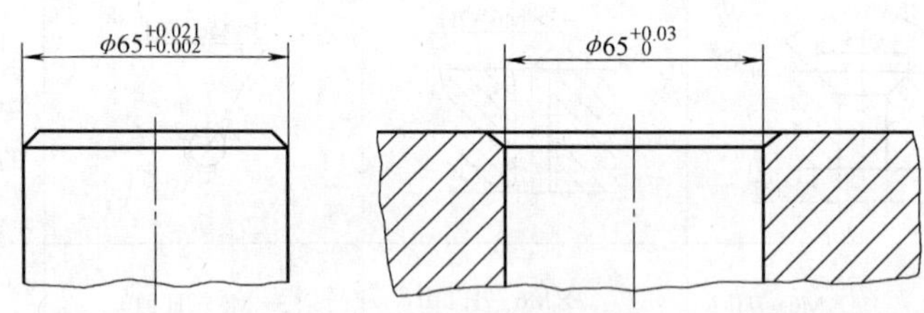

图 B-25　极限偏差标注法

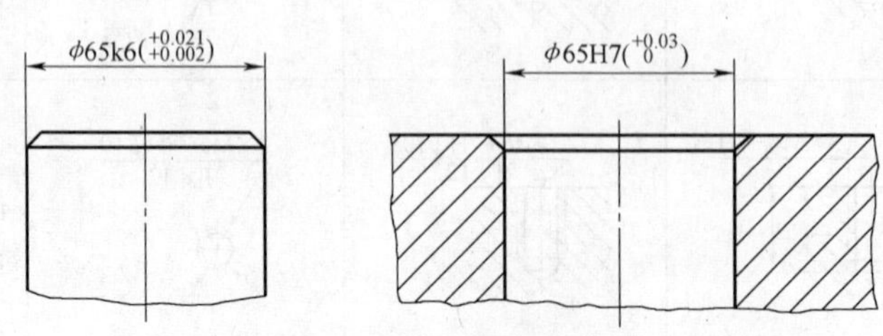

图 B-26　公差带代号和极限偏差标同时标注的标注法

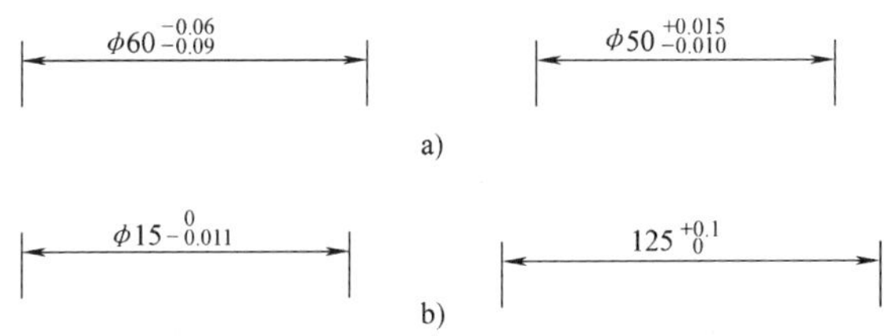

图 B-27 极限偏差小数点对齐及零公差的标注法

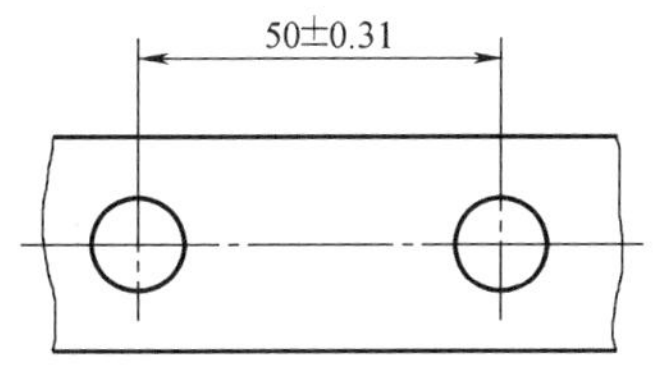

图 B-28 相同上下偏差的标注法

（2）线性尺寸的公差附加符号标注法

当尺寸仅需限制单个方向的极限时，应在该极限尺寸的右边加注符号“max”、“min”（见图 B-29）。同一公称尺寸的表面若有不同公差要求时，用细实线分开并分别标注其公差（见图 B-30）。

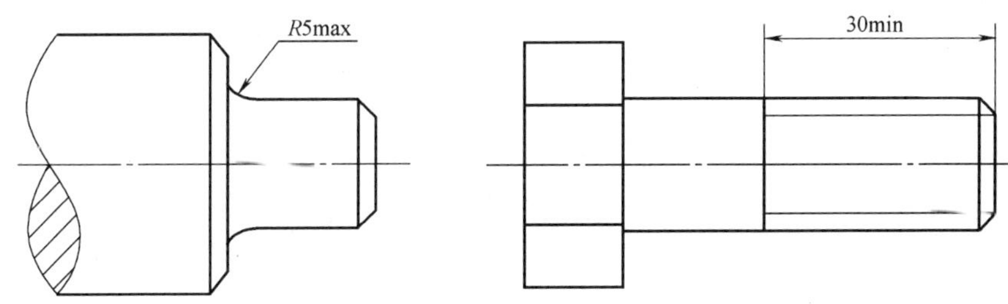

图 B-29 极限尺寸的注法

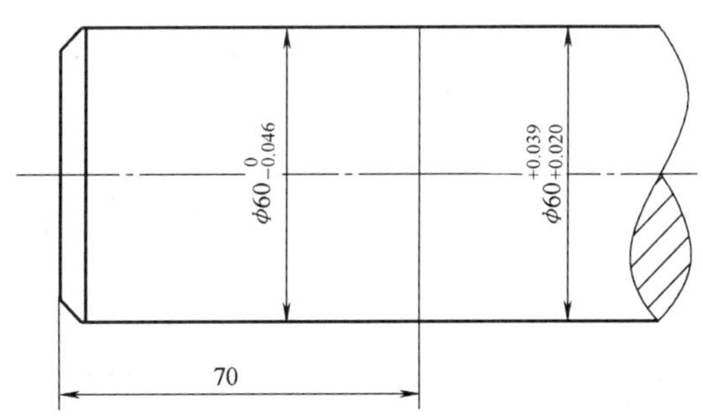

图 B-30 相同公称尺寸不同公差的标注法

角度公差标注的基本规则和标注方法与线性尺寸公差标注的相同。

2. 装配图中配合的标注

在装配图中标注线性尺寸的配合代号应按图 B-31 所示的形式标注。在装配图中标注相配零件的极限偏差时，孔的极限偏差注在尺寸线上方，轴的极限偏差注在尺寸线下方，标注法如图 B-32 所示。若需明确指出装配件代号时，按图 B-33 所示的形式标注。

3. 标准件、外购件在装配图中配合的标注

标注与标准件、外购件配合的零件（轴或孔）的配合要求时，可以只标注该零件的公差带代号，如图 B-34 所示。

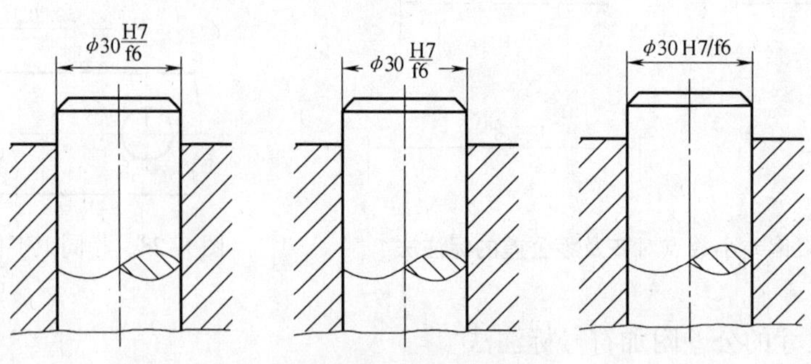

图 B-31　装配图中线性尺寸配合标注法

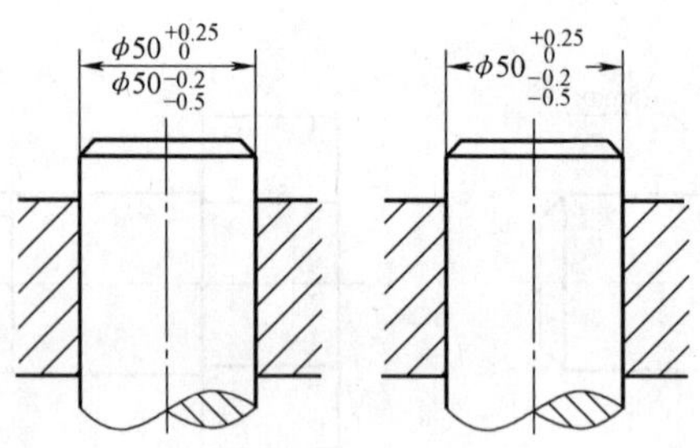

图 B-32　装配图中相配零件极限偏差标注法

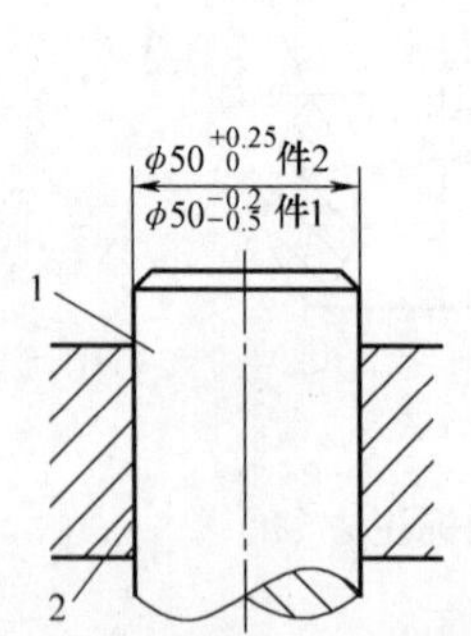

图 B-33　装配图中注出相配零件代号的极限偏差标注法

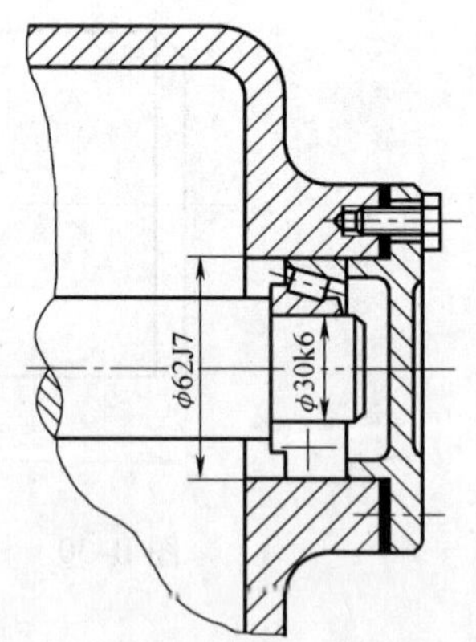

图 B-34　标准件、外购件配合要求的标注法

B.4　装配图中零、部件序号及其编排方法

装配图中所有的零、部件都必须编写序号；装配图中一个部件可以只编写一个序号，同一装配图中相同的零、部件用一个序号，一般只标注一次；多处出现的相同的零、部件，必要时也可重复标注。装配图中零、部件的序号，应与明细栏（表）中的序号一致。

1. 装配图中零、部件序号的编写

装配图中编写零、部件序号的方法如图 B-35 所示，序号字号比该装配图中所注尺寸数字的字号大一号或两号。同一装配图中编排序号的形式应一致。指引线应自所指部分的可见轮廓内引出，并在末端画一圆点（见图 B-35）。若所指部分（很薄的零件或涂黑的剖面）内不便画圆点时，可在指引线的末端画出箭头，并指向该部分的轮廓（见图 B-36）。一组紧固件以及装配关系清楚的零件组，可以采用公共指引线（见图 B-37）。

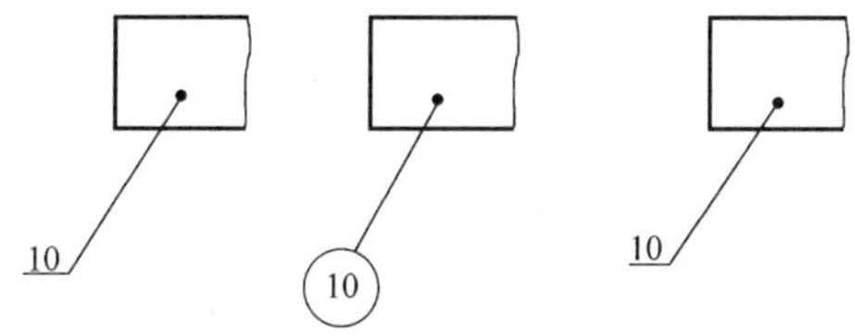

图 B-35　装配图中零、部件序号的编写方法

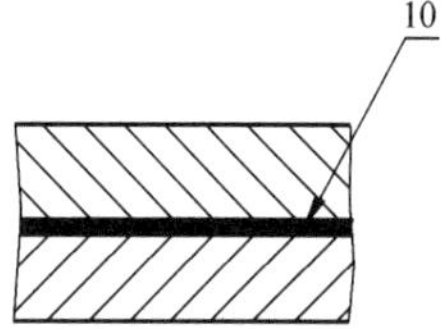

图 B-36　指引线末端采用箭头

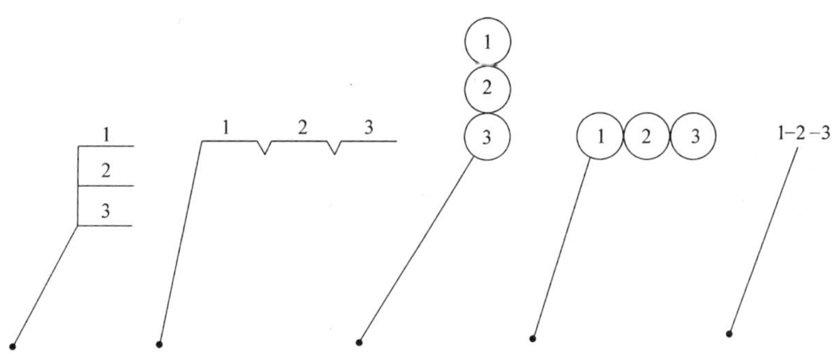

图 B-37　公共指引线标注形式

2. 装配图中零、部件序号的编排

装配图中零、部件的序号应按水平或竖直方向排列整齐。装配图中零、部件的序号可以按下列两种方法编排：

1）按顺时针或逆时针方向顺次排列，在整个图上无法连续时，可只在每个水平或竖直方向顺次排列（见图 B-38）。

2）按装配图明细栏（表）中的序号排列。采用此种方法时，应尽量在每个水平或竖直方向顺次排列。

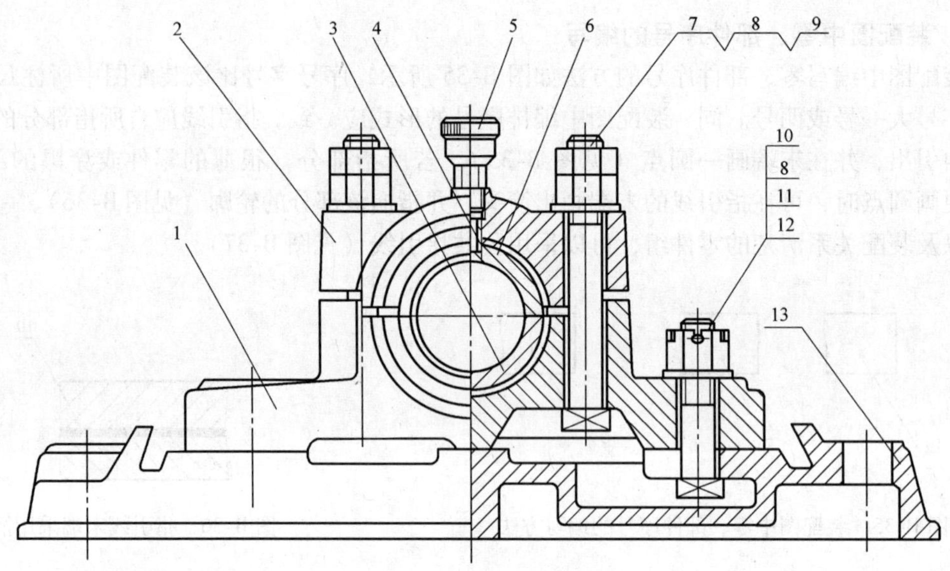

图 B-38 装配图中序号的编排

参考文献

［1］董长德. 微型计算机辅助设计系统——AutoCAD［M］. 北京：高等教育出版社，1991.

［2］叶新恩. Turbo C（2.0版）使用和参考手册［M］. 上海：上海科学普及出版社，1991.

［3］许耀昌，等. 微机CAD软件工具与接口［M］. 北京：清华大学出版社，1994.

［4］陈冠清. 计算机辅助绘图基础［M］. 北京：清华大学出版社，1995.

［5］刘子建，等. 计算机辅助设计（CAD）原理与应用技术［M］. 长沙：湖南大学出版社，1997.

［6］康博创作室. AutoCAD 2000中文版使用速成［M］. 北京：清华大学出版社，2002.

［7］江洪，等. SolidWorks二次开发实例解析［M］. 北京：机械工业出版社，2004.

［8］赵敏海，等. AutoCAD实用教程（2005中文版）［M］. 哈尔滨：哈尔滨工业大学出版社，2005.

［9］肖刚，等. 机械CAD原理与实践［M］. 2版. 北京：清华大学出版社，2006.

［10］童秉枢，等. 机械CAD技术基础［M］. 3版. 北京：清华大学出版社，2008.

［11］李捷，等. 中文AutoCAD实用教程（AutoCAD 2009版）［M］. 北京：机械工业出版社，2009.

［12］谢安俊，等. 计算机辅助设计二次开发案例教程［M］. 北京：北京大学出版社，2009.

［13］陶元芳，卫良保. 叉车构造与设计［M］. 北京：机械工业出版社，2010.

［14］陶元芳. 机械工程软件技术基础［M］. 北京：机械工业出版社，2010.

［15］陶元芳，等. 实现参数绘图的几种方式［J］. 太原重型机械学院学报，1999，20（2）：125-130.

［16］陶元芳，等. 双梁门式起重机可视键控优化［J］. 太原重型机械学院学报，2001，22（1）：18-20.

［17］陶元芳，等. C语言命令文件式参数绘图函数集［J］. 太原重型机械学院学报，2002，23（2）：107-112.

［18］陶元芳，等. VC++命令文件式参数绘图类库［J］. 太原重型机械学院学报，2003，24（4）：284-289.

［19］沈海荣，等. 基于VB技术的SolidWorks二次开发方法［J］. 计算机辅助工程，2004，13（4）：51-56.

［20］陶元芳，等. 用VC++对SolidWorks进行二次开发［J］. 太原科技大学学报，2006，27（2）：102-105.

［21］王辉，等. 群体智能优化算法［J］. 化工自动化及仪表，2007，34（5）：7-11.

［22］陶元芳，等. 起重机起升机构可视化CAD软件的开发［J］. 起重运输机械，2007（12）：35-36.

［23］董晓岚，等. STEP标准在计算机辅助工程CAX中的应用［J］. 现代机械，2008（1）.

［24］李宏娟，陶元芳. 通用桥式起重机结构优化设计及计算软件的开发［J］. 现代制造技术与装备，2009（2）：42-45.

［25］陶元芳，等. 实现文档自动化的几种方法［J］. 机械工程与自动化，2009（6）：193-195.

［26］宁伟婷，陶元芳，黄国庆. 桥式起重机CAD软件开发方法研究［J］. 机械工程与自动化，2010（3）：93-107.

［27］陶元芳，郝君起. 基于三维可视化技术仿真叉车稳定性试验［J］. 中国工程机械学报，2010（4）：455-460.

［28］李宏娟，陶元芳. 桥门机主梁设计时强度与刚度的关系［J］. 太原科技大学学报，2011，32（1）：28-32.

参考文献

《机械 CAD 应用技术》

陶元芳　主编

读者信息反馈表

尊敬的老师：

您好！感谢您多年来对机械工业出版社的支持和厚爱！为了进一步提高我社教材的出版质量，更好地为我国高等教育发展服务，欢迎您对我社的教材多提宝贵意见和建议。另外，如果您在教学中选用了本书，欢迎您对本书提出修改建议和意见。

机械工业出版社教材服务网网址：http：//www. cmpedu. com

一、基本信息

姓名：________ 性别：________ 职称：__________ 职务：____________________

邮编：________ 地址：____

任教课程：____________________ 电话：______—__________（H）__________（O）

电子邮件：______________________________________手机：________________

二、您对本书的意见和建议

（欢迎您指出本书的疏误之处）

三、您对我们的其他意见和建议

请与我们联系：

100037　机械工业出版社·高等教育分社　刘小慧　收

Tel：010—88379712，88379715，68994030（Fax）

E-mail：lxh9592@126. com